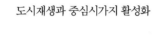

도시재생과 중심시가지 활성화

도시재생과 중심시가지 활성화

세 계 의 타 운 매 니 지 먼 트 전 개 양 상

김영기·김승희·난부 시게키 지음

한울
아카데미

머리말

　최근 도시인구 규모와 관계없이 지방도시를 중심으로 급격한 거주인구 감소, 상업기능 쇠퇴, 공공기관의 신시가지 및 교외 이전 등이 나타나면서 중심시가지(구도심)의 공동화가 급속하게 진행되고 있다. 이에 반해 신시가 지는 새로운 인프라를 기반으로 행정기관 및 상업시설이 집중되고 있으며, 1996년 유통서비스 시장 개방 이후 새로운 주거지에 대형마트를 비롯한 다양한 판매시설이 입지하고 있다. 이러한 대형마트의 급성장으로 인해 재래 시장 및 슈퍼마켓 등 기존 중소 유통업태는 고객 이탈과 수익성 급감으로 침체 일로를 거듭하며, 또한 지역상권도 자족기능을 상실하고 지역 고유의 특성을 잃게 되면서 지역경제가 쇠퇴하여 지역 활력의 기반을 잃는 악순환 이 되풀이되고 있다.

　이처럼 유통산업분야의 양극화 현상으로 인해 초래된 전통 소매상권의 급속한 쇠퇴는, 이를 생활기반으로 하는 영세상인이 몰락하는 것은 물론이 고 도시 내의 지역 간·산업 간 균형발전에도 악영향을 초래하는 한편 주변 지역주민들의 생활 전반에 영향을 미친다. 그렇기 때문에 재래시장을 비롯한 전통 소매상권의 몰락은 단순히 경쟁력 없는 유통업태의 몰락으로 끝나는 것이 아니라 그 사후에 드는 유·무형의 사회적 비용은 몇 곱절이나 더 크다고 하겠다.

이러한 전통 소매상권의 급격한 쇠퇴를 방지하기 위해 정부는 2005년 3월 「재래시장육성을 위한 특별법」을 제정하였다. 이 법은 재래시장에 대한 지원을 규정한 독립법률로, 시설 현대화, 경영 현대화, 시장정비 사업(종전의 시장 재개발·재건축), 상인조직 육성 등 재래시장에 대한 종합적이고 체계적인 제도적 지원근거를 마련한 법률이라고 할 수 있다. 낡은 시설을 개·보수하고 영업기법을 개선하는 현대화 사업에 정부와 지자체가 예산을 지원하기 시작하였다. 노후한 곳은 재개발·재건축을 쉽게 할 수 있도록 용적률과 건폐율의 특례를 부여했으며, 정비사업의 절차를 간소화하였다.

한편 상점가는 재래시장과 유사한 소매 유통공간으로서 영세 상인이 밀집해 있으며 경쟁력이 취약하여 상권 활성화가 필요한데도 이들 상점가는 정부와 지자체의 지원대상이 되지 않는 점을 고려, 정부는 2006년 4월 「재래시장육성을 위한 특별법」을 「재래시장 및 상점가 육성을 위한 특별법」으로 전면 개정하고, 같은 해 10월부터 전면적으로 시행하였다. 지원의 대상을 재래시장에서 상점가로 확대했고, 임시시장 개설요건을 규정하였다. 또한 다수의 재래시장, 재래시장과 인접한 상점가 등을 구역으로 한 시장활성화구역을 시·군·구청장이 지정하도록 하여 지원 범위를 확대하였다.

기존의 등록시장에 대한 활성화 사업만으로는 상권형성에 한계가 발생한다. 즉 시간이 경과하면서 등록시장 주변으로 필연적으로 상권이 확대되어, 시장과 상점가는 소매유통공간으로 같은 기능을 수행하고 있으나 전통시장만 지원하는 것에는 형평성 문제가 발생하게 되었다. 이러한 문제를 해결하기 위해 정부는 시장 및 인접상권의 연계개발 추진을 위해 시장활성화구역 지정 제도를 도입하여, 시장과 인접 상점가를 연계하여 활력 있는 상권으로 개발하며, 도시 기능과 조화되는 편리한 소매유통 공간 및 지역 주민과 시장 상인 간의 일체감을 형성할 수 있는 사업을 지원하여 커뮤니티 창출형 공간으로 개발되도록 유도하고 있다.

쇠퇴하는 재래시장에 대한 문제는 개별 상인을 지원하는 차원으로 접근해서는 안 된다. 재래시장은 단순히 시설이 노후하여 재개발·재건축을 하거나 시설현대화 및 경영현대화를 해야 할 대상으로만 볼 것이 아니라, 지역경영과 지역자치의 중요한 축을 형성하는 대상으로서 고유의 문화와 역할을 가지고 있는 지방정부의 참가자로서 정의되어야 할 것이다. 이러한 재래시장의 역할과 기능의 위축은 파생적으로 재래시장이 지역의 경제안정이나 지역문화와 지역교류의 공간으로서 지역복지와 지역자치에 기여하는 영역이 위협받는 것으로 이해하고 대처를 해야 한다.

따라서 지역상권의 육성으로 지역경제의 활성화를 유도하면서 지역상권의 근간이 되는 재래시장 상인 및 중소유통업자와 관련 사업자의 지속적인 성장과 경쟁력 강화를 도모해야 하는 필요성이 매우 절실하다고 하겠다. 특히 지방도시의 경우 구(舊)도심인 지역상권의 침체·축소는 지방화 진행 과정에 비추어 다른 도시와의 경쟁에서 뒤처지게 하는 요인이 된다. 따라서 지역상권 전체를 계획적으로 개발·관리하기 위해서는 종합적 지역 활성화 모델의 도입이 절실하며, 더욱이 정부 정책과제 중 하나인 균형 있는 지역경제의 발전에 부합하기 위해서도 지역상권을 육성해야 한다.

이상과 같이 재래시장이 대부분 입지를 한 구도심, 즉 중심시가지의 쇠퇴에 대한 문제는, 각 지방도시의 국지적인 문제임과 동시에 우리나라를 포함한 이웃나라 일본, 미국, 영국 등 선진국에서도 마찬가지인 세계적 문제이기도 하다. 이와 같은 쇠퇴한 중심시가지를 재생하기 위한 외국의 사례를 보면, 미국은 BID, 영국은 TCM, 일본은 TMO 등 도심의 기능을 재생시키고 상권을 활성화하기 위한 제도를 도입하여, 민간부문과 공공부문이 파트너십을 형성하여 상권의 총체적인 관리와 활성화를 위한 여러 사업을 추진하고 있다. 이에 우리나라에서도 최근 개별 점포에 대한 지원이나 전통시장 혹은 상점가 단위의 지원 범위를 넘어서, 전통시장을 포함한 중소 유통업의 문제를 지역상권이라는 더 포괄적인 권역으로 지정하여 접근하는 방안이 논의되고 있다. 예를 들면 정부는 앞에서 언급한 시장활성화구역을 개선하여 전통시장이 포함된 더욱 광범위한 상권을 지정하여, 상권활성화구역을 지정하고 지정된 상권활성화구역의 활성화사업을 상권관리기구가 체계적이고 종합적으로 추진하고 관리하는 제도를 추진하고 있다.

이 책은 우리나라를 비롯하여 전 세계의 공통적인 문제라고 할 수 있는 중심시가지 공동화 문제에 대해 타운 매니지먼트(Town Management)라는 수법을 활용하여 중심시가지 활성화에 큰 성과를 올리고 있는 미국·영국·일본·프랑스·독일 등의 선진 사례를 현지조사결과를 포함하여 정리한 것으로, 모두 7개의 장으로 구성되어 있다.

제 I 장에서는 오늘날 세계 각 도시가 직면한 과제에 대해 살펴보고, 이러한 문제를 해결하고 중심시가지라는 공간가치를 향상시키기 위한 키워드와 중심시가지 활성화를 도모하는 궁극적인 목적에 대해서 언급하였다.

제Ⅱ장과 제Ⅲ장에서는 중심시가지와 타운 매니지먼트(Town Management)의 개념을 명확하게 파악하고, 중심시가지 재생의 시점과 전략 및 중심시가지 활성화를 위한 주요 수법이라고 할 수 있는 타운 매니지먼트 활동을 전개하는 데 필요한 조건과 그 효과에 대해 분석하였다.

제Ⅳ장에서는 미국과 캐나다 및 유럽의 타운 매니지먼트 조직의 설립 배경을 살펴보고 각국의 타운 매니지먼트 조직을 유형별로 분류하여 정리하였다. 또한 캐나다와 미국, 영국, 독일의 타운 매니지먼트 활동 전개양상을 구체적인 사례를 통해 살펴보았다.

제Ⅴ장과 제Ⅵ장에서는 일본의 중심시가지 활성화를 위한 시책의 변천과 「중심시가지활성화법」을 중심으로 한 소위 마치즈쿠리 3법(まちづくり3法)에 대해 고찰하고, 마치즈쿠리 회사·TMO·중심시가지활성화협의회와 같은 일본의 타운 매니지먼트 조직의 실태와 특성, 과제 등에 대해 분석하였다.

마지막으로 제Ⅶ장에서는 중심시가지 활성화의 성패를 좌우하는 중요한 역할을 담당하는 타운 매니지먼트 조직의 설립절차와 조직구조, 운영체제에 대해 외국의 사례를 참고로 향후 국내에 상권활성화제도 도입을 대비하여 시사점을 얻고자 하였다.

아무쪼록 이 책이 한국의 지역상권 활성화 및 타운 매니지먼트 수법에 관한 관심과 논의가 더욱 활발해지는 가운데 전통시장·상점가 및 지역상권 전체의 활성화를 위한 정책을 연구하는 데 기여했으면 하는 바람이다.

이 책은 강원발전연구원 김승희 박사님과 일본 도시구조연구센터 난부시게키(南部繁樹) 박사님과의 공동 현지조사, 공동 연구로 이루어진 결과물이다. 특히 난부 박사님께는 본인의 현지조사에 여러 가지로 도움을 주신 점에 대해 진심으로 감사의 말씀을 드리고 싶다. 그리고 이 연구 결과물에 대해 아낌없는 조언과 심도 깊은 비평을 해주신 시장경영지원센터 정석연 원장님, 상권개발연구실 김유오 실장님, 박문준 실장님, 이민권 실장님, 중소기업청 김종국 과장님, 조규중 과장님, 박상용 사무관님에게도 감사의 말씀을 드리는 바이다.

2009년 1월

김 영 기

차례

제 I 장

중심시가지 재활성화의 사회적 요청

오늘날 세계 각지에서는 중심시가지를 재활성화하기 위한 다양한 정책이 전개되고 있는데, 이는 종합적인 시점에서 중심시가지라는 공간이 안고 있는 문제를 해결하고 그 공간가치를 향상시키기 위한 다양한 활동이라고 이해할 수 있다. 이 장에서는 이와 같은 세계 각지의 동향과 전개 시책에 대해 개관해보도록 하겠다.

제1절 ┃ 새로운 공간가치를 창조하는 시대로

오늘날 세계 각 도시에서는 쇠퇴하는 중심시가지를 활성화시키기 위해, 생활·경제·물리적 환경 등을 포함한 종합적으로 중심시가지의 공간적인 가치를 향상시키는 것을 목적으로 한 지역 재활성화 활동이 전개되고 있는데, 이를 '매니지먼트(Management) 수법을 도입한 전략적인 지역 가꾸기의 실천'이라고 표현할 수 있다.

매니지먼트 수법을 이용한 지역 가꾸기의 실천적 전개 시책은 각 지역사회의 이해관계자인 주민과 사회단체가 행정기관과 협의를 통해서 쟁취한 것이다. 소위 오늘날의 지역 가꾸기는 기존과는 달리 수동적인 수법이나 방법에 의해 문제를 해결하는 것이 아니라는 점을 강조하고 싶다. 글로벌화하는 지역사회에서는 다양한 관계자가 참가하여 공통의 목적을 달성하는 것이 점차 곤란해지고 있기 때문에 새로운 구조가 필요하다고 인식되고 있다. 관련 법제도, 행정체제 및 집행방법, 행정과 민간의 역할 및 책임 등이 개선되지 않으면 지역 가꾸기를 성공시킬 수 없다는 것이다.

타운 매니지먼트(Town Management) 수법은 중심시가지가 안고 있는 다양하고 복잡한 문제에 대해 지역의 이해관계자가 각자 역할과 책임을 가지고 협동·대처하는 것을 담보하는 수단으로 이용되고 있다. 따라서 이 수법에는 적당한 타협이나 안이한 결정은 존재할 수 없다. 불가능한 것을 결정해서는 안 되며, 실현가능한 것을 어떻게 효율적으로 추진하여 확실하게 성과를 달성할 것인가가 최대의 관심사로 인식되고 있다.

오늘날 구미의 많은 도시에서 도시재생에 역점을 둔 각종 시책이 전개되고 있는데, 이는 도시가 안고 있는 문제를 적극적으로 해결하기 위해 대응하는 것이라고 볼 수 있다. 도시가 안고 있는 문제란 인구의 교외화 및 고령화, 산업구조의 전환 및 종래형 기반산업의 쇠퇴, 행정의 재정난, 자동차사회 및 정보화사회의 진전, 커뮤니티의 변화 등 다양한 분야에 걸쳐 있다.

도시의 성장에 수반되어 현실적으로 발생하고 있는 이러한 문제는 대부분 이미 제인 제이콥스(Jane Jacobs)가 1961년 『The Death and Life of Great American Cities』[1]나 1969년 『The Economy of City』[2] 등에서 날카

• • •

1 黒川記章 訳, 『アメリカ大都市の死と生』(東京: 鹿島出版会, 1977).

롭게 지적했던 것이다. 『The Death and Life of Great American Cities』를 번역한 일본의 구로카와 기쇼(黒川記章)는 "제인 제이콥스의 저술은, '다운타운이야말로 인간을 위한 것이다'라는 그녀의 이념을 실제 체험을 통해 근대도시계획에 반기를 든 저술이다"라고 평가하고 있다. 또한 아놀드 토인비(Arnold Toynbee)도 1970년 『Cities on the Move』[3]에서 근대도시가 가진 문제들을 전통적인 도시의 형성과정에 비추어 개선하는 방법에 대해 명시하고 있다. 토인비는 미래를 향한 메시지로 "선조들이 긴 역사 속에서 훌륭하게 난국을 극복한 이상, 그들의 후손인 우리들도 선조들의 구원이었던 용기와 선견지명, 그리고 창의적인 사고를 발휘하면 그들에게 뒤지지 않고 이 난국을 극복할 수 있을 것이다"라고 언급하였다.

오늘날 세계 각국의 도시가 안고 있는 공통적인 문제는, 현재 발생하는 현상이 지금까지의 도시정책의 연상선상에 있다는 반성과 향후 도시형성의 모습을 재고하는 중요한 기로에 선 문제로 인식되고 있다. 대표적인 현상 중 하나가 **도시의 스프롤 현상**이다. 미국 내셔널 트러스트(National Trust)[4]에 따르면 스프롤 현상이란 "커뮤니티의 중심에서 무질서하게 확대되는 허술하게 계획된 저밀도의 즉흥적인 개발"이라고 정의된다.

이러한 현상을 타개하고, 그 결과로 오랫동안 도시형성의 기축을 이루어

* * *

2 中江利忠・加賀谷洋一 訳, 『都市の原理』(東京: 鹿島研究所出版会, 1971)

3 長谷川松治 訳, 『爆発する都市』(東京: 社会思想社, 1975)

4 내셔널 트러스트란 자연을 보호하고 역사적인 건축물을 보존하기 위해 시민들의 자발적인 모금이나 기부・증여를 통해 토지를 획득하거나 관리를 하는 방법을 말하는 용어로서, 이러한 목적으로 1895년에 설립된 영국 민간단체의 명칭으로 자리 잡았다. 현재는 미국, 일본, 뉴질랜드 등 24개국에서 내셔널 트러스트 단체가 활동하고 있다.

온 도시의 중심지 및 중심시가지(타운센터, 시티센터)를 적정하게 재구축하고 재활성화하는 것의 중요성이 인식되는데, 이 중심시가지의 재활성화가 오늘날의 '도시재생'인 것이다.

세계 각지의 중심시가지에 대한 재활성화는 다음과 같은 세 가지 과제해결이 주요 테마가 되고 있다.

첫째는 냉전 후 글로벌화하고 있는 경제환경 속에서 어떻게 도시의 경제기반을 확립해갈 것인가라는 '경제 문제'에 대한 대응이다. 둘째는 빈곤·경제격차 및 난민·이주자 문제 등과 같은 문제를 안고 있는 도시의 주민이 안전하게 안심하며 생활할 수 있는 사회환경의 실현을 지향하는 '사회 문제'에 대한 대응이다. 셋째는 지구온난화를 계기로 발생한 에너지 문제를 포함한 본질적인 환경부담을 최소화하는 종합적인 '환경 문제'에 대한 대응이다. 오늘날 구미의 각 도시에서는 이들 세 가지 문제를 종합적으로 고려하여 도시재생정책을 실시하고 있다.

이상과 같은 정책은 각 도시의 도시기반을 확립하기 위한 정책이라고도 할 수 있으며, 경쟁사회의 구조 속에서 자립이 가능한 개성적인 도시사회 형성의 표현이라고도 할 수 있다. 구체적인 전개책의 특징을 개괄하면, 각 도시의 재생정책은 대부분 항상 지구와 도시 전체를 광역권 및 주변지역과의 관계 속에서 명확하게 하며, 각종 사업을 서로 유기적으로 관련시켜서 추진하고 있다.

이와 같이 유기적으로 관련된 사업정책은, 각 도시의 기반을 이루는 도시공간을 종합적으로 고려하여 그 공간가치를 향상시키는 방법이라고 할 수 있다. 소위 오늘날의 경제·사회·환경 문제는 서로 복잡하게 얽혀 있으며 그 얽혀 있는 장소가 바로 도시공간이라고 할 수 있는데, 이 총체적인 도시 공간을 개선하기 위한 각종 활동이 필요한 상황이다.

제2절 ㅣ 세계 각 도시가 직면한 세 가지 과제

오늘날 세계의 각 도시는 경제의 글로벌화로 인해 산업구조가 급변하며, 이로 인해 도시 자체가 다양화되고 여러 가지 복잡한 문제가 발생하고 있다. 즉 앞에서 언급한 바와 같이 정치적인 상황이나 역사·문화·풍토 조건 등이 다른 상황에서도 공통적으로 발생하는 경제·사회·환경 문제가 바로 그것이다. 이들 세 가지 문제에 대해 세계 각 도시는 어떻게 대응하며 해결 방법을 도출하고 있는지 그 특징을 개관하고자 한다.

1. 경제 문제에 대한 대응

경제 문제는 주민의 최저생활보장과 밀접하게 관련되어 있다. 경제의 근간을 이루는 각 도시의 산업구조는 그 모습이 크게 변했는데, 산업혁명의 발상지인 영국뿐 아니라 세계 주요 국가의 모든 제조업이 크게 변모하였다.

영국의 리버풀, 맨체스터, 버밍엄 등 산업혁명 이후 세계의 제조업을 선도해온 도시나 독일의 루르 공업지대의 각 도시에서는 더 이상 과거와 같은 형태의 공업지대를 볼 수 없다. 이들 지역은 중심시가지[5]의 주변지역 (Inner City)에 존재했는데, 이들 지역의 변용은 결과적으로 도시의 중심부인 중심시가지의 활력을 쇠퇴시키게 되었다. 브라운 필드[6]라고 하는 제조업이 입지하고 있던 공업지역은 현재 새로운 상업용지와 주택용지, 문화시설 등의 용지로 전환되고 있으며, 이러한 토지이용 전환과 함께 도시 전체

● ● ●

5 타운센터 또는 시티센터라고 불린다.
6 브라운 필드(Brown Field: 환경오염지대)는 산업 재구조화 과정에서 도시화된 지역에 남아 있는 황폐하고 오염된 토지 및 건물을 의미한다.

를 재생하기 위한 정책의 일환으로 공동화하고 있는 중심시가지의 재활성화 시책과 연동하여 각종 활동이 전개되고 있다.

오늘날 세계 각국 도시에서는 새로운 경제활동을 견인하기 위해, IT 기업이나 각종 연구기관의 유치 및 새로운 산업 창출정책을 적극적으로 전개하고 있다. 그러나 지역경제는 단지 기업 유치나 새로운 산업 창출만으로 회복되는 것은 아니다. 지역사회의 구성원인 주민의 생활 전반에 걸친 경제순환의 구조가 구축되지 않으면 안 된다. 이에 많은 도시에서는 지역경제 재생을 도모하기 위해, 도시 전체와 관련된 각종 경제시책과 함께 지역사회의 기반을 지지해온 도시 시민의 공유공간인 중심시가지의 경제 재활성화 시책을 동시에 실시하고 있다.

중심시가지에는 도시의 역사적이고 문화적인 환경과 자원, 각종 도시 및 생활시설을 비롯한 다양한 주체자의 생활이나 사업활동을 포함한 밀접하고 중층적인 공간이 존재하는데, 오늘날 이 공간을 재구축하여 지역의 독자적인 경제 재활성화를 도모하려는 시도가 일어나고 있는 것이다.

특히 지역주민과 밀접한 관계가 있는 상업 활동의 경우, 제2차 세계대전 후 세계 각지에서 새로운 상업시설이 교외에 입지하는 상황이 지속되어왔다. 그 결과 구미 각국에서는 중심시가지의 상업 환경뿐만 아니라, 도시 환경 전반에 걸쳐 마이너스 효과가 발생하였다. 따라서 오늘날 「도시계획법」이나 「상업법」 등을 이용하여 교외에 새로운 상업시설 입지를 무조건적으로 인정하는 정책을 펼치는 국가는 구미 선진국에는 존재하지 않는다.

1990년대 구미 각국의 지자체는 상업시설 입지에 관한 각종 시책을 도입하였다. 영국의 'Sequencial approach',[7] 독일의 '울름 리스트(Ulmer

* * *

[7] 상업시설 입지장소의 선정절차에 우선순위를 부여하는 수법을 말한다. 영국의 경우

Liste)',8 프랑스의 「라파랭 법(Raffarin law)」,9 이탈리아의 「베르사니 법(Bersani law)」,10 미국의 '상업시설 사전영향평가조사'11 등이 대표적인데, 이는 모두 새로운 상업시설이 도시 전체 및 기존 중심시가지에 대한 경제적 영향을 최소화하기 위한 정책이라고 할 수 있다.

또 한편으로는 중심시가지를 시민의 생활 공유 공간으로 명확하게 의미 부여를 하고, 상업뿐만 아니라 지역문화를 비롯한 지역 고유의 중요한 공간으로 인식하여 다양한 주민의 니즈(needs)에 대응할 수 있는 종합적인 경제활성화정책을 전개하고 있다.

2. 사회 문제에 대한 대응

사회 문제의 주된 주제는 격차·빈곤 등을 극복하여 모든 시민에게 안전하고 안심된 생활이 보장되는 사회를 형성하는 것이라 할 수 있는데, 이 근저에는 지역사회의 근간을 형성하고 있는 커뮤니티의 문제가 있다. 구미 각국에서는 오래전부터 외국에서 이민자나 난민을 받아들였기 때문에 다양화하는 사회구조 속에서 이들로 인한 많은 문제가 발생했다. 이러한 지

• • •

PPG6(Planning Policy Guidance 6: 도시계획 정책가이드)로 대형 유통점 설립 관련 가이드라인을 제시하고 있다.

8 독일 울름 상공회의소가 1998년 도심성 상품품목과 비도심성 상품품목을 분류한 리스트를 말하며, 일명 교외출점규제로 불린다. 이 리스트에 의하면 교외에 대형점이 입점할 경우 도심성 상품품목을 판매할 수 없도록 규제할 수 있다.

9 상업 및 수공업의 발전촉진에 관한 법률, 1997년.

10 상업법의 원칙에 관한 법률, 1997년.

11 미국 로스앤젤레스 시, 2005년.

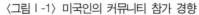

〈그림 I -1〉 미국인의 커뮤니티 참가 경향

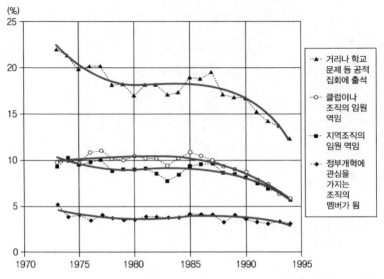

범례:
- ▲ 거리나 학교 문제 등 공적 집회에 출석
- ○ 클럽이나 조직의 임원 역임
- ■ 지역조직의 임원 역임
- ◆ 정부개혁에 관심을 가지는 조직의 멤버가 됨

자료: Putnam, *Bowling Alone*(2000). p. 45.

역 특유의 문제를 어떻게 해결할 것인가가 각 도시의 최대의 문제라고 할
수 있다. 이를 해결하기 위해서는 당사자인 시민의 관여가 매우 중요한데,
최근 시민들의 사회참가 상황을 살펴보면 큰 위기상황이라고 할 수 있다.

대표적인 예가 커뮤니티의 문제이다. 2000년도 출판되어 미국에서 베스
트셀러가 된 『Bowling Alone: The Collapse and American Community』[12]
에서 펏넘(Robert D. Putnam)은, 미국 시민들의 커뮤니티 참가 상황을 조사
하여 20세기의 강한 미국을 지지해온 미국 커뮤니티(사람과의 관계: 사회관
계자본)가 더 이상 기능을 하지 못하고 있다는 사실을 검증하였다. 이러한

• • •

12 Robert D. Putnam, *Bowling Alone: The Collapse and American Community*(New
York: Simon & Schuster, 2000).

현상은 20세기 후반부터 두드러져, 정치집회, 교회 예배 및 노동조합, 각종 친목조직뿐만 아니라 일상적인 사교모임까지 폭넓게 참가율이 감소하고 있다고 지적하고 있다. 그 주요 요인으로 저자는 세대변화, 텔레비전 등의 영향과 여가시간의 변화, 저소득 문제, 맞벌이와 주거의 교외화, 통근시간 의 변화 등을 들고 있다.

미국 정부는 1974년 지역사회개발보조금(Community Development Block Grant: CDBG)을 설립하여 저소득, 슬럼, 도심생활 개선 등에 대해 대책을 강구하였다. 그리고 시가지의 시설환경을 정비하여 시가지 내의 사회 문제 를 해결하려는 목적으로 1977년 도시개발보조금제도(Urban Development Action Grant: UDAG)를 설립하여, 각 도시의 시가지 재개발사업을 지원했지 만 정부의 재정난 등으로 인해 충분한 성과를 얻지 못한 채 UDAG는 1989 년 폐지되었다.

종합적이고 복합적인 기능의 대규모 시설 건축물을 건설하는 것만으로 는 사회 문제를 해결하는 유효한 수단이 될 수 없다. 오늘날에도 CDBG는 지역사회 문제 해결에 귀중한 역할을 담당하는 수단으로 활용되고 있다. 이들 중 대다수가 CDC(커뮤니티전개법인)라고 하는 NPO 조직이 중심이 되 어 전미 각지에서 적극적으로 활동을 하고 있는데, 이들 조직은 각 지구 내 다른 조직과도 연계하여 다양한 관계자들과 조정을 하면서 활동을 전개하 는 것이 특징이라 할 수 있다. 즉 이는 지역의 사회 문제 해결은 커뮤니티 재생을 포함하여 지역사회 문제에 대해 높은 관심과 의식을 가진 사람의 협동적인 활동에 의해 달성된다는 것을 나타낸다 하겠다.

또한 독일 뮌헨 시에서는 1968년 도시문제를 해결하기 위한 시민조직인 뮌헨시민포럼(Münchener Forum)이 설립되어 오늘날까지 다양한 활동을 전 개해왔으나, 최근 이러한 활동에 변화의 조짐이 보이고 있다. 1970~1980

미국 피츠버그 재개발지구

미국 볼티모어 사우스 웨스트 CDC 사무소

년대는 시민들이 도시 전체에 관련된 문제에 대해 관심을 가지고 이를 개선하기 위해 적극적으로 활동했으나, 최근에는 자신들의 개인적인 사항에만 관심을 가지는 사람들이 늘어나면서, 도시 전체의 문제를 협의하는 활동에 참가하는 사람은 크게 줄어들었다. 그 결과 도시 전체의 문제에 관해 시민들이 논의하는 기회를 만드는 것조차 곤란하게 된 것이다.

실제로 뮌헨 시가 2004년 11월 24일 실시한 '고층건축물의 건설반대에 관한 시민투표'의 투표율은 21.9%에 불과하였다.[13] 이 시민투표는 뮌헨 시의 상징건물인 프라우엔 교회(Frauen Kirche)의 높이 99m보다 높은 건물을 건축하지 못하도록 하는 것과 알프스를 전망하는 경관 확보가 논점이었지만 시민들의 관심은 매우 저조하였다.

이와는 대조적으로 2001년 9월에 실시된 '뮌헨 축구스타디움[14] 건설에 관한 시민투표'의 투표율은 약 70%였는데, 이는 시민 개인이 직접 흥미를 가지는 사항에 대해서는 높은 관심을 나타내기 때문으로 해석할 수 있다.

이러한 상황에 대해 뮌헨 시민포럼의 간부이기도 한 뮌헨 시 도시계획·건설부장은, "이러한 결과는 시민들이 도시에 대한 관심이 희박해진 것이라기보다, 시민이 지역이나 도시의 현상에 대한 정확한 정보를 가지고 있지 않으며 가지려고도 하지 않는 것이 본질적인 문제"라고 지적하였다. 이러한 문제를 해결하기 위해 뮌헨 시는 시청 도시계획국 1층 입구에 시민들에게 정보를 제공하는 장소 '플랜 트레프(Plan Treff)'를 설치하여, 젊은이 및 초·중학생을 대상으로 각종 정보와 학습 프로그램을 제공하고 있다.

각 도시에서는 지역사회가 안고 있는 사회 문제를 해결하기 위한 논의의

● ● ●

13 투표결과는 찬성 50.8%, 반대 49.2%, 시민투표의 유효성은 과반수의 찬성과 그 수가 유권자의 10% 이상일 것이 조건이다.
14 2006년 월드컵 개회식 장소였던 알리안츠 아레나(Allianz Arena) 경기장.

독일 뮌헨 알프스 조망과 성모교회 탑

독일 뮌헨 알리안츠 아레나(Allianz Arena) 경기장

장소를 제공하거나, 주체자인 시민의 관심을 고양시키기 위한 다양한 활동을 하고 있다. 이러한 사회 문제에 대한 대응은 시민의 의식변화 속에서, 주민 상호 간, 지역관계자 상호 간의 관계를 밀접하게 하여 서로의 역할과 책임을 재구축하는 것이 중요함을 인식해가는 것으로 볼 수 있다. 소위 사회 문제를 해결하기 위해 지역·지구 단위의 종합적인 커뮤니티 재구축을 도모하는 커뮤니티 매니지먼트가 전개되는 것이다.

3. 환경 문제에 대한 대응

환경 문제에 대한 대응은 1992년 6월 유엔환경개발회의(UNCDE)에서 세계 179개국의 정부 수뇌가 합의한 '지속가능한 발전(Sustainable Development)'[15]이 분기점이 된다.

오늘날의 환경 문제는 단지 이산화탄소(CO_2) 배출문제로 상징되는 대기오염에 관한 것뿐만 아니라, 지구온난화를 발단으로 한 생활 에너지문제, 도시공간 환경을 포함한 본질적인 환경 문제에 대한 종합적인 대응이 과제라고 할 수 있다. 일반적으로 리우 선언의 주제는 '생태적 안정성', '관리된 경제성장', '사회적 공평'으로 알려져 있지만, 이는 모두 환경 문제와 관련이 있다고 해도 과언이 아니다. 이처럼 환경 문제는 사회활동 전반에 걸쳐 본질적인 문제로 인식되고 있다. 그중 인간 생활과 직접적으로 관계를 갖는 자연환경과 사회환경의 공생의 시점에서, 인간의 각종 활동이 환경에

●●●

15 지속가능한 발전이란 환경을 보호하고 빈곤을 구제하며, 장기적으로는 성장을 이유로 단기적인 자연자원을 파괴하지 않는 경제적인 성장을 창출하기 위한 방법들의 집합을 의미한다(리우 선언).

미치는 부담을 어떻게 최소화하고 적정하게 사회를 유지·발전해나갈 것인가가 과제이다.

또한 유엔환경개발회의(UNCDE)에서는 후세에 풍부하고 깨끗한 지구환경을 물려주기 위한 행동계획 '어젠다 21(Agenda 21)'을 채택하였다. 그 후 세계 각지에서는 에너지, 교통문제 등의 과제에 대응하기 위한 효과적인 도시시책으로 '압축도시(Compact City) 만들기'가 전개되고 있다. 그 결과 중심시가지의 중요성에 대해 공감을 하고, 중심시가지를 중심으로 도시 전체의 공간구조형태를 재구축하려는 적극적인 움직임이 보이고 있다.

예를 들면 프랑스·영국·독일·스페인·이탈리아·네덜란드·미국·캐나다 등지의 많은 도시에서 실용화되고 있는 LRT(Light Rail Transit: 노면전차) 부설이나, 미국·독일·영국 등의 자전거도로 정비, 독일·오스트리아의 광역도시 간 철도 네트워크화 등의 교통문제 시책은, 환경부담을 저감하는 압축도시 실현의 대표적인 예라고 할 수 있다.

이상과 같은 환경 문제와 함께 범죄를 종합적인 도시문제로서 인식하고 이에 대응하려는 움직임 또한 활발하게 일어나고 있다. 지금까지 범죄에 대한 대응책으로는 경찰관을 증원하거나 경비 시스템 등의 설비를 강화하는 것이 대부분이었으나 그것만으로는 효과가 충분하지 않았다. 이에 세계 각지에서는 감시카메라를 설치하거나, 주민에게 범죄 정보를 리얼타임으로 제공하여 큰 효과를 올리고 있는데, 이는 카메라 설치 자체가 범죄 억제로 연결되는 효과가 있다는 것을 의미한다.

또한 미국의 조지 켈링(George Kelling) 박사가 주장한 **깨진 유리창 법칙**(Broken Window Theory) 또한 도시환경을 정비하는 것이 범죄억제 효과가 있다는 것을 나타내는 것이라고 할 수 있다. 깨진 유리창 법칙이란, 건물이나 빌딩의 창문이 깨진 것을 고치지 않고 그대로 방치하면 그 건물은 관리되고 있지 않다고 생각한 다른 사람들도 나머지 남은 유리창을 깨트려 결국은 성한 유리창이 하나도 남지 않는다는 이론이다. 건물이나 빌딩 전체가 황폐해지면 그 결과 지역 전체가 황폐해지고, 결국 지역주민들은 도시를 떠나게 되어 지역사회가 붕괴된다는 것이다.

이 깨진 유리창 법칙을 잘 이용한 사람이 미국 뉴욕 시의 줄리아니(Giuliani) 전 시장이다. 그는 1994년 1월 경찰관 5,000명을 채용하여 패트롤 활동을 강화하고 경범죄를 철저하게 단속하여 뉴욕 중심시가지에서 '깨진 유리창'을 제거해나갔다. 이러한 활동의 결과 오늘날 타임스퀘어를 비롯한 뉴욕의 중심시가지는 과거와 같은 위험한 이미지가 없어지고, 낙서로 유명했던 뉴욕 지하철 또한 깨끗해지는 등 범죄감소효과와 함께 방문자가 증가하는 경제효과도 얻고 있다.

이처럼 세계 주요 도시에서는 물리적 환경을 정비하는 것이 도시의 안전·안심에 크게 기여함과 동시에 경제적 효과도 크다는 사실을 인식하고, 적극적으로 중심시가지의 물리적 환경을 정비하고 있다.

제3절 | 새로운 시대의 중심시가지 재활성화 키워드

1. 지속가능한 발전

앞서 언급한 바와 같이 오늘날 세계적인 도시재생, 중심시가지 재활성화의 본격적인 전개는 1992년 유엔환경개발회의(UNCDE)의 리우 선언에서 언급된 '지속가능한 발전(Sustainable Development)'이란 단어에 압축되어 있다.

이 단어는 1972~1987년 국제연합의 '환경과 개발에 관한 세계위원회'의

〈그림 I-2〉 도시활성화 시책의 이념 키워드

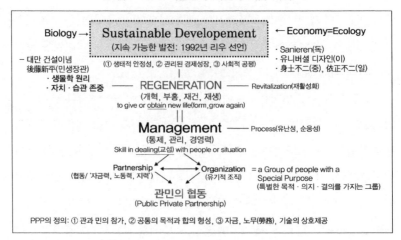

보고서에서 처음 등장하였다. 보고서에서는 순환적인 프로세스를 가지지 않는 대량생산 - 폐기 시스템을 비판하고 환경위험을 주장하면서 전 세계적인 규모에서 대책을 강구해야 한다고 주장하였다.

지속가능한 발전이란 경제활동과 자연환경의 균형이 영속적으로 양립하는 시스템을 구축하여, 지구환경 재생과 소비 사이클 유지를 지향하는 국제적 규모의 개발을 위한 지침이라고 할 수 있다. 이 지속가능한 발전을 할 수 있게 하는 것이 바이올로지(Biology)와 이코노미(Economy) = 에콜로지(Ecology)라는 두 개념이라고 할 수 있다. 바이올로지란 생태계의 안정된 상태를 유지하는 것이며, 에콜로지란 경제활동을 포함한 각종 인간·기업활동을 사회·자연환경에 대한 부담을 최소화하는 것을 의미하며 이코노미와 동의어이다.

1) 바이올로지의 실현

바이올로지(Biology)는 독일어로 Bau(건축)+Biologie(생물학)의 두 단어를 조합하여 건축생리학이라고 번역된다. 독일에서 바이올로지는 일반적인 공간정비의 이념으로 인식되어 인간이 자연환경과 공존하기 위한 철칙으로 여겨지고 있다. 독일에서 '바이올로지란 무엇인가'라고 질문하면, 대체로 '주변 환경을 어떻게 이해하고, 자연과 적정한 관계를 만드는가는 인간의 당연한 책무이다'라고 대답을 한다. 물론 독일에서도 환경을 정비하는 각종 법률규정이 있고, 현실적으로 공간정비를 위한 많은 규약이 존재한다.

영국에서는 산업혁명 이후 공업용지 재생이나 폐광 재생, 운하 재정비 등의 사업을 적극적으로 실시하고 있다. 프랑스 파리에서도 바스티유 광장 동쪽의 고가철도 부지를 '숲의 산책로'로 정비한 사업은 도시환경 속에 자연환경을 적극적으로 도입한 사례로서 높은 평가를 받고 있다. 한편 바이올로지에 관한 활동 중에서 유명한 것이, 일본의 고토 신페이(後藤新平: 전 도쿄 시장)가 1905년부터 대만 총독부 민생국장 재임 시 실천했던 '생물학의 원리'이다.

생물학의 원리란 지역의 환경, 관습 및 조직형태를 충분히 고려한 후 지역과 주민의 활력을 살리는 도시계획을 모색하며, 일방적인 관리를 주축으로 하는 통치에 근거한 도시계획이 아니라 지역주민이나 다양한 지역자원의 잠재력을 살린 도시 만들기의 실천이다. 대표적인 예로 ① 아열대 기후를 이용한 사탕수수 재배와 수출을 통한 기반산업 육성, ② 말라리아 및 페스트 예방 대책으로 상하수도 및 시장 정비를 실시하여 시장위생 시스템 확립, ③ 농장·공장·시장·주택·철도·항구 정비, ④ 1899년 도시계획 위원회 설치 등을 들 수 있다. 1900년에는 가옥건축규칙을 제정하였다.

고토 신페이는 1916년 내무대신에 취임하여 1918년 내무성에 처음으로 도시계획과를 설치했고, 1919년에는 일본 최초로 「도시계획법」과 「건축기준법」을 제정하였다. 고토는 당시 도시와 건축행정을 경찰행정에서 집행·운용할 것을 고려했다고 한다. 독일에서는 1808년 도시법에 의해 경찰행정이 도로 등의 계획을 입안하거나 건축 인·허가를 한 것은 널리 알려진 사실이며, 현재 이탈리아에서는 「도시계획법」 및 「상업계획법」(1971년 제정)의 개정법인 「상업법의 원칙에 관한 법률: 1997년 제정된 베르사니(Bersani) 법」이 경찰권의 행사로 엄격하게 실시되고 있다. 이는 「도시계획법」의 실효성과 운용책임의 일관성을 유지하기 위한 수단으로 조치를 취한 것이라고 이해할 수 있다.

2) 에콜로지의 실현

여러 가지 인간의 활동으로 인해 발생하는 부담을 최소화하기 위해 각 분야에서는 에콜로지와 관련된 활동이 활발하게 전개되고 있는데, 이러한 활동은 현재 지역 가꾸기 운동으로 확산되어 세계 각지에 전파되고 있다. 에콜로지라는 용어와 함께 현재 유럽 지역에서는 바이오 미미크리(Bio-mimicry)라는 단어가 도시 만들기 및 환경 만들기의 키워드로 이용되고 있다. 생체모방이라 번역되는 이 단어는 생물계, 살아있는 생물 사회의 조직 등을 배워서 사회적 현상을 재검토하자는 이론이다. 에콜로지에 관한 기타 대표적인 활동으로는 '유니버설 디자인(Universal Design)', '슬로푸드(Slow Food)' 및 '신토불이(身土不二)·의정불이(依正不二)' 등이 있다.

(1) 유니버설 디자인(Universal Design)

1990년 미국의 로널드 메이스(Ronald L. Mace)라는 건축가가 제창한 개념으로, 연령과 성별, 국적(언어)과 문화적 배경, 장애 유무 등에 관계없이 처음부터 누구에게나 공평하고 사용하기 편리한 제품 및 사용 환경의 디자인을 의미한다. 유니버설 디자인은 인간 중심의 디자인으로 장애 유무에 상관없이 최대한 모든 사람의 욕구를 만족시키는 '모든 사람을 위한 디자인(Design for All)', 어린이부터 노인에 이르기까지 모든 연령층이 이용할 수 있는 '평생을 위한 디자인'이라는 의미를 담고 있다. 이 개념은 '유니버설 디자인 7개 원칙'[16]에서 다음과 같이 정리되어 있다.

원칙 1: 누구라도 공평하게 사용할 수 있을 것
원칙 2: 자유롭게 사용할 수 있을 것
원칙 3: 간단하고 쉽게 사용방법을 알 수 있을 것
원칙 4: 필요한 정보를 쉽게 이해할 수 있을 것
원칙 5: 위험하지 않은 디자인일 것
원칙 6: 무리한 자세나 강한 힘이 필요 없이 편하게 사용할 수 있을 것
원칙 7: 쉽게 사용할 수 있는 크기·공간일 것

그렇다면 왜 유니버설 디자인이 주목을 받는가? 저출산 고령화가 급속하게 진행되어 초고령화 사회 진입을 눈앞에 둔 상황을 고려할 때, 현재의 건축물이나 제품을 고령자를 위해서 배리어 프리(Barrier Free)화하기에는 많은 비용과 노력이 필요하게 된다. 한편으로는 이러한 활동이 장애자에 대한 특별한 배려 행동으로 여겨져 차별이나 편견을 조장할 우려가 있는 등 인권 측면에서도 문제가 될 수 있다. 이에 처음부터 모두가 편리하고 안전·공평하게 사용할 수 있도록 배려한 유니버설 디자인은 이러한 문제점

* * *
16 古瀨敏 編 著, 『ユニバーサルデザインとはなにか』(東京: 都市文化社, 1998).

을 해결할 수 있다.

(2) 슬로푸드(Slow Food)

지산지소(地産地消)를 취지로 하는 식품을 가리키는 용어로, 대량생산·규격화·산업화·기계화를 통한 맛의 표준화와 미각의 동질화를 지양하고, 나라별·지역별 특성에 맞는 전통적이고 다양한 음식·식생활 문화를 계승·발전시킬 목적으로 1986년부터 이탈리아의 작은 마을에서 시작된 식생활 운동이기도 하다.

특히 미국의 세계적인 햄버거 체인인 맥도널드의 패스트푸드(Fast Food)에 반대해 일어난 운동으로, 맥도널드가 이탈리아 로마에 진출해 전통음식을 위협하자 미각의 즐거움, 전통음식 보존 등의 기치를 내걸고 식생활운동을 전개하기 시작, 몇 년 만에 국제적인 음식 및 와인 운동으로 발전하였다.

1989년 11월, 프랑스 파리에서 세계 각국 대표가 모여 미각 발전과 음식 관련 정보의 국제적인 교환, 즐거운 식생활의 권리와 보호를 위한 국제운동 전개, 산업 문명에 따른 식생활 양식 파괴에 대한 대처 등을 주 내용으로 하는 슬로푸드 선언'을 채택함으로써 공식 출범하였다.

이 운동의 지침은 소멸 위기에 처한 전통적인 음식·음식재료·포도주 등을 지키며, 좋은 품질의 재료 제공을 통해 소생산자를 보호하고, 어린아이와 소비자들에게 미각이란 무엇인가에 대해 교육하는 데 있다.[17]

일반적으로 슬로푸드를 패스트푸드와 대립하는 의미로 만들어졌다고 여기지만, 패스트푸드를 무조건적으로 부정·배척하는 의미가 아니라 글로벌리즘(Globalism: 세계통합주의) 개념에 로컬리즘(Localism: 지역밀착주의) 개

• • •

17 네이버 백과사전 인용. http://100.naver.com/100.nhn?docid=759319.

념을 대치시킨 것이라고 이해할 수 있다. 이러한 의미에서 슬로푸드 개념은 각 지역의 고유의 환경을 고려한 독자적인 지역 가꾸기 운동에 큰 영향을 미친다고 하겠다.

(3) 신토불이·의정불이

신토불이(身土不二)란 중국의 불교 용어로 땅[土]과 사람의 몸[身]은 하나라는 의미이며, 의정불이(依正不二) 또한 같은 의미로 인간 주변의 환경[依法]과 인간 자신[正法]은 하나라는 개념이다.

신토불이는 인간이 자신의 다리로 걸을 수 있는 범위에서 얻은 음식을 먹는 것이 몸에 좋다는 음식에 대한 인간의 자세를 나타낸 것으로, 신체와 대지는 원래 하나이며 자연과 동화함으로 인해 각각의 생명이 유지된다는 개념으로 오늘날 지산지소(地産地消)와 일맥상통하는 의미이기도 하다.

현지에서 얻은 농산물을 지역주민이 소비하는 지역밀착형 농업, 지역에서의 자급자족 등의 근본에는 신토불이라는 개념이 있으며, 이탈리아의 슬로푸드 전개와도 관련이 있다.

2. 지방분권과 관민 파트너십

오늘날 세계 각지의 중심시가지 활성화를 위한 활동을 지지하는 중요한 개념이 바로 '지방분권'과 '관민 파트너십'이다. 이 두 가지 개념은 거의 같은 의미를 가진다. 이 두 가지 개념의 배경에는 '중심시가지가 직면한 문제를 담당하는 책임자는 누구인지'의 문제, 그리고 '그 책임자는 단순히 관여하는 정도가 아니라 문제를 해결하기 위해 적극적으로 의사결정을 하고 해결해나가는 책임주체로서, 반드시 문제를 해결하여 성과를 올릴 능력을 가진 형태를 갖추는 것이 바람직하다'는 것이 있다.

오늘날 중심시가지 활성화를 위한 많은 조직이 존재하지만, 조직의 책임자에게 얼마나 많은 권한이 부여되고 있을까? 조직의 책임자에게 사업 집행권한을 부여하고 적정한 의사결정 권한을 부여하는 것이 중심시가지 활성화를 위해 사업을 실시하는 조직의 과제라고 할 수 있다.

세계 각국에서는 오랜 세월 지역자치나 지역의 역할에 관한 규정이 개혁되고 있는데 대표적인 것이 지방분권화이다. 미국, 독일, 이탈리아 등의 국가에는 별도로 주 정부가 존재하며, 독일은 주 정부에서 기초자치단체로 새롭게 권한을 이양하고 있다. 영국이나 프랑스에서도 2000년을 전후로 국비의 일부에 관한 집행 재량권을 지방으로 이관하는 구조를 조성하는 등 지역의 문제를 해결하기 위한 즉각적인 대응이 가능하고 지역의 독자성을 담보하는 체제가 구축되고 있다. 1990년대 이후 구미의 지역 가꾸기 활동은 기존의 강한 의지와 책임을 지는 관계자가 중심이 되어 실행하는 '인적 결합형 형태'에서 지역·지구 단위의 '지역·지구 결합형 형태'로 변모하고 있는데, 대표적인 예가 BID(Business Improvement District)이다.

지역 문제는 주민의 문제이다. 당사자인 주민이 주체적으로 판단해서 행동할 수 있는 환경을 조성하는 것이 지자체의 역할이다. 지방분권의 목적은 주민과 지자체의 협동형태를 만들어내는 것이라고 할 수 있다. 그러나 지방분권으로 인해 지자체가 상당 부분 권한을 가지게 되었다고 할지라도, 최종적으로 지역을 지탱하고 있는 주민과 지자체가 같이 의사결정을 하기에는 현실적으로 상당히 어렵다. 이에 오늘날 세계 각지에서 등장한 것이 '관민 파트너십'에 의한 활동이다.

관민 파트너십을 가장 먼저 도입한 국가가 미국이다. 미국에서는 세계 2차대전 후부터 도시환경 개선을 위한 사업에 대해서 각 도시(주법의 규정이 필요)가 TIF(Tax Inclement Financing), 즉 개발정비 후에 재산세의 증가분 금액을 증권화해서 개발자에게 제공하는 방법을 채용하고 있다. 이 방법은 지자체가 민간의 개발의욕을 적극적으로 활용하여 문제를 해결하거나 도시환경을 정비하는 수법이라고 할 수 있다. 1952년에 캘리포니아 주에서 법제화된 TIF는 1980년대 이후 연방 정부의 개발보조금 삭감 영향을 받아 각 주로 확대되어 현재 전미 48개주에서 활용되고 있다.

영국의 경우, 1997년 이후 블레어 정권은 PPP(Public Private Partnership)을 토대로 관과 민의 협동에 의한 정책실현을 추구하고 있다. 이를 위해 블레어 수상이 가장 먼저 실시한 개혁이 PPP를 실현하는 기초가 되는 국가의 지방 파견기관과 지자체를 개혁하는 것이었다. 기존의 지자체가 독자적으로 운영하던 체제를 민간과 협력하여 효율적으로 행정을 운영할 수 있도록 관민협동 운영체제로 개선하였다. 따라서 1992년부터 실시되고 있는 PFI(Private Finance Initiative)[18] 사업은 제도로서는 계속되고 있지만, 시장매커니즘에 의해라기보다는 관민 혹은 NPO나 주민과의 파트너십이라는 보다 큰 PPP의 구조 안에서 실시되고 있다.

• • •

[18] PFI란 직역하면 민간자금 등의 활용에 의해 공공시설 등의 정비를 촉진하는 것으로, 민자유치 또는 민간위탁의 한 형태이며 민간투자사업이라고도 한다. 즉 종래 공공부문(국가·지자체)이 제공해온 공공서비스를 민간 주도로 실시하여 설계(design), 시공(build), 운영 및 유지관리(operate)에 민간의 자금, 기술, 경영 노하우 등을 활용하고 시장원리를 도입한다. 국가나 지자체가 직접 시행하는 것보다 업무처리가 효율적이면서도 비용은 절감하여 양질의 공공서비스를 제공할 수 있는 사업에서 PFI 방식이 채용되고 있다. 이 방식을 도입함으로써 공공부문은 시설의 소유, 운영의 주체에서 서비스의 구입 주체가 되고, 한편 민간부문은 서비스의 제공자가 되어 종래와 다른 새로운 관민협동의 관계를 형성하게 된다. PFI 사업자는 자금조달에서부터 시설의 시공·운영·유지 관리에 이르기까지 모든 공정을 총괄한다.

1999년 블레어 정권은 국가의 지방파견 기관의 폐지·개혁을 통해, 새롭게 지자체 및 지역 사업자의 지역진흥사업을 지원하는 지역개발공사(Regional Development Agency: RDA)를 잉글랜드 내 9개 지방에 설치하였다. 또한 같은 해 전국 각 도시에 도시개발을 주체적으로 실행하고 지원하는 도시재생회사(Urban Regeneration Company: URC)를 설치할 것을 결정, 각 기초자치단체가 함께 그 운영자금·사업자금을 매년 조달하는 체제를 구축했는데, 현재 30개 도시에서 URC가 설립되어 도시재생사업을 실시하고 있다.

지역 문제를 해결하기 위한 시책이나 각 도시의 재생방향을 결정하는 것은 각 도시의 주민과 지자체의 책무이다. 이에 블레어 정권은 2000년 11월의 정책 백서 「Our Towns and Cities: The Future Delivering an Urban Renaissance」에서, 전 관계자의 열정과 노력이 하나가 되면 순수한 파트너십을 통해 큰 성과를 얻을 수 있다고 규정하고, 지역주민, 위원회, 지역단체, 기업, 자원봉사 단체 및 지역 조직과의 협동의 필요성을 표명하였다.

그 결과 지역재생정책의 일환으로 '근린지역재생자금(Neighbourhood Renewal Fund: NRF)'[19]을 도입하는 경우, 관과 민의 지역 관계자로 구성되는 '지역전략 파트너십(Local Strategic Partnership: LSP)' 조직 설치를 의무화하였다. 현재 이 조직은 각 도시에서 관과 민이 도시재생 및 중심시가지 활성화에 임하는 활동방침 및 시책의 내용을 결정하는 합의형성기관으로서 기능하고 있으며, 잉글랜드 전 기초자치단체에 LSP가 조직되어 있다.

오늘날 영국에서 도시재생이나 중심시가지의 활성화에 관련되는 기본적 사항에 대해 LSP의 결정이 없으면 정부 지원을 받을 수 없으며, 각 도시의 LSP는 국가의 파견기관인 지방사무소가 사무국으로 기능을 하고 있다.

* * *

19 잉글랜드에서 가장 쇠퇴한 지역이라고 판단된 지자체에 지급되는 재정지원제도.

구미의 사례에서 알 수 있듯이 우리나라에서도 지역 관계자가 스스로 책임을 지고 의사결정을 하며 그 역할을 완수할 수 있는 새로운 구조의 도입이 필요하다. 물론 그 구조의 근본에는 도시·지역 만들기의 당사자인 관과 민이 협력하는 파트너십 형태를 확립하는 것이 절대적으로 필요하다.

3. 사업평가

오늘날 중심시가지 활성화를 위한 시책에서 '사업평가' 체제를 구축하는 것이 절대적으로 필요하다. 중심시가지는 시민 공유의 공간이며, 그 공간에 대한 개선이나 활성화 정책의 전개에는 행정적인 규제나 관리가 이루어지고 있다. 각국의 도시에서는 공통적으로 재정 문제나 다양한 시민의 요구를 고려한 사업이 요구되는데, 이에 등장한 것이 사업평가이다.

도시를 활력 있게 하고 지역사회를 풍부하게 조성하는 행위는 매일 반복되는 행위이며, 오늘로 끝나는 행위가 아니라 영속적인 활동이다. 영국의 미들즈브러 타운센터 회사(Middlesbrough Town Centre Company)의 매니저는 "우리의 일은 매우 매력적인 일이다. 사람과 거리는 매일 변한다. 따라서 항상 가능성을 발견하고 희망을 꿈꾸는 것이 우리의 사명이다"라고 지적하였다. 그 변하는 거리, 변하는 사람에 매니저가 관여하는 방법에 의해 변화 방법이 빨라지기도 하며 변화하는 방향이 달라지기도 하기 때문에, 매니저라는 역할은 매우 매력적이라는 것이다.

그러나 현실적으로는 인간이 변하는 것이 아니며 장소나 공간 자체가 변하는 것도 아니다. 장소나 공간의 환경이나 거기에 관련된 사람들이 가질 수 있는 가능성이 변해가는 것이라고 할 수 있는데, 이를 '공간가치의 향상'이라 표현하고 싶다.

우리는 일반적으로 가능성이 있는 장소(시설, 공간)나 인간과 관계를 맺고 싶어 한다. 그리고 그 가능성을 어떻게 표현하며, 그 에너지를 어떻게 창출할 것인가가 중심시가지 활성화에 필요한 것이다.

예를 들면 개발사업에서는 토지의 현재가치를 결정하는 것에서 사업이 시작되는데, 일반적으로 높은 가치평가를 이끌어내는 것이 사업의뢰자의 소망이다. 그러나 가치평가에는 평가의 요소가 다양하다. 특히 활성화를 실시하려는 지역의 현재의 가치와 미래의 가치를 어떻게 평가할지가 중요한 초점이 된다. 향후에 실시하는 사업에 관한 평가(사업평가)에 대해서는 이후 노력 여하에 따라서 다른 가치를 낳을 수 있다.

이것을 토지문제에 접목시키면 이용가치·사용가치를 어떻게 향상시킬 것인가와 관련이 있다. 현재의 평가방법은 미래의 환경변화나 이용 내용을 수익성에서 체크하고, 얼마나 수익을 창출할 수 있는가를 수치화하는 것으로 해당 토지의 가격을 결정하는 수익환원법을 이용하고 있다. 그러나 기존의 각 부지 단위의 평가방법으로는, 토지의 형태나 크기 등 물리적 조건의 제약을 받아 향후의 활용 내용 요인은 포함되지 않는 단점이 있다. 토지를 공간으로서 파악할 수 있는가? 그리고 그 공간이 가지는 환경의 가치를 어떻게 높여갈 것인가가 중요하다. 현재 공간평가는 개별 가치끼리의 융합성, 협조성 또는 경합성 등 새로운 평가시점을 도입하고 있다.

일본의 《부동산 연구》[20]는 1994년 설립된 국제평가기준위원회(International Valuation Standards Committee: IVSC)의 부동산 평가에 대해 소개하고 있다. '기준'과 '적용'이라는 시점에서 시장가치에 의한 평가와 시장가치 이외에 의한 평가, 그리고 그 평가의 적용방법(융자에 관한 평가)에 대해서

• • •

20　日本不動産研究所, 《不動産研究》, 第43圈, 第3号(東京: 日本不動産研究所, 2001).

지적한다. 이처럼 현실적으로 토지나 공간(시설, 환경)의 평가에는 종합적인 시점에 근거한 평가의 필요성이 인정되고 있다.

IVSC의 평가 개념은 1970년대 이후의 영국 부동산 시장의 붕괴에서 출발한다고 볼 수 있다. 시장가치로부터 소외된 공간을 재생시키기 위해서는 새로운 가치를 만들어내는 것이 필요하지만, 그 가치를 적정하게 판단하고 평가하는 구조의 필요성이 대두된 것은 1990년대부터라고 할 것이다.

1999년 영국 최초의 도시재생회사(URC)인 리버풀 비전(Liverpool Vision)의 최고경영자(Chief Executive)는, "도시 재생사업에서 가장 중요한 것은 부동산을 어떻게 매력 있게 할 것인가이다. 이를 위해서는 주변 환경을 고려한 사업이 필요하다. 그리고 우선 매력화(활성화)된 부동산을 돈으로 환산하여 평가하는 것이 필요하며, 그 후 매력화 사업에 관련된 관계자를 많이 만들어내는 것과 그들에게 자금을 조성하는 것이 중요하다"고 주장한다. 이러한 방법의 대표적인 예가 부동산 증권화이다. 그가 말하는 자금의 도입방법은 단순한 고정적인 부동산의 증권화가 아니라 부동산에서 발생하는 다양한 가치를 포함한 것을 평가한 후의 자금제공 방법이다.

이를 위해서는 단일 사업의 매력화가 아니라 지역공간 전체를 어떻게 매력적으로 만들어낼 것인가가 중심시가지 활성화의 최대 과제라고 할 수 있다. 오늘날 지방도시가 단독으로 사업을 실시하기에는 많은 어려움이 있다. 중심시가지 전체를 활성화하기 위해서는 개개 사업을 유기적으로 연계시켜 종합적이고 체계적으로 실시하는 것이 절대적으로 필요하다.

이러한 관점을 행정시책으로 전개하려는 움직임은 미국이나 영국에서뿐 아니라 전 세계적인 조류이기도 하다. 일본 니가타 대학(新潟大學)의 오스미 소시로(大住莊四朗) 교수에 의하면, 영국류의 집권적·조직개혁주도의 급격한 개혁을 표방한 뉴질랜드, 네덜란드와, 이들 국가보다 약간 점진적이라고 할 수 있는 오스트레일리아, 캐나다, 그리고 프랑스나 스페인 등과 같은 라틴계 국가, 또한 전통적으로 공공부문의 운영이념을 가지고 있는 독일 등에서도 이러한 움직임이 전파되었다고 주장하며, 이를 재무행정개혁의 일환으로서 'NPM(New Public Management) 이론'이라고 부르고 있다.

NPM 이론은, 1980년대 중반 이후 영국·뉴질랜드 등 앵글로색슨계 국가를 중심으로 행정 실무의 현장을 통해서 형성된 혁신적인 행정운영이론이다. 그 핵심은 민간기업의 경영이념이나 수법, 또는 성공사례 등을 가능한 행정 현장에 도입하여 행정부문의 효율성과 활성화를 도모하려는 것이다.[21] 대표적인 예가 영국의 'Best Value' 개혁이다.

블레어 정권은 1998년 '지자체 개혁백서'에서, 재정난에 처해 있는 지역의 경제재생을 위해 경제성이나 효율성과 더불어 사업의 유효성에 비중을 옮겨 민간과 주민이 참가하는 방법으로 사업을 실시하여 그 가치를 최대화시키려는 정책을 도입하였다. 구체적으로는 새로운 지역의 활력을 창출하는 근원은 지자체라고 파악하고, 각 지자체 및 직원의 업무를 재검토하는 소위 업무평가 시스템을 정책으로 도입한 것이다.

Best Value 개혁의 기본 이념은 도전(Challenge), 비교(Compare), 협의(Consult), 경합(Competition)의 4C로 나타낼 수 있으며, 정부는 지자체의 5년간 모든 업무(서비스)에 대해 재검토를 해야 한다고 규정하고 있다. 업무의 재검토는 4C의 시점에서 이루어져야 하는데, 이는 업무를 자기완결형으로 파악하는 것이 아니라 다른 업무나 관계자를 고려하여 상대적인 효과를 향상시키기 위한 방법이다.

* * *

21 大住莊四朗, 『NPMによる行政革命 — 経営改革モデルの構築と実践』(東京: 日本評論社, 2003) pp.11~12.

영국에서는 개발사업에 레버리지(Lebarege)라는 사업평가방법을 사용하였다. 이 방법은 행정 측의 투자에 대한 민간투자의 유발 비율을 나타낸 것으로, 이 수치(평가)로 행정 측의 업무에 대한 평가를 하였다. 즉 민간투자액이 행정 측의 투자액을 밑돌면 행정이 비효율적이라고 판단하는 것이다.

이 평가개념을 도입하여 전개된 대표적 사업이 1980년부터 시작된 대처 정권의 도시개발공사(UDC: Urban Development Corporation)에 의한 각 도시의 재개발사업이다. 영국 전역에 13개사가 설립되어 런던의 독랜즈(Docklands) 사업이나 리버풀의 머지사이드(Merseyside) 재생사업 등을 실시했는데, 수치상으로는 1.0 이상, 최대 6.2까지 나타나 수치상으로는 그 효과가 확인되었지만 사업 완료 후 실제 활성화로는 나타나지 않는 경우가 있어 결과적으로 1998년에 도시개발공사는 모두 해산되었다.

이처럼 단일사업평가에는 한계가 있기 때문에 사업의 파급성을 담보할 수 있는 종합적인 효과의 평가가 필요하게 되어 행정이 직접 업무를 개선하는 것을 목적으로 한 것이 Best Value 개혁이다. 이상과 같이 영국의 사업에 대한 효과 및 유효성에 관한 평가는, 다양한 지역관계자와의 협동(파트너십)을 활용하여 사업의 성과를 달성하는 것이 목적이다. 영국이 이러한 방법을 이용하고 있는 것은 한정된 자원을 최대화하기 위한 전략적 대응이라고 이해할 수 있다.

한편 미국이나 캐나다의 중심시가지 활성화에도 사업을 평가하는 구조가 있다. 대표적인 예가 미국의 내셔널 트러스트가 확립한 메인스트리트 프로그램(Main Street Program: MSP)이나 캐나다 앨버타 주의 MSP 등이다. MSP 조직은 매년 활동성과를 주 정부에 제출해야 하는 의무가 있다. 제출 서류상의 사업달성 평가에 대한 사항은 수치로 기재해야 하는데, 수치로 기재함으로 인해 당해 연도의 달성 상황을 관계자가 정확하게 파악하고 차

〈표 Ⅰ-1〉 평가에 필요한 시점(4C)

1. 도전 (Challenge)	왜 서비스를 제공하고, 어떻게 제공하는가? — 필요성과 달성 방법에 대한 평가
2. 비교 (Compare)	같은 종류의 서비스 제공자와 비교해서, 지자체는 어떠한 서비스를 제공하는가? — 서비스의 평가
3. 협의 (Consult)	이용자 측의 요구는 무엇인가? 서비스에 대해 시민은 무엇을 요구하고 있는가? — 시민의 의견이나 필요성에 대한 고려와 대응평가
4. 경합 (Competition)	기타 경합적으로 서비스 제공을 하는 사람이 있는가? — 위탁이나 협력의 필요성의 고려와 평가

자료: 영국 환경 교통 지역성(DETR), 1998년 7월.

년도의 개선 내용을 논의할 수 있다는 효과가 있다.

이상과 같이 사업평가는 사업실시에 관한 성과를 적정하게 평가하여 사업의 유효성과 사업 실시조직의 평가로 이용함은 물론, 향후의 사업개선이나 실시방법에 관한 개선을 적확하고 신속하게 할 수 있다는 효과가 있다.

제4절 | 중심시가지 재활성화 사업 전개목적

오늘날 세계 각 도시의 중심시가지 재활성화를 위한 정책은 다음 세 가지 요소로 개관·정리할 수 있다.

1. 지역의 개성화 확립

세계 각지에서 공통적으로 전개되고 있는 중심시가지 활성화 시책 중 하나가 지역의 개성화 확립이다. 구미에서는 지역의 개성화를 확립하는 것이 도시 간 경쟁에서 승리하는 수단이 된다고 여기고 이와 관련된 각종 활동을 '경쟁 매니지먼트'라고 부르고 있다. 경쟁 매니지먼트의 목적은 각 도시가 서로 같은 것을 두고 경쟁하거나 우열을 가리는 것이 아니라, 서로의 개성을 찾아내기 위해 노력하는 것이라고 한다.

이러한 개성화의 배경에 있는 것이 도시나 중심시가지가 역사적으로 육성해온 자원이다. 일본 호세이 대학(法政大學)의 다무라 아키라(田村明) 교수는 도시의 개성이란 "풍토와 역사와 사람의 운영이다"라고 정의하는데, 오늘날 세계 각지에서는 이러한 각 도시가 보유하고 있는 가능성에 초점을 맞추어 독자적인 가능성을 향상시키기 위한 사업을 실시하기 위한 노력이 전개되고 있다.

각 지역이 개성화를 추구하는 이유는 영국의 타운센터 매니지먼트 협회(Association of Town Centre Management: ATCM)가 중심시가지 활성화를 지향하는 목표를 나타낸 다음 다섯 항목에도 표현되고 있다. '① 지역의 일체화, ② 지역이 결정, ③ 지역에 투자, ④ 지역에서 소비, ⑤ 지역 스스로 관리'이다. 이것을 역설적으로 표현하자면 적절한 타운 매니지먼트 활동에 의해 다음 다섯 항목이 실현될 수 있다는 것을 의미한다.

① **지역의 일체화**는 지역주민이나 행정을 비롯한 지역 이해관계자가 공통으로 지역의 개성을 파악하고 지역의 독자성을 확립하는 것을 의미한다.

② **지역이 결정**한다는 것은 전문가나 기업 등 지역의 활성화를 지원하는 자의 힘을 활용은 하지만, 행동의 판단은 항상 지역주민 스스로가 지역전체의 상황을 고려하여 결정한다는 것을 의미한다.

③ **'지역에 투자'**는 말 그대로 지역 내에 자금을 투자하는 것을 의미한다. 특히 지역 내의 관계자가 자신이 살고 있는 지역에 투자를 하면 그 효과가 직접 자신에게 돌아오며, 지역 외의 투자자나 자금제공자에 대해서도 적극

적으로 투자를 유도하는 것이 필요하다.

④ '지역에서 소비'는 지역을 생활과 활동의 중심적인 장소로 인식하고, 모든 소비행위를 지역 내에서 실시하는 것을 말한다. 그 결과 투자와 마찬가지로 지역 내에서의 순환효과가 발생한다.

⑤ '지역 스스로의 관리'는 지역은 타인이 관리하는 것이 아니라 지역 스스로가 관리하고 운영하지 않으면 안 된다는 것을 의미한다. 지역이 안고 있는 문제는 매일 변화하며 지역주민들의 요구 또한 시시각각 변화하기 때문에, 스스로 책임을 가지고 대응을 하지 않으면 그 성과를 효과적으로 지역에 파급시키기 어렵다. 스스로 관리함으로 인해 문제의 해결책을 찾아내어 결정할 수 있기 때문에, 지역 스스로 관리하는 것은 효율적인 지역 경영을 담보하는 중요한 항목이다.

2. 경제구조의 강화 도모

지방도시의 중심시가지 공동화 현상은 우리나라에서뿐 아니라 세계 각지에서 지역경제 피폐 및 지역활력 감소의 형태로 나타나는데, 이러한 피폐한 중심시가지를 활성화시키기 위한 목적 중에 반드시 거론되는 것이 지역경제의 재활성화 및 재구축이다.

일반적으로 구미에서는 중심시가지 활성화를 위한 기회의 평등은 보장하지만, 개개인에게 결과의 평등을 보장하지는 않는다. 중심시가지를 활성화하기 위해서는 생활은 물론 사업활동을 포함한 지역 전체의 경제가 활성화되지 않으면 안 된다. 특히 구미 각국에서는 빈곤이나 격차에 관한 문제가 지역사회의 커뮤니티 형성을 저해하는 요소가 되고 있으며, 지역경제의 안정 없이 주민이나 지역 내 관계자 간의 상호관계를 안정시킬 수 없다고 인식하고 있다.

지역의 활성화를 위해서는 많은 이해관계자가 참가하는 토론의 장이 절대적으로 필요하다. 그렇지만 현실적으로 이해관계자 전원이 참가하기는 불가능하며, 오히려 참가하고 싶지만 사정으로 인해 참가할 수 없는 사람이 더 많은 것이 일반적이다. 그 이유 중 하나가 각자의 경제적인 문제라는 것도 부정할 수 없다.

물론 경제 문제는 국가 정책이나 세계 경제상황에 의해 좌우되는 문제이기 때문에, 지역 차원에서 논의하거나 지역 관계자만의 힘으로 해결할 수는 없다. 그러나 지역을 구성하는 관계자의 개선 의지와 행동이 없으면 다른 사람들의 지원을 얻을 수 없는 것도 사실이다.

중심시가지의 경제활성화를 위해서는 지역 내 경제환경의 순환성을 높이거나, 지역 내에 투자와 방문객을 증가시키는 것이 필요하다.

지역 내 경제환경의 순환성을 높이기 위해서는 각종 경제조사 실시, 자금지원 정보 제공, 사업자 소개 및 PR, 종업원 교육이나 각종 서비스 환경 향상을 위한 지원 등을 실시하는 것이 필요하다. 또한 관계자 간 활력을 향상시키기 위한 모임 개최, 공동사업의 기획, 타 업종과의 교류에 의한 신사업 창출, 행정지원 체제의 확립, 주민을 대상으로 한 소비자 계몽운동 등을 실시하는 것도 필요하다.

지역 내에 방문객을 증가시키기 위해서는 PR 전략의 검토, 각종 이벤트 개최, 지역의 관광자원 및 문화활동과 연계한 사업 실시, 지역 고유의 자원을 활용한 사업을 실시 등이 필요하며, 투자를 유발시키기 위해서는 기업유치, 신규 창업자의 창출을 지원하는 챌린지숍 사업, 산업기반을 지지하는 주택건설이나 복지사업 지원, 중심시가지의 환경 정비사업 실시(가로환경 개선, 보도정비, 주차장정비, 공원정비, 건축물 외관정비 등), 산업용지의 기반 정비 등이 필요하다.

중심시가지의 경제적 구조를 강화하기 위해서는 단일 사업만으로는 종합적인 활력을 향상시키기 어렵다. 따라서 현재 미국이나 영국에서 전개되는 것이 Linkage 정책이다. 각 도시에는 지역 고유의 개성적이고 독자적인 매력요소가 반드시 존재한다. 다만 이들 개개 요소가 매력을 발휘하기 어려운 환경에 있을 뿐이며 이러한 상황을 타개하고 활력을 불어넣기 위해서는 각 요소를 연계시키는 작업이 필요한데, 이것이 바로 Linkage 정책이다.

예를 들면 독일의 잉골슈타트(Ingolstadt)에서는 집객 이벤트와 역사적인 축제를 동시에 실시하고 있다. 지역의 개성과 독자성은 역사적인 축제로 표현할 수 있는데, 이러한 역사적인 축제에 현대적인 니즈(needs)를 고려한 이벤트를 동시에 개최함으로 인해 다른 지역에서는 흉내 낼 수 없는 독자적인 집객 효과를 누리고 있다.

또한 영국의 South Lakeland District Council의 인구 1만 2,000명의 울버스턴(Ulverston)에서도, 중심시가지 활성화를 위해 '페스티벌 마켓타운 만들기'를 슬로건으로 새로운 지역 브랜드를 확립하기 위해 노력하고 있다. 내부투자 유발, 마케팅 프로모션, 사업자 교육, 기술개발, 지역 주요산업인 농업의 재생, 노동자와 실업자에게 직업기술 지원, EU와 영국 정부의 자금을 도입하기 위한 활동, 지역 기업이나 행정과 연계 강화, 경제활동 시책 결정 프로세스에 지역 커뮤니티를 참가시키기 위한 커뮤니케이션 활동 등을 실시하고 있다. 구체적으로는 역사적인 농산물 시장인 파머스 마켓(Farmers Market) 유지, 식품 이벤트 개회, 문화·상업 페스티벌 개최, 홈페이지를 활용한 PR, 광고 및 신문을 활용한 지역 마케팅, 신사업을 전개하는 기업에 대한 사업 확대자금 지원, 마케팅과 프로모션 효과에 대한 재검토 등을 실시하고 있다.

3. 생활의 질 향상 도모

중심시가지 활성화의 목적은, 지역에서 생활하는 주민 및 사업자가 활성화의 대상이 되는 시가지에서 안전·안심하고 쾌적하게 생활하거나 사업을 할 수 있는 환경을 조성하는 것이라고 할 수 있다. 세계 각지의 활성화정책은 우선 지역의 개성화를 추진하여 다른 지역과는 차별화된 안정된 중심시가지 환경을 조성하고, 둘째로 지역의 경제구조를 강화하기 위해 중심시가지의 존립기반이 되는 각종 경제활성화정책을 실시한다. 셋째로 안전·안심을 기본으로 하는 생활의 질을 높이기 위한 각종 정책을 전개하는데, 이 정책이 '생활의 질(Quality of Life)' 향상 정책이다.

생활의 질 향상 정책은 1992년의 리우 선언의 '지속가능한 발전(Sustainable Development)'과 일맥상통한다. 발전(Development)이라는 단어는 토지뿐만 아니라 공간 자체가 가지고 있는 잠재적인 자질이나 가능성을 높이는 것을 의미한다. 이러한 잠재적 자질이나 가능성을 높이기 위해서 세계 각지에서는 중심시가지가 안고 있는 문제, 즉 범죄, 비위생, 빈 점포, 도시기능의 진부화 등을 해결하기 위해 노력하고 있다.

중심시가지 문제의 대부분은 교외의 개발이나 확대로 인해 발생하는 것이다. 이에 따라 중심시가지에는 인구가 감소하고 범죄가 발생하는 등 공간 자체의 공동화 현상이 발생하여, 그곳에서 생활하는 사람들은 물론 외부 방문객들에게도 쾌적하고 매력적인 공간과는 거리가 먼 공간이 되어버렸다. 이에 미국의 많은 도시에서는 범죄를 감소시키거나 청결한 시가지 환경을 조성하기 위한 활동을 중점적으로 실시하고 있다. 공공 공간 청소(낙서 제거, 쓰레기 청소 등), 범죄 예방을 위한 패트롤 강화(타운 매니지먼트 조직이 고용한 자체 경비원), 가로등 설치, 방범 카메라 설치, 노숙자 지원, 가로 공간 정비(건물의 외벽 정비 및 개보수) 등을 실시하고 있다.

한편 독일의 바이로이트(Bayreuth)에서는, 안전하고 매력적인 중심시가지 공간을 형성하기 위해서는 교통시설이나 시민의 편리성을 향상시키는 상업시설을 건설하거나 역사적인 공간을 재생하는 활동이 중요하다는 것을 인식하고 각종 활성화사업을 추진하고 있다. 구체적으로는 중심시가지에 위치하고 있던 버스 터미널을 옮겨 보행자에게 안전한 공간을 제공하기 위해 타운 매니지먼트 조직(Aktionskreis Bayreuth Aktiv)이 시에서 의뢰를 받아 사업을 실시했으며, 방문자들에게 매력적인 환경을 제공하기 위해 역사적인 수로를 부활시켜 고객 쉼터로 제공하였다.

독일에서는 이러한 활동을 Sanieren이라는 단어로 표현하는데, 이는 라틴어의 Sanus('건강하게 한다'는 뜻)에서 온 말이다. 독일어에서 도시 개발은 Stdtsanierunng이라는 단어로 표현된다. 이 단어를 직역하면 '도시를 건강하게 한다'라는 뜻이 된다. 이른바 독일에서는 도시를 개발하는 의미는 도시를 건강하게 하는 행위인 것이다. 또한 건강하게 한다는 의미를 갖는 도시개발의 동의어로 Stdternoerunng이라는 표현이 있다. Stdtsanierunng이 법률에 근거한 본격적인 도시개발사업을 의미하는 데 반해, Stdternoerunng은 법률에 기초를 두지 않는 부분적인 환경 개선이나 건축물의 개·보수를 가리키는 말이다.

도시 환경을 건강하게 한다는 의미에 대해서, 독일에서는 '도시의 환경을 개선하기 위해서는 무엇이 효과적인 개선방법인가'를 충분하게 고려하지 않으면 안 된다. 가장 중요한 것은 개선의 목적이다. Stdtsanierunng이라는 단어에서도 알 수 있듯이 독일에서는 항상 도시가 건강한 상태로 유지되기를 바라며, 도시를 건강하게 하는 방법은 인간과 마찬가지로 반드시 대상으로 하는 환경마다 달라져야 한다. 경우에 따라서는 일부를 개선하거나, 또는 전부를 파괴하고 전혀 새로운 환경으로 탈바꿈할 경우도 있다. 그러나 무리한 개선은 환경을 파괴하는 결과를 초래한다. 오랜 시간의 축적의 결과인 도시의 환경은 우리가 인식하고 있는 이상으로 섬세하고 개성적이다. 이러한 것을 정확하게 파악한 후에 개선하는 것이 무엇보다도 중요하다'고 인식하고 있다.

환경의 질 향상은, 인간의 입장에서가 아니라 환경의 입장에서의 재검토와 개선하는 것이 중요함을 이것에서도 알 수 있다.

제 **II** 장
중심시가지와 매니지먼트의 정의

제1절 | '도시'와 '중심시가지'의 정의

1. 도시의 정의

중심시가지의 활성화에 대해 논의할 때 반드시 언급되는 도시란 어떻게 정의할 수 있으며, 우리는 도시를 어떻게 파악해야 하는가? 이 절에서는 프랑스의 역사학자 쿨랑주(F. Coulanges)를 비롯한 전문가들이 내린 도시의 정의에 대해서 소개하도록 하겠다.

쿨랑주는 도시에는 두 가지의 용어가 있다고 하였다. 그것은 라틴어의 키비타스(Civitas)와 우르브스(Urbs)인데, 키비타스는 도시(都市)로 번역하고 우르브스는 도회(都會)로 번역할 수 있다. 도시는 가족이나 부족의 종교적·정치적 집단이며, 도회는 이들 단체의 집회의 장소이며 주소나 성지로 해석할 수 있다. 쿨랑주는 "고대인은 쉽게 우르브스를 건설하고 모든 것을 하루 만에 완성시켰다"고 언급하였다. 그러나 우르브스를 건설하기 위해서는 "종교적이고 정치적인 단체인 키비타스를 먼저 구성하지 않으면 안 되며, 이를 구성하는 것은 매우 어렵고 많은 시간이 필요하였다. 그러나 가족과 지족, 부족이 결합하여 같은 제사를 모실 것을 합의하면 바로 공동의 성지로 하기 위해 우르브스를 건설하였다"고 기술하고 있다.

우리가 눈에 보이는 시설 공간으로서의 도시는 쿨랑주가 말하는 우르브스(Urbs, 영어로는 Urban)인 도회(都會)를 가리킨다. 이 도회는 오늘날 우리들의 생활이나 산업을 지탱하는 도시적인 시설 및 기능 공간이라고 할 수 있다. 쿨랑주는 이 도회의 건설에 대해서 종교적이고 정치적인 단체인 키비타스(Civitas, 영어로는 City)인 도시(都市)가 성립되면 하루 만에도 건설할 수 있다고 했으며, 반대로 키비타스의 구성과 인간의 집합적 단체의 형성은 매우 곤란하고 많은 시간이 필요하다고 하였다. 그는 도시는 '인간의 집합체'와 그것을 지지하는 '시설·기능 공간'이 존재함으로 인해 실태를 파악할 수 있지만, 시설·기능 공간은 인간의 집합상태가 적정하게 형성되고 확립되지 않으면 건설되지 않는다고도 주장하였다.[1]

오늘날 도시는 과연 인간의 집합체로서 각자가 책임 있는 합의를 통해 존재하고 있으며, 또한 각종 시설과 기능의 공간이 건설되어 있는지 자문해보면 유감스럽지만 바로 그렇다고 대답할 수 없는 상태라고 생각된다.

베버(M. Weber)는 "도시에 대한 정의는 매우 다양하게 해석할 수 있다"며 도시의 8개 항목의 파악 방법을 소개하고 있다.[2] 그중에서 도시의 공간 구성을 형성하는 주요 항목을 '① 경제적 정착(주민의 대부분이 농업이 아닌

· · ·

1 Fustel de Coulanges, *La Cite Antique*(1864), 『古代都市』, 田辺貞之助 訳(東京: 白水社, 1995).

2 Max Weber, *The Typology of the Cities*(1956), 『都市の類型学』, 世良晃志郎 訳(東京: 倉文社, 1964).

공업 또는 상업적인 영리에 의한 수입으로 생활하는 정착), ② 자율권을 가지는 단체, 특별한 정치적·행정적 제도를 갖춘 단체(자치적 공공단체, 종교적 단체), ③ 방어시설이 조직적으로 설치되어 있을 것, ④ 재판소가 있을 것, ⑤ 평화가 보증되는 성벽과 정치적인 시장(시민집회장소)'이라고 주장하였다.

제이콥스(J. Jacobs)는 도시의 거리나 지구(地區)에 다양성이 넘치게 하기 위해서는 다음 네 가지 조건 중 한 가지라도 빠져서는 안 된다고 주장한다.[3] 네 가지 조건이란, ① 지구(地區) 내부의 가능한 많은 장소가 하나의 기본적인 기능만이 아니고 다양한 기능을 수행하는 것이 바람직하며, ② 거리는 대체로 짧은 것이 바람직하며, ③ 건설된 연대와 상태가 다양한 건물들이 서로 섞여 있으며, ④ 목적은 각기 달라도 다양한 사람들이 밀집되어 있는 것이 바람직하다고 기술하는 것이다.

인간의 입장에서 도시를 연구한 일본의 이소무라 에이치(磯村英一)는 현대도시의 구성요소를 10개 항목으로 나타내고 있다.[4] ① 도시는 인간의 집적이다. ② 도시는 인간이 정착하는 공간이다. ③ 도시는 인간의 생활 기능의 신진대사(Metabolism)에 의해서 만들어진다. ④ 도시의 인간 생활은 이동성을 가진다. ⑤ 도시는 인간에게 제3의 공간을 제공하고 있다. ⑥ 도시는 인간을 조직에 속하게 한다. ⑦ 도시는 인간의 생활을 하루 주기로 규정한다. ⑧ 도시는 인간의 정착 컨센서스(Consensus)로 그 범위를 규정한다. ⑨ 인간은 도시의 공간을 변형한다. ⑩ 도시는 인간의 개성(Personality)의 상징이다. 이처럼 이소무라는 당시 변용하기 시작한 도시에 대해, 많은 위기감을 가진 인간 개개인의 존재를 허용하고 모든 사람들에게 가능성과 개

• • •

3 Jane Jacobs, *The Death and Life of Great American Cites*(1961), 『アメリカ大都市の死と生』, 黒川紀章 訳(東京: 鹿島研究所出版会, 1977).

4 磯村英一, 『人間にとって都市とは何か』, NHKブック81(東京: 日本放送出版会, 1968).

성이 해방되는 공간으로서 형성되는 것이 바람직하다고 주장하였다.

우자와 히로부미(宇澤弘文)는 "도시란 한정된 지역에 많은 사람들이 거주하고, 일하며, 생계를 유지하기 위해 필요한 소득을 얻는 장소이다. 또한 많은 사람들이 서로 밀접한 상호 관계를 가짐으로 인해 문화를 창조해가는 장소이기도 하다"고 말하며, "도시의 토지가 어떻게 이용되고 있는가는 도시의 성격이나 특징을 보려고 할 때 기본적인 중요성을 가진다"고 지적하고 있다.[5]

다무라 아키라(田村明)는 "도시는 인간의 생활에 의해서 만들어진 축적물이며, 가장 전형적인 인공 환경이다"라고 지적하며, 도시가 성립하기 위해서는 다음 네 가지 조건이 필요하다고 주장하였다. ① 잉여식량 축적이 가능할 것, ② 노동력이나 기술을 조직해가는 사회체제가 준비되어 있을 것, ③ 도시를 조성하는데 어울리는 토지(물적 조건)가 있을 것, ④ 물적 조건을 가공하는 기술이 있을 것 등이다.[6]

이와 같이 도시란 '인간의 집합체 공간이며, 인간 자체의 가능성과 개성이 담보되는 시설·기능 공간이 존재하는 공간'이라고 할 수 있으며, 도시에는 '그 장소에서 생활하고 활동하는 인간이 적정하게 영위할 수 있는 모든 구조나 물적인 사회환경(사회체제, 기술 등)이 갖추어져 있다'고 이해할 수 있다.

2. 중심시가지의 정의

도시가 인간의 집합체, 즉 인간이 모여 사는 것에서 출발한다고 이해한

• • •

[5] 宇沢弘文, 『いま, 都市とは』(東京: 岩波書店, 1989).

[6] 田村明, 『都市を計画する』(東京: 岩波書店, 1977).

다면, 도시의 중심지라고 정의할 수 있는 중심시가지는 모든 인간의 공유 공간이라고 정의할 수 있다. 또한 중심시가지는 항상 인간 상호 간의 관계와 시대적인 사회변천 속에서 그 공간을 변용시켜온 거리의 중심지이기도 하다.

이 절에서는 이러한 중심시가지를 어떻게 파악하고 향후 활성화를 위한 개선책을 모색할 것인가에 대해서, 네 명의 중심시가지 활성화사업을 실천하고 있는 현장 전문가의 발언을 소개하고자 한다.

① 경제의 발전소: 앨런 탈런타이어(영국 ATCM 전 회장)
② 도시의 엔진: 폴 레비(미국 볼티모어 DPB Executive Director)
③ Living Room: 발터 부서(독일 뮌헨 시청 도시계획·계발설계부장)
④ 역사·문화의 계승지: 로렌스 피어슨(캐나다 앨버타 주 MSP 매니저)

영국 타운 매니지먼트 협회(ATCM)의 전 회장인 앨런 탈런타이어(Alan K. Tallentire)는 "지역경제의 발전소가 될 수 있는 곳이 중심시가지이다"라고 주장한다. 그에 의하면, 중심시가지는 지역 전체의 기능과 환경을 지지하는 역할을 가지고 있기 때문에 인간 생활을 종합적으로 유지하기 위한 에너지를 항상 제공하지 않으면 안 된다고 한다.

미국 볼티모어 DPB(Downtown Partnership Baltimore)의 매니저인 폴 레비(Paul Levy)는, "중심시가지는 그 도시의 엔진이다"라고 주장한다. 지역 전체를 기관차라고 가정할 경우 지역에 존재하는 각종 기능이나 상태에 따라 파워를 제어하거나, 또는 지역의 요구에 따라서는 엔진 자체를 정비하거나 질적 교환도 고려하지 않으면 안 된다는 것이다.

독일 뮌헨 시의 발터 부서(Walter Buser)는 "중심시가지는 도시의 Living Room이다"라고 표현하고 있다. 그는 중심시가지가 모든 주민이나 방문객에게 휴식공간 또는 공유공간으로서 "열려 있으며, 정신적으로 안심할 수 있고 안전이 확보된 장소"인 것을 강조한다.

또한 캐나다 앨버타 주 메인스트리트 프로그램(Main Street Program)의 담당 매니저인 로렌스 피어슨(Laurence Pearson)은 "중심시가지는 지역의 역사와 문화가 계승되어온 장소이다"라고 주장한다. 그는 미국의 내셔널 트러스트(National Trust)가 실시하는 중심시가지 활성화 시책인 메인스트리트 프로그램을 참고로 하여 캐나다 앨버타 주가 1987년부터 독자적으로 전개하고 있는 각 도시의 MSP를 추진하는 책임자이다. 그는 프로그램의 중심 명제인 각 도시의 중심시가지를 형성해온 역사적 건축물을 보존·재생하기 위해서는 그 형태나 기술 및 양식으로 대표되는 지역 문화의 독자성을 표현하는 것이 중요하다고 주장한다. 왜냐하면 도시의 역사가 그 중심시가지의 형성과 함께 존재하기 때문이라는 것이다. 현재의 중심시가지에는 그 도시를 표현하는 데 충분한 자원이 존재하며, 도시 간 경쟁이 격화하는 가운데 도시가 생존하기 위해서는 개성화가 필요하고 개성화의 수단이 지역의 생활을 지지해온 역사·문화 자원이라고 그는 강조한다.

이상 전문가 4인의 견해는 공통적으로 "중심시가지는 지역 전체를 지지하기 위한 중요하고 필수불가결한 공간"임을 표현한다.

지역의 중심인 중심시가지의 중요성에 대해, 미국의 내셔널 트러스트 메인스트리트 센터가 정리한 12개 항목을 소개하고자 한다. 이는 긴 역사 속에서 만들어진 중심시가지가 교외에 새롭게 들어선 쇼핑센터와 비교해서 지역 자체에 여러 가지 유용한 역할을 한다는 것을 명확하게 나타내고 있다.

① 유용한 고용센터
② 커뮤니티의 실태를 반영하고 있는 장소

③ 지역 납세의 근원

④ 개인 비즈니스의 이상적인 입지

⑤ 커뮤니티의 역사적 핵심

⑥ 관광객의 주요 유인 장소

⑦ 소매업을 집중시켜 스프롤 현상을 감소시킬 수 있는 장소

⑧ 부동산가치를 보전하는 장소

⑨ 이용자에게 편리성을 제공할 수 있는 장소

⑩ 행정 센터

⑪ 시민 포럼(협동의 장소·기회)을 제공할 수 있는 장소

⑫ 관과 민의 투자를 담보할 수 있는 장소

이와는 반대로 교외를 개발함으로 인해 발생하는 많은 문제점에 대해 앨노먼(Al Norman)은 『Slam-Dunking Wal-Mart』에서 교외 개발의 10가지 문제점을 다음과 같이 정리하고 있다.[7]

① 토지의 경제가치와 환경가치가 파괴된다.

② 비효율적인 토지 이용으로 많은 비용이 발생한다.

③ 세수(稅收)에서 지자체 간에 불필요한 분쟁이 발생한다.

④ 교외의 공공기반 시설 정비에는 많은 비용이 발생한다.

⑤ 중심상업지역의 투자가 필요하게 된다.

⑥ 중심시가지 재활성화와 관련된 새로운 공적 자금 지원이 필요하게 된다.

⑦ 지역 고유의 시각적·예술적인 특징을 저하시킨다.

- - -

[7] Al Norman, *Slam-Dunking Wal-Mart*(1999), 『スラムダンキングウォルマート』, 南部繁樹 訳(仙台: 仙台経済界, 2002).

⑧타 지구(주택지·상업지)의 부동산가치를 하락시켜 도시 전체의 세수입을 감소시킨다.

⑨지역에 대한 주민의식과 커뮤니티의 단합력이 낮아진다.

⑩경제개발이 확대된다는 오해가 발생한다.

이상과 같이 중심시가지에 대한 내셔널 트러스트 메인스트리트 센터와 앨 노먼의 지적은 공통적으로 역사적인 중심시가지의 존재가 얼마나 유용하며, 또한 중심시가지를 활성화시키는 것이 얼마나 효과적인가를 보여준다고 하겠다.

제2절 ㅣ 중심시가지의 현상 파악

도시는 인간이 모여서 각종 시설이나 필요한 기능을 집어넣어 적정한 환경을 만들어왔으며, 중심시가지는 이러한 도시의 적정한 유지·발전을 위해 중요한 역할을 해왔다.

그러나 오늘날 우리나라를 비롯한 세계의 주요 도시의 상황을 살펴보면, 인간과 시설·기능이 서로 유기적으로 연계되지 않고 있는 경우가 많다. 기존에 지역의 중심지에 존재했던 각종 시설이나 기능이, 독자적인 이론의 전개방법에 근거하여 종래의 도시구조와는 전혀 상이한 곳(주로 도시 외곽)에 입지하는 경우가 많다. 그리고 우리의 생활 또한 독자적인 생활 방위라는 개념하에 다양하고 광범위하게 행동반경을 넓히고 있는 실정이다. 그 결과 오랜 세월에 걸쳐 형성되어온 도시 전체의 구조가 서서히 붕괴되고 있다.

미국에서는 이러한 중심시가지가 쇠퇴하는 상태를 '다운타운의 병'이라고 표현한다. 중심시가지가 붕괴하는 것을 중심시가지가 병에 걸린 상태와 같다는 의미로 이해하는 것이다. 즉 이것은 병의 원인이 무엇인지를 찾지 않으면 병을 고치는 것이 불가능하다는 것을 의미한다. 예를 들어 중심시 가지의 공동화 현상으로 점포가 감소하거나 빈 점포가 증가한다면 왜 그런 지 그 원인을 규명하지 않으면 그 대응책을 마련할 수 없다.

영국에서는 중심시가지가 쇠퇴한 원인에 대해 다음과 같은 세 가지를 거론하고 있다. 첫째는 '경쟁에 패한' 중심시가지라는 지적이다. 오늘날 영국의 많은 도시의 중심시가지 빌딩에는 'To Let'이라는 표시가 눈에 띈다. 왜 이러한 상황이 되었는지에 대해 영국인들은 중심시가지가 경쟁에서 패했기 때문이라고 이해하고 있다. 기존에 있던 시설이나 기능이 없어지는 것은 이들을 대체하는 시설이나 기능이 다른 장소로 이동했거나 전환되었다고 이해하고 새로운 시대환경에 패했다고 표현한다.

두 번째는 '이동성이 높은 시대에 패했다'는 표현이다. 일반적으로 좋은 물건이 있으면 시간을 들여서라도 사러 간다. 낮이든 밤이든 관계없이 이동 가능한 범위 내에서 행동을 하는 등 현대인의 행동 패턴은 이동성이 높아지고 있다. 그러나 이러한 현상에 대해 과거와 동일한 방법으로 장사를 하거나 사업을 전개하는 중심시가지는 필연적으로 쇠퇴할 수밖에 없다는 지적이다.

세 번째는 '계획 재해'라는 지적이다. 도시는 역사적으로 계획적으로 조성되어왔다. 도시가 성립한 것은 자연발생적이었다고 하더라도 오늘날 대부분의 도시는 계획에 근거한 것이라 해도 과언이 아니다. 중앙정부의 계획, 도의 계획, 각 시·군·구의 계획 등 많은 계획이 존재한다. 즉 이러한 각종 계획이 중심시가지의 문제를 발생시킨다는 해석이다. 현재의 각종 계획은 중심시가지의 활성화에 기여하는 것이 아니라 오히려 중심시가지 활성화에 관한 개선 행위를 방해하고 있다는 것이다. 도시는 항상 진화하기 때문에 이에 대응할 수 있는 계획을 세우지 않으면 안 된다. 그러나 실제로는 각종 계획의 내용이 고정되어 있으며 이로 인해 도시 자체의 생존을 위협하고 있다.

제3절 ㅣ 중심시가지 재생의 시점과 전략

1. 중심시가지 재생의 시점

중심시가지를 재생하기 위해서 세계 각국에서는 법률을 포함한 많은 규율이나 질서를 만들어왔다. 이러한 법률이나 제도는 어제오늘 단기간에 만들어진 것이 아니라 10년이나 20년, 100년 전에 만들어진 것이다. 그러나 이러한 제도는 현재 우리가 처해진 생활에 적합하게 기능을 하고 있지 못한 것이 현실이다. 중심시가지 활성화를 위한 행동이나 사업을 저해하는 요인이 되는 등 다양한 문제를 내포하고 있다. 그 결과 활성화를 위한 충분한 힘과 의지를 가지고 있어도 그 힘을 다 발휘할 수 없는 경우가 있다.

그렇다 하더라도 우리는 이러한 현실을 고려하여 중심시가지가 안고 있는 각종 문제를 해결하기 위해 노력하지 않으면 안 된다. 중심시가지 활성화를 위한 충분한 힘을 발휘할 수 있는 사회 체제를 재구축하기 위해서는, 많은 관계자들이 서로 연계하여 현재의 법률이나 제도 및 구조에 구속되지 않는 새로운 체제를 만드는 것이 중요하다. 도시는 인간 집합체의 공간이며, 인간다운 생활을 영위하고 창조적이고 문화적인 활동을 하는 장소로서의 공유공간이기 때문이다.

그러나 관계자들 간의 연계 구축은 현실적으로 매우 힘든 작업이다. 많은 사람들이 같은 목적의식을 가지고 같은 방향을 향하여 활동을 하는 것은 이론적으로는 가능할지 모르나 현실적으로는 불가능하다고 해도 과언이 아니다. 그러나 현실적으로 불가능하다고 해서 개혁을 위한 도전을 포기해버리면 현실을 타개할 수 없게 된다.

　중심시가지 활성화를 위한 활동에 도시 전체의 활성화를 견인하는 효과와 의의가 있다는 것에는 이론의 여지가 없다. 따라서 지역주민 및 사업자가 중심시가지 활성화를 위한 활동을 시작하면, 그 수가 소수이거나 활동내용의 설명이 불충분하다는 이유만으로 지자체가 연계를 거절할 수는 없다. 한 사람의 행동이 지역을 변하게 하는 엔진이 되고 발전소가 되는 여지를 가지고 있다는 것을 강조하고 싶다.

2. 중심시가지의 재생전략

1) 세 가지 전략: 매니지먼트 전략의 중요성

　중심시가지는 거기서 생활하고 있는 주민이나 방문객, 그리고 사업을 하는 사람들에게 공통의 공간이라고 할 수 있다. 이 공통의 공간이 내포하는 많은 문제를 해결할 필요성에 대해 세계 각지에서 공감을 하고 다양한 활동이 전개되고 있다.

　이 절에서는 중심시가지가 내포하고 있는 문제해결을 위한 각종 재생 전략에 대해 소개하도록 하겠다. 전략이란 '조직이 무엇을 실시하고, 어떻게 실시하는가를 나타내는 것'이라고 일반적으로 알려져 있다. 따라서 전략은 '우리가 무엇을 하고 있으며, 왜 하고 있는가?'라는 의문에 대한 대답이라고 할 수 있다.

전략은 목적을 선택하고 그것을 달성하기 위한 최선의 방법을 발견하는 것이라고 할 수 있기 때문에, 전략에는 경쟁이 반드시 수반된다. 따라서 전략은 라이벌과는 다른 방법을 취할 것인지 다른 활동을 전개할 것인지의 선택 문제이기도 하다.[8]

다음에서 소개하는 중심시가지 활성화를 위한 세 가지 단계적인 재생 전략은, 미국에서 중심시가지 활성화를 위해 활동하는 많은 매니저들의 발언을 정리한 것이다. 미국뿐만 아니라 세계 각지에서 중심시가지의 활성화를 달성하기 위해서는 현재의 상황을 정확하게 파악한 재생 전략이 필요하다고 인식되고 있으며, 그 전략은 ① 계획 전략(Planning Strategy), ② 발전 전략(Development Strategy), ③ 매니지먼트 전략의 단계적인 대처가 필요하다.

계획 전략은 중심시가지를 적정한 공간으로 재구축하기 위한 각종(토지이용, 교통, 산업, 문화, 교육, 복지 등) 계획을 작성하거나 이러한 계획의 실행에 관한 활동 내용을 전략적으로 정리해가는 것이다. 이 전략에는 항상 현상을 정확하게 분석하는 것이 중요하다는 전제가 깔려 있다. 현상을 정확하게 이해하지 않고서는 문제의 진상을 파악하는 것이 불가능하며, 또한 활성화의 명확하고 구체적인 목표를 규정하는 것도 불가능하다. 구체적인 방법으로는 각종 데이터의 수집과 분석, SWAT 분석,[9] 워크숍이나 포럼을 개최하는 방법 등이 있다.

발전 전략은 기존의 개별 사업주체가 단독으로 책임을 지고 사업을 실시하는 형태에서, 민간이 실시하는 각 사업을 중심시가지의 활성화에 기여할

• • •

[8] D. Quinn Mills, *Principles of Management*(2005), 『ハーバード流マネジメント入門』, スコフィールド素子 訳(ファーストプレス, 2006).

[9] 포지셔닝을 분석하기 위해 강점(Strength)·약점(Weakness)·기회(Opportunity)·위협(Threat)을 분석하는 수법.

수 있도록 다양한 관계자나 행정 기관과의 밀접한 관계를 구축하여 전략적으로 추진하는 구조를 만들어내는 것이다. 오늘날 미국의 많은 도시에는 도시재개발회사(Urban Redevelopment Corporation)나 도시재개발공사(Urban Redevelopment Agency)가 설립되어, 민간사업을 포괄적으로 파악하여 효과적으로 중심시가지를 활성화에 기여할 수 있도록 조직을 재편하고 각종 지원(자금 조달, 공공시설의 도입, BID 조직과 같은 지역 활성화 실시조직과의 연계 등)을 하고 있다.

매니지먼트 전략은 계획 전략과 발전 전략의 성과를 1+1 = 3이나 5 또는 100으로 하기 위한 전략이다. 특히 이 매니지먼트 전략에 대해서 많은 구미의 전문가(매니저)들은, "매니지먼트 전략은 중심시가지 활성화에서 가장 중요한 사항이다. 따라서 이 전략을 우리 민간인들이 스스로 만들어내는 것이 필요하며 그것을 실행하는 것이 우리의 책무이다"라고 설명하고 있다.

이와 같이 중심시가지를 활성화하기 위해서는 우선 계획을 작성하고 사업을 실시하는 것, 그리고 종합적으로 지역을 관리하거나 운영하는 매니지먼트 체제를 구축하여 활동하는 것이 중요하다.

2) 재생의 전개

중심시가지의 시설·기능적인 면의 재생에는, 본래 중심시가지를 구성해온 시설·기능의 다섯 가지 상호관계를 밀접하게 하는 것이 중요하다고 하겠다. 우리나라를 비롯하여 역사적으로 긴 세월에 걸쳐 형성된 외국의 각 도시에는 크게 다섯 가지 요소가 서로 적정하게 관계를 구축하여 도시 공간을 유지·발전시켜왔다. 따라서 향후 중심시가지 활성화에는 이들 요소를 어떻게 서로 효율적으로 연관시키는가가 중심시가지 재생의 단서가 된다고 할 수 있다.

다섯 가지 요소란 '주택, 역사적 유산, 업무, 상업, 문화·오락' 시설·기능
이며, 이들 요소는 역사적인 도시에는 반드시 존재한다. 문제는 이들 각 요
소 간의 연결이나 관계가 약화되어 있으며, 중심시가지의 활력이 극소화되
어 있는 것이라고 할 수 있다. 각 요소의 에너지가 작아지고 있다면, 그 에
너지를 높이는 방법은 각 요소 간의 새로운 관계를 만들어내거나 연계시키
는 것이다. 그 결과 각 요소가 다시 새로운 에너지를 가진 요소로 재생할
수 있는데, 이를 위한 실천적인 대처 활동이 앞에서 언급한 매니지먼트 전
략이다.

규모가 확대되거나 축소되고 내부가 변화되는 등 도시는 항상 변하고 있
다. 우리는 어떻게 그 변화를 적절하게 파악하여 조기에 대응책을 준비할
수 있는가가 중요하다. 그러기 위해서는 도시를 구성하는 많은 요소를 적
정하게 매니지먼트할 수 있는 체제를 만드는 것이 중요하다.

제4절 | 중심시가지를 활성화하기 위한 매니지먼트 수법

중심시가지를 활성화하기 위해서는 현재 안고 있는 문제를 해결함과 동
시에 바람직한 지역의 모습을 실현하기 위한 양면의 활동이 필요하며, 이
를 효과적으로 실시하기 위해 도입하고 있는 것이 매니지먼트 수법이다.

매니지먼트 수법은 조직 경영에서 목적을 달성하기 위한 종합적인 실천
방법으로서 확립되어왔다. 매니지먼트 수법을 중심시가지 활성화 분야에
도입하는 이유는, ① 중심시가지에 발생하는 문제가 매우 복잡하고 다양하
고, ② 이전부터 중심시가지 활성화 문제를 종합적으로 파악하고 담당해온

행정이 재정난에 처해 충분한 대응이 곤란하게 되었으며, ③ 시민단체 또한 매우 다양해져서 서로 협동적으로 대응하기 어렵게 되었기 때문이다. 따라서 현재 안고 있는 문제에 대해서 신속하고 종합적으로 대응할 수 있는 구조가 필요하게 되었다.

위와 같은 상황에서는 본질적인 문제를 해결하는 것이 곤란하며, 각 지역이 독자적으로 안정된 환경을 확립하면서 문제를 지속적으로 해결하기 위해서는 과학적이고 실천적인 수법이 필요하게 되었는데, 그것이 바로 매니지먼트 수법이라고 할 수 있다.

1. 매니지먼트의 정의 및 역할

매니지먼트 이론을 처음 주장했다고 알려진 피터 드러커(Peter F. Drucker)에 의하면, 매니지먼트 이론을 최초로 적용한 것은 기업이 아니라 정부기관 및 비영리조직이었다. 오늘날 쓰이는 의미의 매니지먼트나 컨설턴트라는 말을 처음 사용한 것은 과학적 관리법(Scientific Management)의 창시자인 프레더릭 윈슬로 테일러(Frederick Winslow Taylor)라고 한다.[10]

그렇다면 매니지먼트란 과연 무엇인가? management의 어원은 라틴어의 'manus(말을 조교하다)'에서 파생했다고 알려져 있으며, 영어의 'hand(손)', 'maneuver(전략적 전개)', 'manual(편람)', 'manage(관리하다)'와 통하는 어원으로 '사람을 구사한다'는 의미로도 사용되고 있다.

매니지먼트의 정의에 대해서 하버드 비즈니스스쿨 경영관리학 교수인

• • •

10 Peter F. Drucker, *Management Challenge for the 21st Century*(1992), 『明日を支配するもの — 21世紀のマネジメント革命』, 上田惇生訳(ダイヤモンド社, 1999).

밀스(D. Quinn Mills)는, "매니지먼트란 무엇을 어떻게 수행할 것인가를 포함한 업무에 관한 것이며, 업무는 객관적이며 비인간적인 것이다. 동시에 매니지먼트는 사람을 어떻게 할 것인가의 문제이기도 하다"[11]라고 주장한다.

또한 피터 드러커는 "매니지먼트는 사물을 실현하는 사고방식"이라고 정의하고, 그러기 위해서는 "'할 수 없는 것'이 아닌 '할 수 있는 것'에 주목하는 것이 필요하다. 또한 매니지먼트는 사람의 신체기관과 같기 때문에 그 기능으로 정의할 수밖에 없다. 매니지먼트에 의해 실시되는 사업은 일반적으로 이익을 창출하는 구조라고 알려져 있지만 이것은 매우 잘못된 것으로, 사업의 목적은 단 한 가지, 고객을 창출해내는 것이다"[12]라고 하였다.

드러커의 매니지먼트에 대한 견해는 다음 아홉 가지 항목에 잘 나타나 있다.[13]

① 매니지먼트는 인간과 관련이 있으며, 강점은 강조하고 약점은 감추어서 공동의 성과를 올릴 수 있도록 하는 것이 매니지먼트의 기능이다. 이는 조직의 목적과 같기 때문에 매니지먼트는 조직에 반드시 필요하다.

② 매니지먼트는 공동으로 사업을 실시하는 데에서 협력과 관계되며, 또한 각 지역의 풍토와도 깊은 관련이 있다. 따라서 조직의 경영진이 실시하는 매니지먼트 방법은 각 국가에 따라 다르다.

③ 모든 조직은 사람을 결집시킬 수 있는 단순 명쾌한 목적을 필요로 한

• • •

11 D. Quinn Mills, *Principles of Management*(2005), 『ハーバード流マネジメント入門』, スコフィールド素子 訳(ファーストプレス, 2006).

12 Jack Beatty, *The World According to Peter Drucker*(1998), 『マネジメントと発明した男ドラッカー』, 平野誠一 訳(ダイヤモンド社, 1998).

13 Peter F. Drucker, *Peter Drucker on the Profession of Management*(1998), 『P. F. ドラッカー経営論集』, 上田惇生 訳(ダイヤモンド社, 1998).

다. 조직의 사명은 명쾌하고 포괄적이지 않으면 안 된다.

④ 조직과 구성원은 필요에 따라서 성장하고 적응해가지 않으면 안 된다.

⑤ 조직은 모든 종류의 일을 수행하는 단순한 기술과 지식을 가지는 사람으로 구성된다. 따라서 조직에는 의사소통과 개인의 책임이 확립되어 있지 않으면 안 된다.

⑥ 조직성과의 평가기준은 산출량이나 이익만이 아니다. 성과와 조직을 매니지먼트하여, 항상 성과를 측정하거나 평가하여 개선할 수 있도록 하는 것이 필요하다.

⑦ 조직의 성과는 내부에 있는 것이 아니라 항상 외부에 있다. 조직의 성과는 고객의 만족이다.

또한 매니지먼트의 실시 효과에 대해서, "⑧ 매니지먼트의 원리를 이해하여 실제로 적용하면 누구라도 성과를 올릴 수 있으며, 세계 어디에서라도 번성하는 조직을 만들어 큰 부와 비전을 창출할 수 있다"고 했으며, 또한 그러한 조직 중에서 "⑨ 오늘날 기업가 정신이 가장 잘 발휘되는 것이 관과 민의 파트너십이다"라고 지적한다.

또한 드러커는 매니지먼트에는 세 가지 역할이 있다고 주장하였다.[14] 그에 의하면 "조직은 스스로의 기능을 수행하여 사회 및 커뮤니티와 개인의 요구를 충족시킨다. 조직은 목적이 아니라 수단이다. 따라서 문제는 '조직이 무엇인가'가 아니라 '조직이 무엇을 해야 하며, 그 기능은 무엇인가'이다. 이들 조직의 핵심기관이 매니지먼트기 때문에, 문제는 '매니지먼트의 역할은 무엇인가'라고 할 수 있다. 우리는 매니지먼트를 역할에 따라 정의

• • •

14 Peter F. Drucker, "Management-Tasks, Responsibilities, Practices"(1999), 『マネジメント ― 基本と原則』, 上田惇生 訳(ダイヤモンド社, 2001).

해야만 한다"고 하였다.

　① 조직 특유의 사명을 완수하는 것: 매니지먼트는 조직 특유의 사명, 즉 각각의 목적을 수행하기 위해 존재한다.

　② 일을 통해서 사람들을 활용하는 것: 오늘날 조직은 개개인의 생계유지 및 사회적 지위의 유지, 커뮤니티와의 관계를 구축하여 자기실현을 도모하는 수단이다. 따라서 매니지먼트는 근무하는 사람들을 잘 활용하는 것이 중요한 의미를 가진다.

　③ 매니지먼트에는 조직의 사회 문제 해결에 공헌하는 역할이 있다.

2. 환경 매니지먼트 수법에서 본 매니지먼트 전개의 중요성 ─ 활동의 방침·목적·목표 설정과 PDCA 사이클 실시

　매니지먼트에 관한 피터 드러커 등의 정의는, 목적달성을 위한 과학적 실천수법이라고 파악할 수 있다. 오늘날 우리들은 각종 현안이나 지향해야 할 목적을 어떻게 달성해야 할 것인가로 고민하고 있는데, 그 고민을 해결하고 목적을 달성하기 위한 실천수법이 바로 매니지먼트 수법이라는 것이다.

　매니지먼트 수법이 보편화된 배경 중 하나가, 1992년의 '환경과 개발에 관한 유엔 회의'에서 선언된(리우 선언) '지속가능한 발전(Sustainable Development)'이라는 단어의 보급이다.

　리우 선언 후 영국은 1994년 「환경 매니지먼트에 관한 영국 규격(BS7750)」을 제정했으며, EU도 영국의 BS7750을 근거로 1995년 4월 「환경 매니지먼트 시스템 및 감사 규칙(Eco-Management Audit Scheme: EMAS)」을 시행하였다. 그리고 1996년 6월 ISO(국제표준화기구)는 공통규격의 필요성에 따라 '환경 매니지먼트에 관한 국제규격'을 제정하였다. 이러한 일련의 규격을 환경 매니지먼트 시스템(Environmental Management System: EMS)이라 하고, '사업체가 자신의 활동에 수반하여 직·간접적으로 발생하는 환경에 대한 영향을 경감하기 위해 자주적으로 행동목표를 구축하고, 적절한 수단의 선택과 실행을 통해 환경보전에 공헌하는 일련의 체계적인 행위 시스템'이라고 정의하며, ISO 9001은 '매니지먼트는 조직을 지휘하고 관리하기 위한 활동'이라고 정의하고 있다.

현재 세계의 많은 기업이나 단체 및 행정기관에서는, EMS의 기본적인 활동을 규정하는 ISO 14001의 인증을 받아 환경 문제에 관해 '환경 매니지먼트 수법'을 활용하여 실천하고 있다. ISO 14001의 목적은 말단의 환경부하에 대한 관리를 강화하는 것만으로 끝나는 것이 아니라, 환경관리에 관한 명확한 비전(방침·목적)을 입안하고 환경 부하를 저감하기 위해 지속적으로 활동하는 것이다. ISO 14001 인증 취득의 성과는 어떠한 방침·목적을 세울 것인가로 정해진다. ISO 14001은 '방침·목적·목표의 입안(plan) → 실행(do) → 평가(check) → 개선(act)이나 목적 등의 재검토'로 완성되는 PDCA 사이클을 반복 실행하는 프로세스를 핵심 구조로 한다.

PDCA 사이클은 전형적인 매니지먼트 사이클의 하나로, 방침·목적·목표의 입안(plan), 실행(do), 평가(check), 개선(act)의 프로세스를 순서대로 실시하는 것이다. 마지막 개선(act)에서는 평가(check)의 결과로부터, 최초의 방침·목적·목표의 입안(plan)을 계속(정착)·수정·파기 중 하나를 선택하여 다음의 방침·목적·목표의 입안(plan)으로 연결시킨다. 이 나선 모양의 프로세스에 의해 품질의 유지·향상 및 계속적인 업무개선 활동을 추진하는 매니지먼트 수법이 PDCA 사이클이다.

1950년대 품질관리의 아버지라고 부르는 윌리엄 에드워즈 데밍(William Edwards Deming) 박사가 생산 프로세스(업무 프로세스) 중에서 개량이나 개

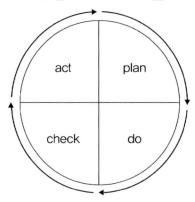

〈그림 Ⅱ-1〉 PDCA 사이클

선을 필요로 하는 부분을 변경할 수 있도록 프로세스를 측정·분석했고, 그것을 계속적으로 실시하기 위해 개선 프로세스가 연속적인 피드백 루프(Feedback Loop)가 되도록 제안했다고 알려져 있다. 이 때문에 PDCA 사이클은 데밍 사이클(Deming cycle)이라고도 부른다.

plan: 방침에 근거하여 목적과 목표를 설정하고, 그것을 실현하기 위한 프로세스를 설계함
do: 계획을 실시하고 그 퍼포먼스를 측정함
check: 측정 결과를 평가하고, 결과를 목표와 비교하는 등 분석을 함
act: 프로세스의 계속적인 개선 및 향상에 필요한 조치를 함

PDCA 사이클은 제조 프로세스 품질 향상이나 업무개선 등에 널리 이용되어 ISO 9000, 1400 시리즈 등의 환경 매니지먼트 시스템에서 많이 사용되고 있다. 이 환경 매니지먼트 시스템에서 중요한 것은 방침(Policy), 목적(Goals), 목표(Targets)를 정하는 것이다.

(1) 방침

영국의 'ISO 14001의 이행 ─ EMS 가이던스'(BS, 1996)에는 '최고책임자의 약속(Commitment)을 반영하는 것'이 중요하다고 기술되어 있으며, 다음 사항을 배려한 내용일 것을 규정하고 있다.

- 조직의 사명, 비전, 신조
- 이해관계자의 요구사항
- 지속적인 개선
- 지도 원칙
- 다른 방침과의 조정
- 특정 지방 또는 지역의 조건
- 관련 법률, 규칙 및 조직이 동의하는 다른 기준과의 정합성

또한 EU위원회의 1993년 지자체 규칙에는 "환경방침은 환경 관련 규제의 요구사항을 준수함은 물론 환경 퍼포먼스의 계속적인 개선을 목적으로한다"고 되어 있으며, 활동의 도달점은 목적의 실현에 있다고 명기되어있다.

(2) 목적

목적은 활동의 도달점을 나타내는 것으로, 모든 활동에는 '명확한 도달점'과 '합의된 도달점'이 필요하다.

영국의 'ISO 14004의 이행 ─ EMS 가이던스'에는 "목적은 방침에서 발생하는 전체의 도달점이며, 직접 달성하는 내용을 나타내며 되도록 수량화되는 것이 바람직하다"고 명기되어 있다. 목적은 방침을 실현하기 위한 구체

적 사항이며, 용이하게 방침을 실현하기 위해서는 복수의 목적을 설정할 수 있다고 한다.

(3) 목표

목표는 목적에 근거하여 목적을 달성하기 위한 활동을 구체적으로 나타내는 것이다.

이상과 같이 환경 매니지먼트 시스템은 관계자에게 '무엇을 실시하면 좋은 결과를 이끌어낼 수 있는가를 명확하게 나타내는 것'이라고 할 수 있으며, 그 정책적인 체계가 '방침 - 목적 - 목표'이다. 그리고 오늘날 '정책체계, 프로그램과 대체안의 환경영향을 평가하고, 그 결과를 시민에게 설명할 수 있는 의사결정에 이용하는 조직적이고 포괄적인 일련의 프로세스'를 '**전략적 환경영향 평가**(Strategic Environmental Assessment)'라고 한다.

제 **III** 장

타운 매니지먼트의 정의와 실태

중심시가지를 활성화하기 위한 활동을 총칭하여 일반적으로 타운 매니지먼트라고 부르는데, 이 장에서는 이 타운 매니지먼트의 구체적인 정의에 대해 정리하고자 한다.

제1절 ᛁ 타운 매니지먼트의 정의

1. 타운 매니지먼트의 표기

중심시가지 활성화를 위한 각종 활동을 지칭하는 유럽 각국의 표기는, 영국은 Town Centre Management(TCM), 프랑스는 Centre Commercial à Ciel Ouvert(CCCO), 스페인은 Centros Coerciales Urbanos(CCU), 이탈리아는 Centro Commerciale Naturale(CCN), 독일·오스트리아는 Stadt Marketing (SM), City Management(CM) 등이며, 영어 표기로는 'Town Centre Management'로 통일되어 있다.

또한 캐나다나 미국의 중심시가지 활성화를 위한 활동은 주나 도시마다 자율적인 법률이나 제도로 실시되기 때문에, 유럽과 같은 통일적인 용어는 존재하지 않으며 대부분 각 주나 활동단체의 프로그램 및 제도 명칭을 이용하고 있다. 대표적인 예가 미국의 메인스트리트 프로그램(MSP), Business Improvement District(BID) 등이다. 특히 BID는 미국의 많은 주에서 사용되고 있지만, 그 호칭이 다른 주나 지자체 또한 적지 않다.

MID: Municipal Improvement District(아이오와 주)

SID: Special Improvement District(뉴저지 주)

CID: Community Improvement District(미시시피 주, 켄터키 주)

PID: Public Improvement District(텍사스 주)

EID: Economic Improvement District(인디애나 주, 오리곤 주)

MSSD: Municipal Special Services District(코네티컷 주)

CCD: City Centre District(필라델피아 시)

캐나다의 대표적인 예는 다음과 같다.

MDR: Managing Downtown Revitalization(온타리오 주)

RPO: Rues Principales Organization(퀘백 주)

BIA: Business Improvement Area(앨버타 주 이외)

BRZ: Business Revitalization Zone(앨버타 주)

그리고 남아프리카에서는 CID(City Improvement District), 세르비아에서는 BID(Business Improvement District), 일본에서는 TMO(Town Management Organization)라는 표현으로 사용되고 있다.

2. 타운 매니지먼트의 정의

전 세계적으로 타운 매니지먼트의 활동에 대한 정의는 어떻게 내려지고 있는가? 이 절에서는 각국의 타운 매니지먼트 조직 관계자들의 타운 매니지먼트에 대한 정의를 소개하고자 한다.

(1) 영국

① TCM은 "모든 이해관계자의 이익"을 위해 타운센터(Town Centre) 내의 공공과 민간의 양쪽 영역에 대한 "개발, 매니지먼트, 프로모션을 포함한 경쟁압력의 종합적인 대응"이다(University of Reading, 1991).

② TCM의 가장 중요한 과제는 "지속적인 활동과 투자를 중심가에 유인하기 위해" 필요한 힘과 자원을 활용함으로 인해, "타운센터의 개선과 이익조정에 대한 기본적인 사항을 확실하게 하는 것"이다(ATCM, 1997).

③ 타운센터 매니지먼트는 "타운센터의 활력과 가능성을 지속적으로 향상시키기 위한 본질적인 활동"이다(The British Government, 2005).

④ BID는 "상업 · 비즈니스 환경과 공공 공간에 유효한 프로젝트를 확립하고 발전시키기 위한 지자체(관)와 지역 사업자에 의한 파트너십"이다(ATCM, 2003).

⑤ BID는 지역(사업자)에 이익이 되는 "청결하고 안전하며 보다 활력이 넘치는 커뮤니티 만들기"를 달성하는 것이다(Liverpool City Central BID, 2005).

(2) 스페인

독립된 소매 아웃렛의 대부분은 서비스 방법, 주변 환경과의 관계를 고려한 디자인, 소매믹스를 보완하는 방법 등과 같은 공통적인 사고에 근거하여 많은 기업들에 의해 계획되고 개발되어왔다. TCM은 이러한 소매 아웃렛의 집적에 대해, "타운센터 매니지먼트의 구조와 이미지 형성에 대한 표준적인 방법을 만드는 것"이다(Spain: Association of Central Commercials, 2001).

(3) 이탈리아

① TCM은 "현재의 상황을 윤택하게 하고, 소비자에게 새로운 이미지와 활기를 불어넣어 재생시킴으로 인해 감각과 활력, 아이디어의 가치를 더하는 것"이다(Firenze: Chamber of Commerce and Industry, 2003).

② TCM은 "도시의 경제, 사회, 문화적인 상황을 개선하는 방법"이다. 또한 "같은 지구에 있는 점포와 비즈니스, 관광서비스를 결합하여, 쇼핑센터 에리어의 전체적인 통합을 도모하는 네트워크 기법을 확립"하는 수법이다 (University of Milan, 2004).

(4) 벨기에

① TCM은 "현재 또는 미래 이용자의 요구에 대응할 수 있는 타운센터를 만들기 위해, 균형 있는 전략과 공통의 초점을 만들어내는 것"이다. 또한 "현재와 미래에 필요한 것을 확인하는 것이며, 비즈니스 플랜 중에서 명확하게 밝혀진 목적을 달성하기 위한 적절한 행동수단"이 되는 것이다 (Belgium: Association of City Centre Management, 2005).

② TCM은 "공공과 민간 조직이 일체화되어, 협력과 대화를 통해 공통의

프로젝트의 경제·정치·사회 분야에서 협력하는 것"이다. TCM은 "도시환경에 대해 직·간접적인 효과를 생산하기 위한 프로모션 활동이며, 타운센터에 새로운 활력을 불어넣기 위한 활동"이다(Belgium: Association of City Centre Management, 2005).

(5) 독일

① TCM은 "시티 매니지먼트와 마찬가지로, 의회사무국, 이벤트 매니지먼트, 관광, 도시 선전, 판매촉진을 위한 슈타트 마케팅(Stadt Marketing) 활동"이다(Germany: Westphalia StadtMarketing Group, 2003).

(6) 노르웨이

① TCM은 "타운센터를 확립하기 위해 타운센터의 경쟁력을 증대하고 민간기업과 공공 서비스기관을 끌어들이는 것"이다(Norway: Central Forum, 2005).

(7) 프랑스

① TCM에는 "타운센터에서 활동하는 사람과 그 지구 내 사람들 간에 대화를 형성하는 매니저가 필요"하다. 매니저의 공식성(형식성), 제안력, 선동력과 행동력에 의해 Interface Rule을 부가할 수 있다(City Centre Manager Group, 2005).

② 매니저는 "타운센터의 매니지먼트(교통, 주차장, 청소, 안전, 상업의 질 향상 등)와 프로모션, 커뮤니케이션 등을 통해 상업의 매력을 발전"시킨다(City Centre Manager Group, 2005).

(8) 미국

① 메인스트리트 프로그램(MSP)은 "역사적 건축물의 재생"과 함께 "커뮤니티의 재생"과 "지역경제의 재생"을 실현하기 위한 중심시가지 재활성화의 포괄적인 전략 수법이다(National Trust · Main Street Center).

② BID는 "지역의 부동산 소유자나 사업자가 지구의 문제 해결과 진흥을 도모하기 위한 관민 파트너십 조직을 형성하여, 안정된 사업·활동 자금(세금)을 준비하는 구조"이다(New York City).

③ BID는 "중심시가지가 생활, 일, 쇼핑, 관광을 위한 매력적인 장소로서 도시 간 경쟁에서 이길 수 있도록, 안전하고 청결하며 활력이 넘치는 지구 형성"을 목적으로 한다(Philadelphia City Centre District, 1996).

(9) 캐나다

① BIA는 "지구 내의 사업용 부동산 소유자와 세입자가 비영리조직을 설립하여, 지자체의 인증을 받아 사업용 부동산에 관련된 특별 재산세를 지불하여 지구 내의 물리적 환경을 개선하고 비즈니스를 재활성화하기 위한 전략적 계획을 실현하는 수법"이다(Vancouver, 1991).

② MSP는 "역사적인 중심시가지의 유산 수복과 활력 촉진, 지속적인 커뮤니티의 실현을 도모하기 위한 유연하고, 지역에 의해 전개되는 프로세스로서의 프로그램"이다(Province of Alberta Main Street Program, 1987).

이상과 같이 TCM, MSP, BID 등이 목표로 하는 '타운 매니지먼트'를 다음과 같이 정의할 수 있다.

중심시가지를 대상으로(대상지를 명확하게 정하여), 지구 내의 관계자가 관민 협동(파트너십) 형태를 구축하여 지구의 과제 해결과 지구의 활력과 가능성을 향상시키기 위한 종합적인 활동의 구조이다.

그리고 타운 매니지먼트는 다음 세 가지 목적달성을 절대조건으로 한다.

① 주민(생활자)이 지속적으로 매력을 느낄 수 있는 활기찬 지구 분위기를 조성하고, 장기간에 걸친 경제발전을 보증할 것.
② 타 지역과 경쟁할 수 있는 중심시가지를 조성하는 활동일 것.
③ 관민 파트너십에 의해 중심시가지의 발전과 매니지먼트를 확실하게 하는 활동일 것.

3. 타운 매니지먼트에 필요한 사항

타운 매니지먼트는 목적을 공유하는 많은 관계자, 조직체제, 지역의 상태를 고려하여 상호 네트워크를 창조하며, 지역의 다양한 관계자와 공공(행정)이 파트너십 조직을 구축하여 목적을 달성하기 위한 방법이라고 할 수 있다.
그렇다면 이를 위해 타운 매니지먼트에 필요한 것은 무엇일까?

① 기업, 서비스 제공자, 공적 기관, 자원봉사 단체, 사업자, 지역주민 등의 관계자를 상호 지원하는 조직일 것.
② 관계자의 니즈(needs)에 부합하는 중심시가지의 아이덴티티, 기능, 이미지 등의 공통 비전을 구축할 수 있을 것.

③파트너의 지원과 자금제공에 의해 효과적인 사업계획(비즈니스 플랜)과 사업 프로그램을 입안(중기~장기, 매년)할 수 있을 것.

④이용자, 방문자 및 투자가를 위한 중심시가지 생활 향상을 도모할 수 있을 것.

⑤아름답고 안전하며 편리한 거리를 조성하기 위한 공공 공간 매니지먼트의 개선을 도모할 수 있을 것.

⑥활동에 대한 이해나 목표 달성, 경쟁에 관한 사항에 대해 행정과 지역 관계자의 지원이 있을 것.

⑦환경이나 교통 접근성, 주차장, 사인, 안전, 내부 투자, 비즈니스, 마케팅, 고객 관리와 이벤트에 관한 사업이 존재할 것.

4. 타운 매니지먼트 활동의 사이클형 전개

타운 매니지먼트 조직은 그 조직체계나 운영 방법 등에 차이가 있지만, 타운 매니지먼트가 성과를 달성하기 위해서는 다음과 같은 다섯 가지 요소가 조직 설립 단계에서부터 조직을 지속적으로 운영하는 데 절대적으로 필요하다.

다섯 가지 요소란 ① 전략과 비전, ②파트너십 구성, ③ 비즈니스와 액션 플랜, ④ 자금조달, ⑤ 주요사항의 추이 데이터 분석이다.

이 다섯 가지 요소는 타운 매니지먼트의 발전기반이나 지속적인 평가 등에 절대적으로 필요하며, 모든 관계자가 연관되어 있지 않으면 안 된다. 그리고 타운 매니지먼트 조직 활동의 성공을 좌우하는 것은 검토 개시 시점을 명확하게 이해하는 것이지, 활동 과정을 정확하게 파악하는 능력은 아니다. 타운 매니지먼트의 활동에 의해 명확하게 파악된 다양한 관심이나

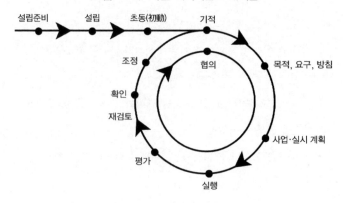

〈그림 III-1〉 타운 매니지먼트 사이클

설립준비　설립　초동(初動)　기적
조정　협의　목적, 요구, 방침
확인
재검토
평가　　　사업·실시 계획
실행

문제에 대해서는 재검토와 분석이 특히 중요하다.[1]

제2절 l 타운 매니지먼트 활동

1. 타운 매니지먼트 활동의 필요조건

타운 매니지먼트 활동을 전개하는 것은 ① 대화의 장소, ② 네트워크화된 정보, ③ 행동의 장소, ④ 협의의 장소, ⑤ 협동의 장소, ⑥ 공동자금 조달을 창출하는 것이라고 할 수 있다. 그리고 이를 위해 필요한 사항을 스웨덴의 타운센터 매니지먼트 협회에서는 다음 세 가지 핵심어로 표현하고 있다.

. . .

[1] ATCM, "Getting It Right — A Good Practice Guide to Successful Town Centre Management Initiatives"(ATCM, 2000).

- **협동**(Co-operation)
- **조정**(Coordination)
- **합의**(Consensus)

이상과 같이 세계 각지의 활동을 근거로, 타운 매니지먼트가 적정하게 운영되어 성과를 달성하기 위한 필요조건으로는 ① 관민 파트너십, ② 타운 매니저의 존재, ③ 전략, ④ 많은 파트너의 활동, ⑤ 수평적 활동 등 다섯 가지를 들 수 있다.[2]

1) 관민 파트너십

① **적정한 균형**: 행정(공공)과 민간(시민, 기업)이 서로 적정한 균형을 유지하는 관계를 만들어낼 것. 공공 50%와 민간 50%의 관계가 가장 이상적이며, Public(공공)과 Private(민간)의 각 섹터가 안정된 파트너십으로 구성되어야 한다. 파트너십이란 관계자가 서로의 지식, 자금력, 노동력을 적정하게 제공하는 관계라고 할 수 있다. 또한 책임자의 한쪽으로 편향된 사고 방식을 회피하고, 균형을 유지하기 위해 중심시가지의 이익범위를 명확하게 하지 않으면 안 된다.

② **중립성**: 특정 관계자를 위한 활동이 아니라 항상 도시 및 중심시가지 전체의 공간과 관계자를 대상으로 한 공평한 입장에 선 활동이어야 하며, 외부 관계기관이나 스폰서(사업 협력자)와 밀접한 관계를 유지하지 않으면 안 된다.

· · ·

[2] TOCEMA, Workshop no.1. "Definition of Town Centre Management," Stenungsund, Sweden, 7-8 June(2005).

③다양성: 타운 매니지먼트 활동은 어떤 특정한 일을 위한 사업도 존재하지만, 근본적인 목적은 중심시가지 전체의 활성화이기 때문에 다양한 관계자의 참가와 다양한 시점을 가지고 다양한 전개가 필요하다.

④전개성: 타운 매니지먼트 활동은 매일 새로운 과제에 대한 도전이라고 할 수 있다. 중심시가지가 안고 있는 문제를 해결하고, 관계자가 요구하는 활성화의 목표를 달성하기 위해서는 항상 조직으로서의 전개, 사업으로서의 전개가 유연하고 신속하게 실행되는 것이 중요하다. 아울러 자금이나 내부투자의 유도에 대한 책임을 지면서 새로운 전개를 도모하는 것이 필요하다.

⑤형식성: 타운 매니지먼트는 많은 관계자에 대한 사명과 책임을 완수하는 활동이기 때문에, 그 활동은 공평하고 오픈되게 전개되는 것이 중요한 조건이다.

⑥전형성: 타운 매니지먼트 활동은 관계자에게 있어서 중심시가지 활성화를 실현하는 대표적인 방법이기 때문에, 그 모습은 중심시가지 활성화의 전형으로서 인식될 수 있어야 한다.

⑦투명성: 타운 매니지먼트 활동은 오픈되어 있어야 하며 다수결로 결정한다. 또한 문제 조절을 특정 개인이나 그룹이 하는 것은 지양해야 한다. 그리고 타운 매니지먼트활동은 많은 관계자들이 연계되어 있고 관민 파트너십 조직의 활동이기 때문에, 조직의 의사결정 및 운영, 활동 방법, 리스크 존재, 자금조달 등 모든 방면의 정보가 공개되어 투명성이 확보되어야 한다.

2) 타운 매니저의 존재

타운 매니지먼트 활동은 다양한 관계자로 구성된 조직에서, 명확한 목적과 목표를 달성해야 하기 때문에 전문가인 매니저의 존재가 필수불가결하다. 이 매니저는 일반적으로 Executive Director, 프로젝트 매니저(Project Manager), 타운센터 매니저(Town Centre Manager) 등으로 부르며 조직의 의사결정기관 아래에서 그 지시를 받아 사업을 수행하는 책임자이다.

타운 매니저의 주요 임무에 대해서 영국 노팅엄(Nottingham)의 타운 매니저인 제인 엘리스(Jane Ellis)는 "사람, 시간, 돈과의 싸움이다"라고 말하며, 자신의 경험을 토대로 타운 매니저의 적성 조건으로 ① 커뮤니케이션 능력, ② 협상 능력, ③ 프로젝트 매니지먼트 능력, ④ 인내력이 필요하다고 설명하였다.

타운 매니저는 사업경험이나 조직운영 등 다양한 경험을 가지고 있는 것이 조건이 된다. ATCM은 타운 매니저는 ① 지자체의 지식과 경험, ② 비즈니스 경영, 예산 및 조직운영의 지식, ③ 지역 이해관계자들 간의 조정경험, ④ 마케팅, 판매촉진, 홍보활동 경험 등이 필요하다고 규정하고 있으며, 특히 중심시가지의 기능에 대한 이해, 지구의 중요과제에 대한 인식, 그리고 중심시가지의 개발 및 운영에 관한 최신정보를 많이 알고 있고, 중심시가지의 운영 및 발전에 전념하려는 마음가짐이 필요하다고 한다. 그리고 TOCEMA는 타운 매니저 활동의 세 가지 조건을 중립성·중간성·효율성으로 표현하고 있다.

3) 전략

앞에서 언급한 바와 같이 타운 매니지먼트 활동은 목적 달성을 위한 일련의 대처활동이라고 할 수 있다. 그 목적을 달성하기 위해서는 적절한 전략이 필요한데, 한정된 사람, 시간, 자원, 자금을 활용하여 어떻게 목표를 달성할 것인가라는 전략을 수립하는 것이 매우 중요하다.

이를 위해서는 중심시가지 활성화를 위한 활동에 관한 합의 형성이나 공통의 목적(Goal)·목표(Target)를 명확하게 하는 것이 필수조건이며, 활동의 전략조건은 일반적으로 다음 여섯 개 항목으로 나타낼 수 있다.

①목표를 명확하게 가질 것: 목적을 달성하기 위한 목표를 정하지 않으면 안 된다.

②균형을 유지할 것: 종합적인 중심시가지 공간을 대상으로 하고 있으며 다양한 이해관계자가 존재하기 때문에, 항상 전체를 간파하면서 균형을 유지하는 활동이 필요하다.

③비전을 공유할 것: 특정 관계자나 단체, 조직을 위한 논리가 아니라 모든 관계자가 이해할 수 있는 비전을 설정하는 것이 필요하다.

④관심을 공유할 것: 다양한 관계자가 요구하는 활동을 추진하는 것이 필요하다. 각 관계자들의 관심은 매우 다양하고 가변적이다. 따라서 그 배경이나 상황을 정확하게 파악하고 상호 공통되는 관심사를 공유하는 것이 필요하다.

⑤목적을 달성할 것: 타운 매니지먼트의 목적(Goal)을 달성하는 것이 절대적으로 필요하다. 단지 목적을 달성하는 것만이 아니고 사업기간 및 목적달성 후의 전개를 고려한 결과를 나타내는 것이 필요하다.

⑥파트너와 함께 결정할 것: 타운 매니지먼트 활동에서 가장 곤란한 것이 의사결정에 관한 문제이다. 누가 어떻게 의사결정을 할 것인가는 사전에 결정되어 있어야만 하며, 관계자(파트너)가 충분하게 검토한 후에 의사결정이 이루어져야 한다. 구미에서는 이러한 의사결정을 하는 기관을 'Advisory Board', 'Partnership Board', 'Executive Board'라고 칭하는데, 소위 의사결정을 하는 책임자로 구성된 조직을 말한다.

4) 다양한 파트너에 의한 조직구성과 활동

다양한 관계자가 참가하여 타운 매니지먼트 활동을 전개하기 위해서는 반드시 조직이 필요한데, 그 조직은 일반적으로 관민 파트너십 형태가 바람직하다고 알려져 있다.

ATCM은 타운 매니지먼트 조직에 참가하는 관계자를 공공부문, 민간부문, 각종 단체부문으로 구분하고 있다.[3]

① 공공부문: 지자체, 경찰, 공공교통 운송기관, 긴급 서비스, 직업훈련 기업청, 교육기관, 지역개발공사(RDA), 국가 기관 등

② 민간부문: 소매상업자, 상공회의소, 쇼핑센터, 금융기관, 교통기관 경영자, 부동산 소유자, 부동산 관리회사, 음식점, 오락시설, 숙박시설, 변호사 등 전문가, 개발사업자(Developer) 등

③ 각종 단체부문: 각종 시민단체, 지역보존단체, 신체장애자단체, 각종 주민단체 등

〈그림 Ⅲ-2〉는 일반적인 타운 매니지먼트의 형태 구조를 나타낸 것이다. 공공부문, 민간부문, 각종 단체부문으로 구성된 타운 매니지먼트를 전개하는 조직은, 중심인물들로 구성되는 의사결정기관인 이사회(Board)가 설치되면 정식으로 조직화된다. 이사회는 대체로 8~12명 정도이며, 미국 메인 스트리트 프로그램에서는 7~11명이 이상적이고,[4] 교외 대형점 출점 반대 운동단체에서는 일반적으로 12명 정도로 이사회가 구성되는 것이 바람직하다[5]고 한다.

• • •

[3] ATCM, "About Town"(ATCM, 1998).

[4] National Trust's National Main Street Center, "Revitalizing Downtown — The Professional's Guide to the Main Street Approach"(National Trust's National Main Street Center, 2000).

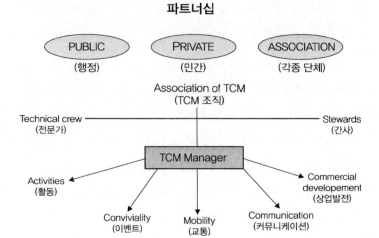

〈그림 III-2〉 타운 매니지먼트 조직 구성과 활동 모델

파트너십

PUBLIC (행정) PRIVATE (민간) ASSOCIATION (각종 단체)

Association of TCM (TCM 조직)

Technical crew (전문가) ——————————— Stewards (간사)

TCM Manager

Activities (활동)
Conviviality (이벤트)
Mobility (교통)
Communication (커뮤니케이션)
Commercial developement (상업발전)

이사회 아래에는 타운 매니저가 위치하여 각종 실무적인 사업을 관리하는 형태가 영국 타운 매니지먼트 조직의 일반적인 형태이다. 그러나 미국이나 캐나다의 메인스트리트 프로그램(Main Street Program) 조직에서는 이사회 아래 운영위원회와 각종 위원회(4개 위원회)가 설치되어 있으며 매니저는 의사결정의 직접적인 계통상에는 존재하지 않는다.

타운 매니지먼트 활동에서 파트너십을 구성하는 관계자는 책임을 명기하고, 자기가 관여하지 않는 워킹그룹(Working Group)이나 포럼에 대해 명확한 위임사항을 나타내야 한다.

그리고 타운 매니지먼트의 주요활동은 ① 안전·방범, ② 위생·미화, ③ 교통, ④ 집객·판촉, ⑤ 경제개발·관광, ⑥ 커뮤니티 촉진 등 여섯 개 항목

• • •

5 Al Norman, *Slam-Dunking Wal-Mart*(1999), 『スラムダンキングウォルマート』, 南部繁樹訳(仙台経済界, 2002).

〈그림 Ⅲ-3〉 타운 매니지먼트에 의한 수평적 활동

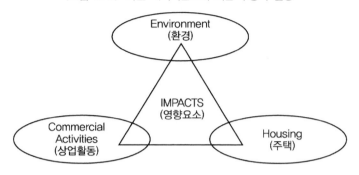

으로 요약할 수 있다.

5) 수평적 활동

타운 매니지먼트 활동은 각 지구가 안고 있는 문제를 종합적으로 파악하고, 이들 관계를 면밀하게 분석하여 목적을 결정하며 구체적인 활동 및 사업 내용을 입안한다.

전술한 바와 같이 오늘날 각 도시가 안고 있는 주요문제는 경제 문제, 사회 문제, 환경 문제로 요약할 수 있다. TOCOMA는 각 도시가 직면한 이들 과제를 명확하게 파악하고, 이들 문제를 개별적으로 대응하는 것이 아니라 각 과제를 수평적으로 파악하여 상호 관계를 고려한 후에 대응을 하는 것이 필요하다고 지적하고 있다.

이처럼 타운 매니지먼트 활동은 각 사업의 수평적인 상호관계를 파악하여 여러 가지 유효한 전개 시책을 발굴하는 등 효과적인 성과를 이루는 것이 필요하다. 그 결과 중심시가지가 안고 있는 문제의 영향을 최소화할 수 있으며, 새로운 활력과 가능성의 향상을 달성할 수 있는 것이다.

2. 타운 매니지먼트 활동의 성공조건

영국 ATCM은, TCM 활동을 성공시키기 위한 방법으로 타운 매니지먼트 조직구조에 대해 언급하고 있다.[6]

① 각 지자체가, 중심시가지는 경쟁적인 위치에 있으며 또한 이익을 초래할 것이라고 인식하고 있을 것.

② 민간 섹터와의 사이에서, 민간 투자를 상회하는 중심시가지 전체의 투자효과와 가치에 대한 공약이 있을 것.

③ 이해관계자(주주) 간에 공유할 수 있는 특정 지구의 명확한 목적이 있을 것.

④ 중심시가지의 성장 및 개선 가능성이 있을 것.

⑤ 민간 리더십을 장려하기 위한 지자체의 자발적인 의욕이 있을 것.

⑥ 이해관계자(주주) 모두에게 권한을 부여하는 포괄적인 규정이 있을 것.

⑦ 모든 이해관계자(주주)가 지원할 수 있는 명확한 전략과 사업계획(비즈니스 플랜)이 있을 것.

⑧ 외부 타 업종 및 타 단체와의 유효한 커뮤니케이션이 있을 것.

⑨ 상위 조직(행정기관 및 각종 단체)과의 공약이 있을 것.

⑩ 각 관계자와의 파트너십을 도모하고, 그 활동 목적을 달성하기 위한 효과적인 리더십을 발휘할 수 있을 것.

* * *

6 ATCM, "Getting It Right — A Good Practice Guide to Successful Town Centre Management Initiatives"(ATCM, 2000).

제3절 ㅣ 타운 매니지먼트의 효과

1. 타운 매니지먼트의 효과

타운 매니지먼트 활동을 전개함으로 인해 그 지역에는 어떠한 효과가 발생되는가? 미국 볼티모어 시(인구 65만 명)의 예를 소개하도록 하겠다.

볼티모어 시는 워터프런트(Water Front) 개발사업의 성공으로 연간 약 700만 명의 관광객이 해안가를 방문하나, 항구에서 약 300m 떨어진 중심시가지에는 관광객이 거의 방문하지 않는다. 워터프런트 개발이 시작되기 이전, 볼티모어 시청은 항만 재개발사업을 실시하면 반드시 중심시가지가 활성화될 것이라고 주장하였다. 1979년 중심시가지의 백화점 4개 중 2개가 폐점하는 등 점포 수가 급격하게 줄어들고 주택 또한 감소하는 상황에서 지역주민들은 워터프런트 개발을 기대하였다. 그러나 1980년 워터프런트에 바버프런트(Barbour Front) 쇼핑센터가 개업하고, 1981년에는 수족관과 호텔이 완성되었으나, 워터프런트를 방문한 관광객들이 중심시가지를 방문하는 일은 거의 없었다.

이에 1983년 스스로가 행동하지 않으면 아무것도 변하지 않는다는 위기의식을 느낀 지역상인 5인이 찰스 스트리트 매니지먼트(Charles Street Management: CMSC) 회사를 설립하여 활동을 시작하였다. 그 결과 1984년부터 1989년까지 5년간 5억 달러의 민간투자, 3,000달러의 공공투자가 이루어졌으며, ① 부동산가치의 유지 및 증진, ② 신규사업자 200건, ③ 소매테넌트 점유율 50% 상승, ④ CMSC 조직 참가자가 20명에서 200명으로 증가 등의 성과를 이룩하였다. 그리고 1987년에는 지역관계자(부동산소유자)의 80%가 찬동을 하게 되었으며, 1990년에는 볼티모어 시가 CMSC에 50%

출자를 결정, 현재의 Downtown Partnership of Baltimore(DTPB)가 설립되었다.

이후 DTPB의 활동성과에 대해서는 인정했으나 자금조달 등 재정적인 면에서 어려움이 많았기 때문에, 볼티모어 시는 1993년 DTPB에 DID(Downtown Improvement District)[7]를 도입할 것을 결정하였다. 볼티모어 시는 DTPB가 실시해온 '타운 매니지먼트 활동의 성과와 DID 도입 효과'를 다음 네 가지로 인정하였다.[8]

① 본격적인 고용창출의 기회가 된다.

② 중심시가지는 관광자원으로서 중요한 거점이다.

③ 중심시가지는 주요 세수원이며, 시의 공공 서비스 제공에 공헌하는 장소이다.

④ 중심시가지는 장기적으로 시가 건전하게 발전하는 기반이다.

이 네 가지는 타운 매니지먼트가 적정하게 활동함으로 인해 달성되는 중심시가지의 목표상이라고 할 수 있다. 특히 ④ '중심시가지는 장기적으로 시가 건전하게 발전하는 기반이다'라는 표현은 오늘날 지속가능한 발전(Sustainable Development)과 일맥상통하며, 안정된 도시경영은 중심시가지의 상황과 매우 깊은 관계가 있다. 또한 안정된 도시경영을 하기 위해서는 지역의 중심지가 주민생활 및 활동 밀접한 관계를 가지는 상태를 만들어내는 것이 필요하다는 것을 나타낸다고 이해할 수 있다. 이것이 바로 타운 매니지먼트 활동의 역할이다.

● ● ●

7 부동산 소유자가 재산세를 지불하여 지구 활성화에 관련된 자금을 조달하는 제도.

8 産業基盤整備基金, 『米国における都市再開発と商業集積の現状』(産業基盤整備基金, 1995).

2. 타운 매니지먼트의 이점

타운 매니지먼트 활동이 중심시가지에 미치는 이점에 대해, 영국 ATCM
의 전 회장인 탈런타이어(Alan K. Tallentire)는 다음 네 가지로 설명한다.[9]

① 장소 개선 ― 보다 청결하고 보다 안전한 중심시가지 환경 개선

② 소매 매출액 및 임대료 등 부동산가치의 개선

③ 신규사업 및 활동 창출 ― 소매점포, 오락·음식점 등의 개업 및 신규
입지

④ 핵이 되는 사무소 및 관광 마켓의 확립

이것은 타운 매니지먼트 활동을 실시함으로 인해 중심시가지의 물리적
인 환경이 개선되는 것을 나타내는 중요한 사항이다.

한편 타운 매니지먼트는 다양한 관계자들의 참가로 이루어지기 때문에,
각 관계자들에게도 다양한 이점이 발생한다고 할 수 있다. 타운 매니지먼
트 전개에 의한 각 주체(수익자)별 이점은 〈표 III-1〉과 같이 정리할 수 있
다.[10]

• • •

9 アラン・タレンタイア, 「英国のタウンセンタ ― マネジメントの背景と現状」, 『タウ
ンマネジメント』, 第2号, 2000.

10 ATCM(2003), US-STYLE "BIDS"(Business Improvement Districts) LAUNCHED
WITH 22 PILOT TOWNS AND CITIES SELECTED FOR NATIONAL PILOT PROJECT
를 근거로 일본 (株)都市構造研究センタ가 작성.

〈표 III-1〉 타운 매니지먼트 전개로 인한 각 주체별 이점

수익자	이점·내용
지역주민 (커뮤니티)	• 구역 내의 경제가 성장된다. • 내부 투자를 유발한다. • 주요 프로젝트 서비스에 대해 지속적으로 투자가 이루어진다. • 보다 좋은 사회환경을 조성하며, 생활의 질이 향상된다. • 행정과 주민 간의 파트너십이 발전한다. • 지역의 미래 전망이 명시되어 안전성이나 평안함을 높이며, 커뮤니티에 대해 자긍심을 가지게 된다.
사업자 및 기업 (세입자)	• 방문객이 증가한다. • 매출 증가로 인해 이익이 증가한다. • 코스트가 삭감된다.(범죄방지, 판촉/마케팅 등) • 투자·이익의 공평한 시스템이 구축된다. • 기업에 지역주민의 소리가 전달된다. • 종업원에게 매력적이고 쾌적한 환경이 조성된다. • 소규모 기업에 대해서도 공평한 환경이 조성된다. • 투자를 하기 전에, 활동·사업에 대한 판단 및 의사표시를 할 수 있다. • 프로세스를 조정하거나, 결과평가·사업 수정을 유연하게 할 수 있다.
구청 및 시청 (행정)	• 참신하고 지속가능한 투자를 제공하지만, 타 재원을 손실하는 경우가 없다. • 행정의 역할에 대해서 이해를 구할 수 있다.
부동산 소유자	• 자본(재원) 가치의 성장을 지원할 수 있다. • 부동산의 가치 및 임대료가 증가한다. • 임대료에 근거한 매출에 영향을 미치는 시장이 확대한다. • 주변 부동산의 지원도 가능해진다. • 지역적 매력이 향상되어 새로운 테넌트가 증가한다. • 행정과 새로운 관계를 구축할 수 있다.

제 **IV** 장

세계의 타운 매니지먼트 전개

이 장에서는 세계 각국의 중심시가지 활성화를 위한 타운 매니지먼트 활동에 대해, 각국의 타운 매니지먼트 조직을 중심으로 정리하고 그 특징을 소개하고자 한다.

제1절 ┃ 세계의 타운 매니지먼트 조직 설립배경

제2차 세계대전 후부터 세계 각국의 도시는 확대 및 성장정책을 채택하여 큰 발전을 이루었지만, 이는 한편으로 여러 가지 도시문제를 야기했다. 인구감소, 각종 생활·상업시설의 공동화 및 교외화, 범죄 증가, 위생문제 등의 발생과 이로 인한 중심시가지의 부동산가치 하락, 세수입 감소, 커뮤니티 붕괴, 환경파괴 등이 바로 그것이다. 오늘날 이러한 도시문제는 경제 문제, 사회 문제, 환경 문제로 요약할 수 있다.

1. 미국, 캐나다의 타운 매니지먼트 조직의 설립 배경

미국에서 이러한 도시문제가 표면화되기 시작한 것은 1950년대 후반부터라고 알려져 있는데, 연방 정부는 이러한 도시문제를 해결하기 위해 1960~1970년 이후에 중심시가지의 슬럼 철거(Slum Clearance)형 개발을 적극적으로 지원하였다. 그러나 이 슬럼 철거형 개발은 도시의 근본적인 문제해결방법이 되지는 못했으며, 따라서 1970년대 후반부터는 커뮤니티 재생시책이 도입되었다. 즉 1970년대부터는 중심시가지의 재개발과 커뮤니티 재생의 지원이 연방 정부의 주된 고민거리이자 지원주제였다.

그 후 어소시에이션(Association) 사회라고 할 수 있는 미국에서는 각종 지역단체가 행정과 대치하기 시작하였다. 이에 연방 정부는 인종, 빈곤 등의 커뮤니티 문제를 비롯한 지역경제의 문제를 해결하기 위해, 관과 민이 협동하여 문제에 대처하는 것이 필요하다는 것을 인식하기 시작했으며, '관민 파트너십' 형태의 활동 및 지역주민 스스로가 도시문제를 해결하기 위해 '자립형 지역 재생 매니지먼트 전개' 활동을 본격화하게 된다.

도시개발·재개발의 '관민 파트너십'에 대해 울먼(Woolman)은, "지자체와 민간 개발업자가 특정 도시개발 프로젝트에 대해 서로 대화하고 교섭하여 일정한 합의를 형성한 후, 공통의 목적에 근거하여 상호 협력하면서 프로젝트를 실행하는 것"이라고 정의하고 있다.[1]

이와 같은 도시문제에 대한 대처활동은 오늘날의 중심시가지 재생활동의 주류가 되어 미국 전역으로 확산되고 있다. 특히 미국 각지에서는 월마

● ● ●

[1] Woolman, "Local Economic Development Policy," *Journal of Urban Affairs*, vol. 10(1998).

트 등과 같은 대형점의 교외 출점이 기존 도시의 사회·경제·환경을 파괴하는 문제가 현저하게 증가하는 가운데, 행정과 지역주민이 협동하는 지역재생 대처 형태가 이 해결에 확실히 성과를 거둘 수 있다는 인식이 확산되고 있다. 이처럼 최근에는 교외 개발 억제에서 성장관리정책이 제기되어, 이러한 이념이 광역권 개발 조정과 중심시가지의 재생에 대한 구체적인 대응의 필요성이 높아지게 되었다.

그 대표적인 예가 내셔널 트러스트(National Trust)가 1980년에 설립한 내셔널 메인스트리트 센터(National Main Street Center: NMSC)[2]에 의한 메인스트리트 프로그램(MSP)의 전개나, 1980년대 후반부터 본격화된 주법에 근거하여 특별지구제도를 활용하는 BID(Business Improvement District)의 전개 등이다. 한편, 각 주요 지자체가 설립한 도시개발공사(Urban Redevelopment Agency)나 NPO 단체가 주도하는 커뮤니티 개발회사(Community Development Corporation: CDC) 등에 의한 중심시가지의 시설정비나 지역활성화를 지원하는 사업도 적극적으로 전개되고 있다.

캐나다에서는 1970년을 전후로 미국과 같은 중심시가지 문제가 표면화되어, 이들 문제를 해결하기 위한 각종 활동이 서서히 확대되고 있다. 그중에서 미국의 타운 매니지먼트 전개에 영향을 미친 BID 수법이, 토론토에서 교외 대형점 대책을 배경으로 지역환경을 지역관계자 스스로가 지속적으로 발전시키려는 목적으로 1970년 처음으로 도입되었다.[3] 그리고 1980년대에 들어와서는 역사적인 건축물 등의 보전이나 지구 활성화에 관한 활동이 퀘백 주, 앨버타 주 등지에서 연방·주 정부의 지원을 받아 전개되고 있다.

• • •

2 현재는 내셔널 트러스트 메인스트리트 센터(National Trust Main Street Center)라고 한다.

3 캐나다에서는 BIA(Business Improvement Area)라고 한다.

이처럼 미국이나 캐나다는 도시형성의 역사가 얕고 다양한 인종과 민족이 혼재하기 때문에 지역 커뮤니티 형성에 많은 문제가 내재하여, 이를 해결하기 위해서는 종합적인 매니지먼트 수법을 도입해야 한다고 인식하고 있다.

2. 유럽의 타운 매니지먼트 조직의 설립 배경

유럽 각국은 도시형성 역사가 길며 지역 커뮤니티가 안정되게 존재하기 때문에, 중심시가지 문제가 부각된 것은 미국 등과 비교하여 시차가 있다. 글로벌화하는 사회·경제적인 상황 속에서 지역사회가 변하기 시작한 것은 1970년대부터이며, 산업혁명으로 번성한 공업지역이 쇠퇴하기 시작하는 등 도시환경이 급변하였다. 이에 1970년대 이후 프랑스, 영국 등에서는 적극적으로 도시재개발사업을 실시하게 된다. 이는 미국의 슬럼 철거(Slum Clearance)형 개발과 유사한 행정주도의 재개발사업이었다. 파리의 몽파르나스(Montparnasse) 개발이나 런던의 독랜즈(Docklands) 개발 등이 대표적인 예인데, 이들 사업은 프랑스의 혼합경제회사(SEM), 영국이나 독일의 도시개발공사에 의한 중심시가지 정비사업의 일종이다.

이러한 조직에 의한 사업은 프랑스에서는 1950년대부터 전개되었지만, 1970~1980년대에 각국에서 본격화되어 '지구 한정형' 사업으로 전개되었다.

그러나 1990년대 후반 이후부터는 EU 통합 등을 계기로, 각국이 독자적인 글로벌화를 고려한 '지역(Regional)'을 시야에 넣어 포괄적으로 중심시가지를 재활성화하는 사업 전개에 초점을 맞춘 '자립적 지역과제 해결형'의 개발사업 전개로 재구축되고 있다. 예를 들면, 영국에서 블레어 정권의 탄생과 발맞추어 그 당시까지 국책으로 설립되어 있던 도시개발공사(Urban

Development Agency)가 폐지되고, 1999년부터는 국가기관(지역개발공사: RDAs, English Partnership: EP)과 지자체가 중심으로 운영하는 새로운 도시재생회사(Urban Regeneration Company)가 각 도시에 설립되고 있다.

한편, 미국·캐나다 등과 마찬가지로 1980년대 후반부터 타운 매니지먼트 활동이 각 지역의 사회단체와 기업이 중심이 되어 전개되었다. 영국에서는 각종 트러스트 운동이나 자선활동 등과 같은 자원봉사 활동 기반이 존재하는 것, 프랑스에서는 1901년 제정된 영리사단 계약에 관한 법률에 근거하는 비영리 시민단체 활동의 역사, 독일의 경우 비영리활동을 실시하는 각종 등록사단(e. V.)에 의한 다양한 활동의 기반이 오늘날 타운 매니지먼트 활동의 근본적인 배경이 되었다고 볼 수 있다.

이러한 상황 속에서 오늘날과 같은 타운 매니지먼트 활동의 대표적인 예가, 1980년대 후반부터 영국에서 전개된 타운센터 매니지먼트(Town Centre Management: TCM)이다. 영국에서는 1991년 부츠 막스 앤 스펜서(Boots, Marks and Spencer)와 같은 기업과 행정 등 관계기관과 타운 매니저가 참가하여[4] 타운센터 매니지먼트협회(ATCM)가 설립되었다.

다른 유럽 국가의 상황을 살펴보면, 1980년 후반부터 TCM을 도입한 스웨덴을 비롯하여 1990년 이후 노르웨이, 핀란드, 덴마크, 벨기에, 네덜란드, 포르투갈, 스페인, 프랑스, 이탈리아, 폴란드 등 많은 나라에서 이를 도입하고 있다. 또한 독일이나 오스트리아에서도 1990년대에 들어서 본격적으로 TCM과 같은 의미인 시티 매니지먼트(City Management: CM), 슈타트 마케팅(Stadt Marketing: SM)에 의한 타운 매니지먼트가 전개되었다.

• • •

4 처음에 62명이 참가하였다(Middlesbrough Town Centre Company의 매니저인 바버라 렌(Barbara Wren) 여사 설명, 2001년 8월 8일 인터뷰).

이러한 활동에서 자금조달 문제가 심각하게 대두하게 된다. 이에 1990년대 후반부터 영국에서는 TCM 활동의 자금문제 해결을 목적으로 캐나다, 미국에서 도입했던 BID가 검토되어, 2004년 9월 잉글랜드, 2005년 6월 웨일스, 2007년 3월 스코틀랜드에서 BID법이 제정되었다.

독일에서도 함부르크 주가 지구의 공공시설을 정비하는 목적으로 BID법을 2004년 12월에 제정(시행은 2005년 1월)했으며, 헤센 주에서는 2005년 12월(시행은 2006년 1월), 슐레스비히홀슈타인 주에서는 2006년 7월에 BID법을 제정하였다. 또한 구동독 지역에서도 오늘날 정부의 지원을 받아 BID 도입을 위한 파일럿 사업이 각 도시에서 실시되고 있다.

이탈리아의 피오몬테 주에서는 1998년 도시재제한(都市再制限) 프로그램(PQU)과 종합화·재활성화 프로그램(PIR)을 제정하여 중심시가지의 전략적인 재생을 지원하고 있다. 프랑스 파리 시에서는 '지역경제발전과 정비에 관한 공공협정'(2004~2013년)을 제정하여 파리 동부혼합경제회사(SEMAEST)가 중심시가지 6개 지구의 활성화 사업을 전개하는 등 분권화 시스템이 강한 국가에서도 지자체 단위에서 타운 매니지먼트 활동이 전개되고 있다.

이상 미국을 비롯한 유럽 국가의 타운 매니지먼트 활동의 전개 경위와 현 상황을 개괄해보았는데, 이들의 활동을 지원하고 주도적인 추진 주체로서의 역할을 담당하는 것이 각국의 타운 매니지먼트 전국 조직(미국의 IDA, NT·MSC, 영국의 ATCM, 독일의 BCSD 등)이라는 사실을 강조하고 싶다.

제2절 ㅣ 타운 매니지먼트 조직의 분류와 유형화

1. 타운 매니지먼트 조직의 분류

미국을 비롯한 유럽 각국의 타운 매니지먼트 전개양상을 조직형태로 구분하면 크게 두 가지로 분류할 수 있다.

첫째는 시가지 정비 매니지먼트를 전개하는 '도시 재생사업 조직'이다. 이들 조직에서는 도시 기반시설 정비, 건축물 정비(개수·신축), 도시환경 정비(가로·보도 환경, 가로등 등) 사업 등을 주로 실시한다. 이러한 사업과 더불어 오늘날에는, 영국의 도시재생회사에서는 사업을 실시하기 위한 사업자(Business Community) 및 주민(Residential Community)에게 사업자금 지원 및 주민의 의향을 파악하는 서비스도 실시하고, 미국 로스앤젤레스 시의 지역재개발공사(Community Redevelopment Agency: CRA)는 시내 BID 조직의 사무국으로서 지원을 하며, 피츠버그의 도시재개발회사(Urban Redevelopment Authoruity of Pittsburgh: URA)는 MSP나 지역 활성화지구(Elm Street Program: ESP)를 지원한다. 또한 프랑스 파리 시의 파리 동부혼합경제회사(Société d'Economie Mixte d'Aménagement de l'Est de Paris: FSEMAEST)는 빈 점포의 매니지먼트 사업도 전개하는 등 각각 본래의 시가지 정비사업 이외의 사업도 실시한다. 이러한 사업을 실시하는 것은 대상 지구의 도시계획을 고려한 시가지 환경을 종합적으로 정비하기 위한 것이라고 이해할수 있다. 원칙적으로 조직의 구성과 의사결정은 행정(지자체)의 책임이며, 실무는 전문가가 담당한다.

둘째는 지역 촉진 매니지먼트를 전개하는 '타운 매니지먼트 조직'이다. 지역 촉진 매니지먼트는 타운 매니지먼트의 주요과제라고 할 수 있는 '안

<그림 Ⅳ-1> 타운 매니지먼트 전개 조직 체제 모델

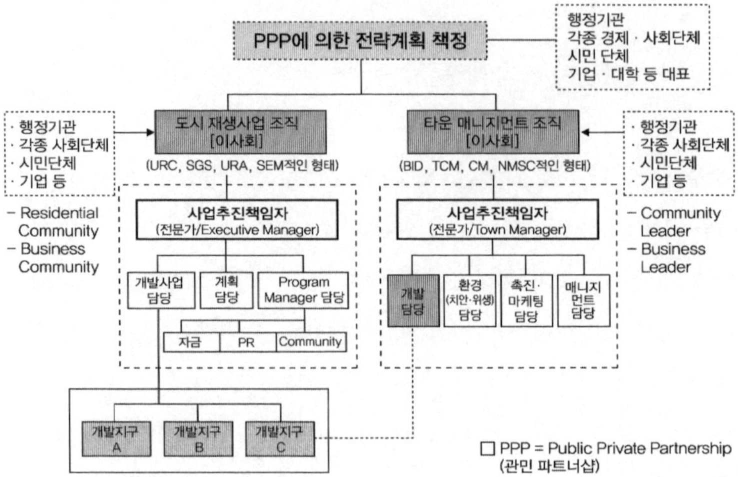

전·방범, 위생·미화, 교통, 집객·판촉(Promote), 경제개발·관광, 커뮤니티의 촉진' 등을 실시하고 있다. 지역주민과 관계 사업자 등이 구성원이 되어 관과 민의 강력한 파트너십 아래 지구의 종합적이고 통일적 관리를 실시하는 것이다. 타운 매니지먼트 조직형태는 조직이 '임의참가 형태'인 TCM 및 MSP 등과 같은 형태와, 과세를 전제로 구성되는 '강제참가 형태'인 BID 두 형태로 구분할 수 있다.

이상과 같이 타운 매니지먼트 조직은 도시 재생사업 조직과 타운 매니지먼트 조직으로 분류되지만, 이 두 조직이 서로 밀접한 관계를 가진 나라나 도시도 있다. 특히 미국, 영국, 독일에서는 이 두 조직이 서로 밀접한 관계를 가지면서 서로의 목적 달성을 위해 여러 사업을 전개하는데, 이 두 조직 사이에 상호 관계가 인정되기 시작한 것은 1990년대부터이다.

각국의 법체계와 타운 매니지먼트에 대한 대처 경위가 다르기 때문에, 각국의 타운 매니지먼트 조직을 동일시하는 것은 불가능하다. 그렇지만 타운 매니지먼트 전개에서 위에서 설명한 두 가지 조직체제를 정리하면 〈그림 IV-1〉과 같이 나타낼 수 있다.

여기서 강조하고 싶은 것은, 위에서 언급한 국가에서는 타운 매니지먼트로 전개되는 한정된 지역·지구의 활성화는 도시 전체의 활성화 전략계획에 근거해서 실시되고 있다는 것이다. 이러한 전략계획의 작성은 관계되는 모든 관과 민의 이해관계자의 참가에 근거하여 이루어지는 것이 중요하다.

오늘날 미국을 비롯한 유럽의 많은 도시에서는 이러한 상위 계획에 근거하여 중심시가지 활성화 전략을 결정하는 구조가 준비되어 있는데, 영국의 지역전략회의(Local Strategic Partnerships) 등이 좋은 예이다.

2. 타운 매니지먼트 조직의 유형화

세계 주요국가의 타운 매니지먼트 조직을 자금과 제도상의 형식이라는 두 개의 축을 이용하여 유형화해보면 5개 그룹으로 나눌 수 있다.

제 I 그룹은 주로 민간자금에 의해 조직이 운용되며 법으로 조직이 공식화되어 있는 '민간자금 - 공식형(자립형 조직)'이다. 이 그룹의 전형적인 모델이 BID인데, 캐나다의 BIA, 미국과 영국, 독일의 BID, 남아프리카공화국의 CID 등이 대표적인 예이다. BID 조직은 법률로 규정되어 있으며, 부동산 소유자나 사업자 등 관계자들이 세금을 지불하여 활동자금을 마련하는 자립형 조직의 전형이라고 할 수 있다.

제 II 그룹은 주로 공공자금에 의해 조직이 운용되며 법으로 공식화되어 있는 '공공자금 - 공식형(공공형 조직)'이다. 이 그룹의 대표적인 예가 미국 URA, 독일의 SGS, 영국의 URC, 프랑스의 SEM 등 각국의 도시 재생사업 조직이다. 운영자금은 원칙적으로 공공이 부담을 하지만, 개별사업이나 민간사업에 대한 지원의 경우에는 각종 융자제도를 이용하는 등 민간 금융기관과의 자금조달 교섭도 가능하다.

제III그룹은, 주로 공공자금에 의해 조직이 운영되나 법으로 공식화되어 있지는 않은 '공공자금 - 비공식형(공공지원형 조직)'이다. 이 공공지원형 조직은 스웨덴의 TCM이 대표적인 예이다. 스웨덴에서는 해마다 TCM 조직 설립이 증가하며 TCM을 실시하는 각 지역에서 가시적인 성과를 올리고 있는데, 이에는 지자체의 지원이 가장 크게 작용한다고 볼 수 있다. 또한 콤팩트한 도시가 많은 것이 TCM 실시에 유리하게 작용하며, 최근에는 환경과 복지, 정보를 비롯한 도시형 산업을 포함한 중심시가지 활성화 사업의 전개가 활발하게 실시되고 있다.

제IV그룹은, 주로 민간자금에 의해 조직이 운영되며 법으로 공식화되어 있지 않은 '민간자금 - 비공식형(지역중심형 조직)'이다. 이 그룹에 속하는 타운 매니지먼트 조직은, 타운 매니지먼트 전개가 자국 내에 널리 확산되어 실시되지는 않으며, 구조 또한 공적으로 충분하게 인지되지 못하는 단계이고, 지자체로부터의 자금 지원도 충분하지 않은 상태인 조직을 말한다. 대표적인 예가 중심시가지 환경에 역사적 전통이 확립되어 있는 이탈리아의 CCN(Centro Commercial Naturale), 스페인의 CCU(Centros Coerciales Urbanos), 프랑스의 CCCO(Centre Commercial à Ciel Ouvert) 등이다.

이 제IV그룹 조직은 현재 타운 매니지먼트의 전개활동이 초기 단계에 놓여 있지만, 향후에는 공공기관의 이해와 지원을 얻어 제IV그룹에서 제II그룹으로, 제II그룹에서 제V그룹으로 이행하며, 그 기간 동안 조직관계자의 이해와 활동의 성과를 착실하게 축적하여 종국적으로는 자립형 조직으로 이행해가는 조직이라고 이해할 수 있다. 그리고 기존의 많은 타운 매니지먼트 조직 또한 이와 같은 과정을 걸쳐 현재에 이르렀다고 볼 수 있다.

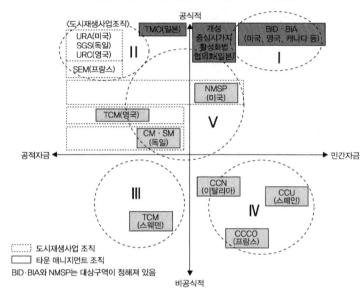

〈그림 IV-2〉 세계 타운 매니지먼트 조직 유형

제V그룹은, 관과 민간의 자금으로 조직이 운용되는 '관민자금 - 반(半) 공식형(관민협동형 조직)'이다. 미국의 MSP, 영국의 TCM, 독일의 CM, SM, 일본의 TMO와 중심시가지활성화협의회 등이 이 조직에 속한다.

이 그룹에는 제 I 그룹의 '자립형 조직'이나, 제II그룹의 '공공형 조직'과 관계가 깊은 개별 조직도 많이 존재하며, 종국적으로는 제 I 그룹으로 이행해가려는 전개를 보인다고 추측할 수 있다. 그렇지만 이 그룹은, 기본적으로는 관민 파트너십을 확립하여, 그 활동목적을 달성하기 위해 유연하고 적극적으로 활동을 전개하는 그룹이라고 볼 수 있다.

각국의 실태를 살펴보면, 영국에서는 타운 매니지먼트 협회(ATCM)와 정부가 노력하여 BID법을 도입했으며 각 지방의 지역개발공사(RDAs)나 EU펀드 등의 공적 자금을 지원받는 곳도 많다. 독일에서도 최초의 BID 도입 지

<表 IV-1> 세계의 타운 매니지먼트 조직

(2007년 1월 현재)

국가	명칭	협회명	조직 수
캐나다	BIA	TOBIA, BABIA	450
	MSP		100
미국	NMSP	NMSC	1,200
	BID	IDA	1,000
영국	TCM	ATCM	500
	BID	ATCM	30
독일	SM, CM	BCSD	300
	BID	BCSD, CCI	6
남아프리카	CID	CTP, CJ	45
오스트리아	SM	SMO	69
스웨덴	SK	SSK	100
벨기에	MCV	AMCV	32
네덜란드	VBO	NVBO	50
노르웨이	SF	NTCMA	40

구인 함부르크 시의 베르게도르프(Bergedorf) 지구에서는 1970년대부터 활동해온 지역활성화조직(City Centre Bergedorf)을 BID 조직으로 개편시켰다.

미국의 MSP 조직에서도 BID를 동시에 도입하여 자금의 안정을 도모하는 조직이 있으며, 워싱턴 주에서는 2005년에 「메인스트리트법(Main Street Low)」이 제정되어 활동기반을 확립하고 있다. 또한 캐나다 앨버타 주의 MSP 조직에서도 BRZ(앨버타 주의 BID)를 동시에 도입하고 있는 곳도 있다.[5]

● ● ●

5 앨버타 주 캠로스 시 DownTown MSP.

〈표 Ⅳ-2〉 주요 5개국 타운 매니지먼트 조직 내용 비교

(2007년 1월 현재)

국가	캐나다	미국		영국		독일		일본
(도시 수)	(약 4,070)	(약 3만 9,000)		(약 380)		(약 1만 4,000)		(약 2,000)
명칭	BIA	MSP	BID	TCM	BID	CM/SM	BID	TMO
도입조직 수	약 400	약 1,900	약 550	약 500	20	약 300	6	약 400
주요도시	토론토(43) 밴쿠버(18)	피츠버그(20) 보스턴(19) 워싱턴(10)	뉴욕(51) LA(34)	-	런던(7)	-	함부르크(2) 기센(3)	-
도입 시기	1970년 (토론토)	1980년 (캘리포니아)	1975년 (뉴올리언스)	1987년	2004년 (런던)	1989년 (바이엘른)	2005년 (함부르크)	1998년(아이즈 와카마쓰 시)
법률	주법 (BIA 조항)		주법 (BID 조항)		BID법 (국가)		주법	중심시가지활성화법 (국가)
과세대상	토지소유자 (상업용)		부동산소유자 (상업용)		사업자		토지소유자	
구역지정	지정	지정	지정	지정	지정	지정	지정	지정
조직형태	비영리조직 100%	비영리조직 100%	비영리조직 80% -501(C) 3(61%) -501(C) 4 (4%) -501(C) 6(15%) 자치체 20%	보증부 유한회사 50% PPP 23% 지자체 17% 사회단체 9% 상공회의소 1%	보증부 유한회사 100%	등록사단 (e.V.) 40% 유한회사 (GmbH) 30% 지자체 20% 임의단체 10%	등록사단 (e.V.) 100%	상공회·상공회의소 68% 특정회사(3섹터) 31% -주식회사(30.7%) -유한회사 (0.3%) 공익법인(재단) 1%
전국지원 조직	주·도시 단위 -토론토BIA 협회/1985 -BC주BIA협 회/1991	IDA(1950)	NMSC(1980)	ATCM(1991)	ATCM(1991)	BCSD(1996) 잉골슈타트전문 대학(1998)	BCSD(1996)	전국타운매니지먼트 협의회(1998~2003)

제3절 | 세계의 타운 매니지먼트 전개

1. 캐나다의 타운 매니지먼트 전개

캐나다는 10개의 주 정부(Province)와 3개의 연방 정부(Territory)로 구성되며, 기초지자체는 약 4,070개이다. 캐나다의 타운 매니지먼트 전개양상을 살펴보면, 온타리오 주와 브리티시콜롬비아 주를 중심으로 하는 BIA(Business Improvement Area)와, 앨버타 주의 MSP(Main Street Program) 및 퀘벡 주의 QRPP(Quebec's Rues Principales Program)로 구분된다.

BIA는 1970년 온타리오 주 토론토 시의 블루어 웨스트빌리지(Bloor West Village) 지구가 세계 최초로 도입했으며, 현재 캐나다 전국에서 약 450개 지구가 사업을 전개하고 있다. 한편 MSP는 앨버타 주 정부가 미국의 내셔널 트러스트(National Trust)가 전개하여 가시적인 성과를 올리고 있는 MNP를 1987년부터 독자적으로 도입한 것으로, 지금까지 27개 지구가 도입을 시도했지만 현재는 4개 지구에서만 실시되고 있다.

QRPP는 1984년 퀘벡 주 150개 이상의 지자체에 의해 창설된 비영리조직으로, 지구의 사회경제적인 개발 및 부흥을 위한 프로젝트를 수행하기 위해 지역관계자의 파트너십 형성, 지역서비스 및 비즈니스 촉진을 도모하기 위한 개발전략, 지자체 체제의 갱신이나 프로모트 지원, 건물 및 공적 공간의 개선 등의 사업을 실시하고 있다.

이 절에서는 BIA와 MSP의 대표적인 사례를 소개하도록 하겠다.

1) 온타리오 주 BIA

(1) 토론토 시 BIA

BIA(Business Improvement Area)란, 지구 내의 상업용 부동산 소유자와 비즈니스 테넌트가 비영리조직을 설립하고 지자체의 승인을 받아 상업용 특별재산세[6]를 징수하여 지구 내의 물리적 환경을 개선하고, 비즈니스를 재활성화하기 위해 전략적 계획을 실현해가는 수법을 말한다. 또한 특별재산세는 원칙적으로 부동산 소유자가 부담하도록 되어 있지만, 현실적으로는 비즈니스 테넌트의 임대차계약에서 특별재산세가 부가되는 형태로 계약이 이루어지고 있다.

온타리오 주(Ontario)는 50개의 행정자치구(군, 시, 지역, 지구)가 있으며 그중에서 BIA가 전개되는 곳은 약 250개 지구인데, 토론토(인구 약 248만 명) 시내에서 가장 활발하게 실시되고 있다.

토론토 시에는 현재 60개의 BIA가 존재하며, 1980년에 설립된 비영리조직 '토론토 BIA협회(Toronto Association of Business Improvement Area: TABIA)'가 토론토 시내에 설립된 BIA의 성공과 효과 창출을 위해 각종 프로모션을 지원하고 있다. BIA는 정부의 각 기관으로부터 지역 커뮤니티 재생의 주요한 역할을 담당하는 것으로 인식되고 있으며, 토론토 시청 경제부(Economic Development)에는 BIA 사무실이 설치되어 3인의 전문직원이 토론토 시내의 BIA 지구와 TABIA 활동을 지원하고 있다.

토론토 시 BIA의 특징은 다음과 같다.

① 현재 BIA(법률) 규정은 토론토시 지방자치법 제204~215조항(Section 204~215 of the Municipale Act, 2003)에 근거하고 있다.

• • •

6 세금 징수권은 지자체에 있다.

② BIA 조직은 1970~1980년대에 30개 지구에 설립되었으며, 2000년 이후에는 23개 지구가 새롭게 설립되는 등 그 중요성에 대한 인식이 커지고 있다. BIA는 역사적인 상점가를 중심으로 하는 지구가 많다.

③ 2005년 현재 전 BIA 지구의 사업비 총액은 1,092만 1,019달러(1지구 평균 23만 2,362달러)이며, BIA 지구 내 부동산소유자 수 5,083명, 사업자 수 1만 1,584명, 종업원 수 8만 5,442명, 파트타이머 6만 346명이다.

④ 지금까지의 성과를 살펴보면, 비즈니스창출 1만 3,000개, 종업원 10만 6,000명, 파트타이머 3만 2,000명, 납세액 300만 달러, 운영사업비 연간 9.5만 달러, 공적 환경 정비비용 연간 1.6만 달러이다.

BIA 제도의 특징은 이러하다.

① 최대 4년마다 조직을 갱신하며, 조직형태는 NPO나 회사형태를 구분하지 않는다.

② BIA세는 Levy(주민이 결정하는 세금형태)이며, 사업소용 부동산소유자가 납세를 하지만 테넌트가 존재하는 경우에는 임대료에 부가하는 것이 일반적이다.

③ 1998년 이전까지 하드웨어적인 환경 정비 사업에는 시가 정비비용의 1/2을 부담하였다.

④ 조직 설립 시 약 1년간 시가 TABIA와 함께 지원을 하며, 운영위원회(Steering Committee)를 8~20명으로 설립하여 각종 계획을 작성한다. 그리고 공개회의를 거쳐 설립신청을 수리하여 시 의회가 허가를 한다.

⑤ 일반적으로 BIA 조직에는 자금조달, 안전·가로환경, 커뮤니케이션, 전략·계획 작성, 특별 이벤트, 재산인가 등 6개의 위원회를 둔다.[7]

* * *

7 이상 토론토 시 BIA의 특징에 대해서는 2006년 5월 31일 토론토 시 경제부 BIA 사무

(2) 토론토 시 블루어 웨스트빌리지 지구 — 세계 최초의 BIA 지구

세계 최초의 BIA 지구인 블루어 웨스트빌리지(Bloor West Village) 지구는, 1967년 지하철 블루어 댄포트(Bloor - Danforht)선이 완공되면서 이전까지 시영 전철을 이용하여 블루어 거리에서 쇼핑을 하던 고객들이 지하철을 이용하기 시작했으며, 동시에 교외에 대형 쇼핑몰이 출점하여 지역의 중소 상업자가 큰 타격을 입게 되었다. 특히 교외 쇼핑몰의 경우 대규모 무료주차장을 설치하고 쾌적한 쇼핑환경을 구비하게 되어 전통적인 상점가는 급격하게 쇠퇴하였다.

이에 상점가 상인들은 지구 개선과 에리어의 프로모션에 대한 필요성을 느끼고 조직을 만들었으나, 운영자금 부족과 행정의 지원체제 미비가 문제였다. 이러한 문제를 해결하기 위해 블루어 웨스트 거리의 사업자 조직은 프로모션 활동과 물리적 환경개선을 통해 상업 환경을 재활성화하려는 목적으로 과세지구의 지정을 토론토 시에 요청하였다. 그 결과 토론토 시는 세금 사용을 위해 관리위원회(Board of Management)와 협의를 하여, 1970년 BIA법(Business Improvement Area Legislation)이 토론토 지방자치법 제217조항(Section 217 of the Municipale Act)으로 제정되었다.

BIA 시행 초년도에 블루어 웨스트빌리지 지구에서 대상이 되는 275개 점포가 4만 7,500달러의 예산으로 가로환경 정비 사업을 실시하였다. 새롭게 가로등이 설치되었으며 쇼핑객을 위한 화단과 벤치가 정비되었다. 또한 주유소, 주택, 사무실, 약국(Drugstore) 등도 정비가 되었다. 4차선 도로를 5차선으로 바꾸고 이 중 1개 차선을 주차지역으로 개조했으며, 주차장 6군

• • •

실에서 근무하는 데이비드 헤셀(David Hessel) 전문관과의 인터뷰 내용을 정리한 것이다.

데도 정비를 하였다. 이와 같은 건물과 거리환경에 대한 정비는 점포, 고용, 생활 등 여러 방면에 효과를 미쳤다고 인정받고 있다. 2006년 현재 388개 점포 모두 자기소유 점포이며, 종사자 수 1,634명, 파트타이머 935명, 2006년 연간 예산액(BIA세)은 48만 7,210달러이다. 이는 35년 전과 비교하여 약 10배 이상 증가한 것이며, 1인당 부담액은 연간 1,255달러이다.

2) 브리티시콜롬비아 주 BIA

브리티시콜롬비아 주에는 55개의 BIA 지구가 있다. 브리티시콜롬비아 주 최초의 BIA 지구는 1989년의 밴쿠버 시의 개스타운(Gastown) 지구와 마운트 플리전트(Mount Pleasant) 지구이며, 1991년 BIA 지구 설립과 운영을 지원하기 위해 브리티시콜롬비아 주 BIA 협회(Business Improvement Area of British Columbia: BIABC)가 설립되었다.

BIABC의 활동은 글로벌적인 시점에서 BIA의 문제에 대응하기 위해 각 BIA 조직의 네트워크 기회 창출, 정부에 로비 활동, 지구 개선에 관한 지원, 연차 회의 주최, 뉴스레터 출판(《Banners》, 연 4회) 등의 사업을 실시하고 있다.

● 밴쿠버 시의 BIA

2006년 현재 밴쿠버 시에는 19개의 BIA 지구가 존재하고 있으며, 밴쿠버시청이 1998년부터 BIA 프로그램을 지원하기 위해 코디네이터를 배치하고 있다. 밴쿠버 시의 BIA는 1989년 개시 타운(Gassy Town) 지구 등 2개 지구에서 시작된 것이 발단이며, 주 정부가 지원하고 있던 역사적 건축물의 보존활동이나, 교외에 입지하는 대형 상업시설 문제, 이민자 문제 등 시내의 다양한 문제들을 해결하는 수단으로 활용되고 있다. 최근에는 범죄, 노

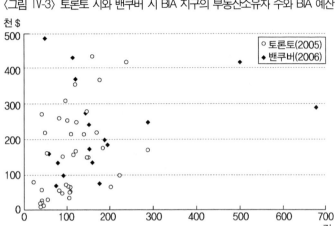

〈그림 IV-3〉 토론토 시와 밴쿠버 시 BIA 지구의 부동산소유자 수와 BIA 예산

숙자, 약물, 청소 등의 문제에 대해서도 활동을 하고 있다.

브리티시콜롬비아 주 BIA의 특징은, 각 행정기관이 직접 BIA 조직에 대해 운영 지원을 하지 않고 각 BIA 조직에게 맡기고 있다는 점인데, 이는 온타리오 주에서 각 지자체가 직접 BIA을 운영하고 있는 것과는 대조적이다. 밴쿠버 시 BIA의 특징은 다음과 같다.[8]

① 2000년 이전에는 7개 지구에서 설립되었으며, 2000년 이후에는 12개 지구에서 설립되는 등 토론토 시와 마찬가지로 BIA의 중요성이 증가하고 있다. BIA의 상당수가 역사적인 근린형 상점가를 중심으로 하는 가로형 구역이다. ② 2006년 BIA 전 지구의 사업비 총액은 587만 8,152 달러(1개 지구 평균 32만 6,564달러)이며, BIA 지구 내 부동산소유자 수는 5,562명(1개 지구 평균 309명, 최저 46명, 최대 2,350명)이다.

• • •

8 2006년 10월 11일, 밴쿠버 시 BIA 프로그램 코디네이터 피터 바이스보드(Peter Vaisbord) 씨 인터뷰 내용.

BIA 제도의 특징은 다음과 같다. ① 최대 5년마다 조직을 갱신하며 조직 형태는 NPO이다. ② BIA세는 토론토 시와 마찬가지로 Levy이며, 사업소용 부동산소유자가 납세를 하며 빈 점포 상태라도 지불한다. ③ 설립 시 관계 자들에게 6개월 이상 주지를 시켜 이사회(부동산소유자 1/2, 테넌트 1/2이 조 건)를 설립, 각종 계획을 작성하여 관계자의 판단을 받는데, ④ 관계자의 1/3 이상의 반대가 없는 것이 조건이다.[9] ⑤ 사업은 엔터테인먼트(특별 이 벤트), 마케팅(판촉), 메인터넌스(Maintenance, 가로환경정비)·안전(방범), 교 통·도시 정책 등이다. ⑥ 모든 BIA 조직에 매니저(코디네이터)가 존재한다.

그러나 총회에 참석하는 참가자가 매우 적으며(15명 정도), 이사로서의 적임자가 없는 등 관계자 자체의 문제가 지적되는데, 이는 밴쿠버 시의 외 국인 점유율이 높아지는 것이 주요 요인이라고 할 수 있다.

3) 앨버타 주 MSP

앨버타 주의 메인스트리트 프로그램은 1987년 앨버타 주 정부가, 영국의 시빅 트러스트(Civic Trust, Norwich Plan: 1955년)의 역사적 건축물 보존운동 이나 1970년 후반에 미국의 내셔널 트러스트가 실시한 메인스트리트 프로 그램(MSP)의 파일럿 프로젝트 성공을 배경으로 창설했으며, 캐나다에서의 MSP는 앨버타 주에만 있다. 앨버타 주는 다른 주와 비교하여 역사적인 유 산이 적으며, 교외의 확대 개발에 수반하여 역사적인 중심시가지의 보존 및 재생정책으로서 도입되었다.

이 프로그램의 설립 주체자는 앨버타 주 지역경제개발성(Alberta Community

* * *

[9] 1997년 이후의 조건. 1997년 이전까지는 부동산소유자의 60% 이상의 찬성 서명이 필요했다.

Development), 앨버타 주 역사자원기금(Alberta Historical resources Found-ation), 유산 캐나다기금(Heritage Canada's Foundation)의 세 단체이다. 1987년 9월 5개 지구(Lacommbe, Drumheller, Crowsnet Pass, Claresholm, Cardston)에서 조직되어 지금까지 13개 지구에서 설립되었지만 현재는 4개 지구(Camrose, Lethbrigh, Reed Deer, Wainwright)에서만 활동하고 있는데, 감소의 주된 이유는 역시 자금난이다.

(1) MSP의 목적

MSP의 목적은 역사적 유산의 재생에 근거하는 지역경제의 재활성화를 실현하는 것이며, 역사적 중심시가지의 유산 복원과 활력촉진, 지속적인 커뮤니티를 실현하기 위한 지역전개 프로세스로서의 프로그램이다.

- 역사적 메인스트리트와 앨버타 주 지정 보존 건축물의 복원·개수
- 역사적 가치 향상을 위한 정비와 코디네이트
- 역사적 환경의 이해와 공공적 관심 촉진
- 역사적 상업지구의 상업재활성화 촉진

(2) 4 Point Approach

앨버타 주 MSP는 조직(Organization: 강력한 지역조직 만들기), 디자인(Design: 전문적인 디자인 지도·복원), 마케팅(Marketing: 적극적인 마케팅 활동), 경제발전(Economic Development: 경제발전을 향한 전개)으로 구성되어 있다.

(3) 보존·재생 대상 건축물

MSP의 보존 및 재생 대상 건축물은 1950년 이전에 건설된 것으로, 유명인이 소유·거주하거나 특이한 사건이 발생하는 등 사회적인 가치가 높은

건축물, 공법 등 기술적인 가치가 높은 건축물, 랜드마크나 심벌이 된 건축물 등이다. 2000년에는 연방 정부에 의해 역사적 건축물 가이드라인(Standard & Guidelines)이 책정되었다.

(4) 앨버타 주 MSP 조직 설립의 특징

① 이사회(Advisory Board)는 상인, 지자체, 의원, 단체 등 약 10명으로 구성되어 있는데, 이사회의 인수는 많은 편이 곤란한 문제를 해결하는 데 유효하다고 인식하고 있다.

② 코디네이터를 고용하고 있다. 코디네이터는 역사적 건축물의 보전이나 개·보수 및 경제활성화에 관해 지식이나 경험을 가지고 있는 자로서, 지역에서 채용을 하고 주 정부가 확인을 한다.

③ MSP 조직 사무소를 설치한다.

④ 이상의 조건이 구비되면, 사업계획서(인)와 설립 신청서를 작성하는데, 이는 코디네이터와 건축, 경제 등의 전문가로 구성되는 리서치 팀이 3일간 협의를 거쳐서 작성한다. 그 결과

⑤ 신청서를 주 정부에 제출하면, 주 정부가 지자체를 경유하여 승인 통지를 한다.

(5) 앨버타 주 MSP 조직의 주요 활동

앨버타 주 MSP 조직의 주요 활동은, 역사적 건축물의 외관 개수(역사적 디자인 복원), 보도환경 정비(벤치, 가로수 정비 등), 사인물 설치(간판 등), 프로모션 활동(신문·TV 등에 정보 제공, 광고제작, 윈도우 디스플레이 설치 등), 특별 이벤트 개최(크리스마스 이벤트 등), 경제개발 활동(리서치, 비즈니스 도입 조사, 리테일 분석, 소비자 조사, 분석평가) 등이다.

(6) 앨버타 주 MSP 조직에 대한 지원

①코디네이터 지도·활용 교류회 실시 ― 매년 1주일간 성공방법 지도 등에 관한 연수, 연간·월간 사업보고서 작성 지도 등

②자금 지원 ― 도시 규모별 지원 프로그램은 총액으로 연간 73.1만 달러이며, 이는 갬블기금(갬블세의 10%)으로 충당하고 있다. 도시 규모별 지원 프로그램은 두 종류가 있는데, MSP 조직 설립 지원 일시금과 매년 MSP 조직을 지원하는 프로그램이다. MSP 조직 설립 지원 일시금은 1지구당 2.4만~3.5만 달러이며, 매년 MSP 조직에 지원하는 비용은 코디네이터 인건비와 역사적 건축물의 개수 비용인데, 이는 도시지역, 3,000~5만 명, 3,000명 이하, 소도시·집락지역 등과 같이 도시 규모별로 금액(11.6만~13.1만 달러/년)이 정해져 있다. 코디네이터 인건비는 1/2을 지원하며, 나머지 1/2은 지자체가 부담한다. 그리고 역사적 건축물의 개수비용 또한 지원은 1/2이며, 개소별 상한액은 1.5만 달러로 나머지는 소유자가 부담을 한다.

(7) 성과

1987년부터 2005년까지 18년간의 성과를 살펴보면, 건물 개수 474동, 가게 사인물 설치 487개소, 총투자액 860만 달러로, 그 경제파급효과는 3,050만 달러로 추정된다.

2. 미국의 타운 매니지먼트 전개

미국의 타운 매니지먼트는 각 시대의 사회경제적인 상황을 배경으로 정부의 정책과 관련하여 다양하게 전개되었는데, 대부분이 커뮤니티 개발(Community Development)과 관련된 형태였다. 19세기부터 시작된 이러한

활동은 제2차 세계대전 후에는 도시 내 빈곤에 대응하는 저소득층 주택건설 등에 역점을 두었지만, 동시에 확대 일변도의 교외개발로 인해 슬럼화된 중심시가지 문제가 대두되어 이너시티 문제로서 대응할 것이 요구되었다.

1970년대부터는 중심시가지의 재개발과 커뮤니티 재생의 지원이 연방정부의 주된 고민거리이자 지원주제였다. 특히 교외 개발 억제에서 성장관리정책이 제기되어, 이러한 이념이 광역권 개발 조정과 중심시가지의 재생에 대한 구체적인 대응의 필요성이 높아지게 되었다.

이 절에서는 이러한 배경을 전제로 탄생한 미국의 대표적인 타운 매니지먼트 프로그램 및 조직이라고 할 수 있는 MSP와 BID에 대해서 설명을 하도록 하겠다.

1) 메인스트리트 프로그램(MSP)[10]

메인스트리트 프로그램(Main Street Program)이란, 1949년에 설립된 역사보전 내셔널 트러스트(National Trust)의 부서인 내셔널 트러스트 메인스트리트 센터(National Trust Main Street Center)가 1980년에 개발한 '역사건축물의 재생과 함께 커뮤니티의 재생 및 지역경제의 재생을 실현하기 위한 중심시가지 재활성화의 포괄적 프로그램'이다.

(1) MSP 개발의 탄생 및 전개 경위

메인스트리트 프로그램은 미국의 도시형성 역사 속에서 탄생했다고 할 수 있다. 1920년대 이후 조닝(토지 이용) 규제가 시작되어 단일적인 용도규

· · ·

10 김영기·김승희·난부 시게키, 「미국의 중심시가지 활성화제도 사례연구와 시사점」, 《주거환경》, 제5권 2호(한국주거환경학회, 2007). pp.56~59.

<표 IV-3> MSP 탄생 및 전개 경위

연도	내용
1977년	• Demonstration Program 개시(3년간) - 일리노이 주 게일즈버그, 인디애나 주 매디슨, 사우스다코타 주 핫스프링스 (Hot Springs) - 강력한 관민 파트너십, 전문조직, 상주 매니저 중요성 인식
1980년	• 내셔널 메인스트리트 센터(NMSC) 설립 - 지원: 주택·도시개발성, 예술기금, 운수성, 경제개발청, 중소기업청, 상업성 • 주의 Demonstration Program(3년간) - 콜로라도 주, 조지아 주, 매사추세츠 주, 노스캐롤라이나 주, 펜실베이니아 주, 텍사스 주 등 31개주 600개 단체
1985년	• Network Membership Program 설립 - 정보제공(월간 뉴스레터) • Urban Demonstration Program(3년간) - 인구 5만 명 이상 도시 대상
1986년	• National Town Meeting 개최 - 도시형 프로그램에 산디에이고, 시카고, 보스턴, 볼티모어, 워싱턴 D.C 참가
2000년 이후	• 41개주 1,600개 이상 지구로 확대 → 1,877개 지구(2005년 5월) - CDC, BID, 상공회의소와의 연계강화 - Community Partnership Program, Loan·기금 프로그램 개발 촉진

제에 의해 소매 점포와 영화관 등이 교외로 밀려나게 되었으며, 1950년대의 하이웨이 건설(1956년 연방고속도로법)은 교외화에 박차를 가하여 중심시가지는 크게 쇠퇴하였다. 그리고 1960년대에는 Scrap & Build형(Urban Renewal) 도심재개발[11]이 활발하게 실시되었는데, 이로 인해 거리경관이 획일화되고 역사적 건축물도 다수 소멸하는 등의 결과를 초래하게 되었으며, 이와 더불어 교외에는 몰 형태 대형점포의 출점 및 규모 확대 현상이

• • •

11 1965년 주택도시개발성(HUD)이 설립.

현저하게 증가하였다.

1970년대 중심시가지는 매우 심각한 위기적 상황에 빠지게 되는데, 이러한 상황 속에서 내셔널 트러스트는 1977년 지역의 역사적인 환경을 재생하고 활력 있는 커뮤니티를 형성하기 위한 방법에 대해 검토를 시작하였다. 내셔널 트러스트는 1977년부터 1980년까지 3년간 'Community Demonstration Program'을 인구 5만 명 이하의 3개 도시에서 실시, 그 성과를 토대로 1980년 각 지역의 활성화를 지원하는 '내셔널 메인스트리트 센터'를 내셔널 트러스트의 부서로 워싱턴에 설치하였다. 그 후 1980~1983년에는 주 단위로 '데먼스트레이션 프로그램'을 6개주 30개 지구에서 실시했으며, 또한 1985~1988년에는 중규모 도시 4개 지구와 대도시 4개 지구를 선정하여 'Urban Demonstration Program'을 실시하였다. 그 결과 1990년까지 미 전역 551개 지구에서 MSP를 이용한 활동이 일어났으며, 지금까지 MSP를 도입한 지구 수는 2005년 시점으로 총 1,877개이다.

(2) MSP 활동내용

메인스트리트 프로그램은 역사적인 중심시가지의 재활성화를 실현하기 위한 포괄적인 활동방법의 총체라고 정의할 수 있다. 이 프로그램의 주요 골자는, ① 매뉴얼(4 Point Approach)에 근거한 활동, ② 활동조직과 그 조직을 지도하는 주와 시에 대한 지원 시스템, ③ 활동 기술 향상을 지원하는 트레이닝 매뉴얼이라고 할 수 있다. 여기서는 사회적·정치적·물리적·부동산 가치의 향상을 목적으로 하는 매뉴얼(4 Point Approach)에 대해서 간단히 설명하도록 하겠다.

메인스트리트 프로그램에 근거한 활동의 중심은, 조직(Organization), 프로모션(Promotion), 디자인(Design), 경제재구축(Economic Restructuring)이라

4 Point Approach

• 4 Point Approach = 사회적·정치적·물질적·부동산 가치의 향상

는 매뉴얼(4 Point Approach)에 의해 실시된다고 할 수 있다. 이는 '지속가능하고 안전한 커뮤니티 재활성화의 노력을 결실 맺게 하기 위해 관·민이 협동으로 실시하는 방법'이라고도 할 수 있다.

① 조직(Organization): 목적달성을 위해 인재와 재원을 모집하는 활동을 하며, 행정, 각종 사회단체, 기업, 개인 등의 관계자에 의해 이사회가 구성되며, 4 Point Approach마다 위원회를 설치하여 활동을 한다. 전문적인 프로그램 디렉터(매니저)가 활동을 지원하고 있다.

② 프로모션(Promotion): 대상지구의 긍정적인 이미지를 도출하여, 생활, 근무, 쇼핑, 놀이 기능에 투자를 유치하는 활동을 하는 것으로, 거주자, 투자가, 사업자, 방문객에 대한 선전, 광고, 개별 이벤트, 마케팅 캠페인 등의 사업을 전개한다.

③ 디자인(Design): 최고의 물리적인 환경 조성(Street Furniture, 디자인, 디스플레이, 경관, 주차장, 보도 등)을 통해 중심거리를 정비하는 것으로, 건물의 개수·신축, 디자인 계획의 작성 등에 의해 대상 지구를 활성화시키는 활동을 말한다.

④ 경제재구축(Economic Restructuring): 지역경제의 기반을 다양화하고 확대하기 위해, 마켓 분석이나 기존 사업자의 경쟁심 유발, 새로운 비즈니스 도입, 각종 부동산 개발 등의 활동을 실시하는 것을 말한다.

(3) MSP 활동 성공의 8원칙

4 Point Approach 활동이 확실하게 성과를 올리기 위해서는 다음과 같

은 원칙을 준수해야만 한다.

①포괄적: 개별 사업으로는 활성화가 불가능하기 때문에 항상 유기적으로 사업을 전개할 것.

②단계적: 새로운 일을 추진하고 성과를 올리기 위해서는 작은 활동부터 출발할 것.

③자립적: 타인에게 의존하는 것이 아니라, 리더는 사업에 대한 의식을 가지고 지역의 자금과 아이디어를 결집할 것.

④협동: 공공과 민간은 공통의 목적을 위해서 활동한다. 효과적인 파트너십을 위해서는 타인의 역량과 제약을 이해할 것.

⑤기존 자원의 활용: 지역의 기존 자원을 활용할 것.

⑥고품질: 양보다 질(디자인 등)을 중요하게 여길 것.

⑦변화: 비즈니스의 사고방식을 바꾸어서 거리의 환경도 개선할 것. 변화는 공공의 인식과 습관을 바꾼다.

⑧실행: 가시적인 성공 예를 많이 만들어낼 것.

(4) 조직체제

메인스트리트 프로그램을 도입하려는 지구는 주나 시에 신청을 하여 인정을 받아야 하며, 인정을 받은 지구는 이사회 멤버를 결정하여 MSP 실행 조직을 설립하게 된다. 조직형태는 기존 조직도 가능하지만, 「내국세입법」 501조(c) 3[12]에 규정되어 있는 자격을 취득할 것을 권장하고 있다. 내셔널

• • •

12 「내국세입법(內國歲立法)」 501조(c) 3에 규정되어 있는 조건은, ① 오직 종교, 자선, 과학, 공공안전검사, 문화, 교육, 아마추어 스포츠 촉진, 아동 또는 동물 학대 방지를 목적으로 조직되어 활동하고 있는 단체, ② 그 수익의 일부분이라도 출자자 또는 개인의 이익에 제공되지 않을 것, ③ 정치적 행위를 주목적으로 하지 않을 것, ④ 공직

〈그림 IV-4〉 메인스트리트 프로그램의 체제

트러스트 메인스트리트 센터의 조사결과에 의하면 현재 각 MSP 조직형태 중 501조(c) 3의 비영리조직이 약 61%로 과반수를 차지한다.[13]

MSP 조직의 최고의사결정기관은 이사회이다. 이사회 멤버는 9~13명 정도이며, 일반적으로 이사회 멤버가 많은 것보다는 적은 편이 좋다고 인식되고 있다.[14] 구체적인 활동은 4 Point Approach에 근거하여 '4개의 위원

• • •

선거에 참가하거나 또는 방해하지 않을 것이다. 현재 전미에서 약 70만 개 단체가 이 자격을 취득하고 있다.

[13] MSP 조직형태를 살펴보면 비영리조직이 78.9%를 차지하는데, 이 중에서 501조(c)3의 일반 NPO가 61.0%, 501조(c)4의 사회복지단체가 3.9%, 501조(c)6의 기업단체가 14.0%를 차지한다. 그리고 행정기관이 17.4%, 기타가 3.7%이다.

[14] 2005년 11월 7일~11일 워싱턴 메인스트리트 센터의 Main Street Basic Training 인터뷰자료.

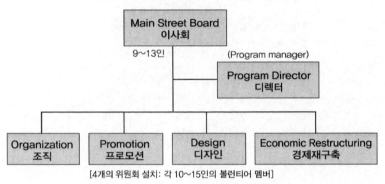

〈그림 IV-5〉 메인스트리트 프로그램 조직 체제

Main Street Board 이사회
9~13인

(Program manager)
Program Director 디렉터

Organization 조직 | **Promotion 프로모션** | **Design 디자인** | **Economic Restructuring 경제재구축**

[4개의 위원회 설치: 각 10~15인의 볼런티어 멤버]

회(볼런티어 각 10~15명)'를 설치하여 실시되고 있다. 이사 전원이 4개의 위원회 중 어딘가에는 참가하여 위원장이 되며, 각 위원회에서는 실제 사업계획을 입안하여 실행한다.

또한 사업을 적절하게 실행하기 위해 상임 프로그램 매니저를 선임하는 것이 필수조건이며, 프로그램 매니저는 메인스트리트 프로그램 전체를 통합 관리한다. 이 매니저의 유무가 MSP 성공의 열쇠라고 할 수 있다.

(5) 재원 조달 방법

메인스트리트 프로그램의 활동자금은 '회비, 이벤트 수입, 스폰서 자금'이 중심이며, 이와 더불어 지자체의 보조금이 재원이 된다. 이 외에도 주정부나 카운티(County)로부터의 각종 보조금, 세금공제(Tax Credit), 내셔널 트러스트와 같은 융자 등도 활용하지만 이는 극히 일부분일 뿐이다.

또한 개별 시설정비 사업을 실시하는 지구에서는 커뮤니티 개발포괄 보조금, TIF 등이 활용되고 있다. 그리고 시카고에서는 비즈니스 개선에 사용되는 Small Business Improvement Fund를 준비하는 등 지자체 독자적인

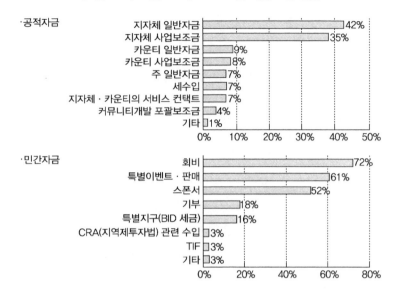

〈그림 IV-6〉 메인스트리트 프로그램 자금 조달 방법

· 공적자금

지자체 일반자금	42%
지자체 사업보조금	35%
카운티 일반자금	9%
카운티 사업보조금	8%
주 일반자금	7%
세수입	7%
지자체 · 카운티의 서비스 컨택트	7%
커뮤니티개발 포괄보조금	4%
기타	1%

· 민간자금

회비	72%
특별이벤트 · 판매	61%
스폰서	52%
기부	18%
특별지구(BID 세금)	16%
CRA(지역제투자법) 관련 수입	3%
TIF	3%
기타	3%

지원책을 준비하는 예도 증가하고 있는데, 특징적인 것은 자금 조달은 매니저의 역할이 아니고 이사의 일이라는 것이다.

일반적으로 사업비의 총액은, 1지구당 평균 5만~20만 달러 정도이며, '회비, 기부'와 '각종 보조금'의 비율은 각 지구의 사업마다 다르지만 평균적으로 50 : 50이라고 보면 된다. 또한 안정된 자금 확보를 위해 BID를 MSP와 함께 도입하고 있는 지구도 전체의 16%를 차지한다. 이에 관해 메인스트리트 센터에서는, "BID와 같은 특별지구제도(SDA)는 중요한 수입원의 일부이다. 따라서 BID 자금의 일부를 MSP 조직이 나누어 받는 것이 아니라, MSP 조직이 중심이 되어 BID를 설립하는 것이 가장 이상적이다"라고 설명하고 있다.[15]

• • •

15 2005년 11월 7일~11일 워싱턴 메인스트리트 센터의 Main Street Basic Training 인

(6) 피츠버그 MSP

피츠버그 시는 인구 약 37만 명의 펜실베이니아 주 앨러게니 카운티 (Allegheny County)의 중심도시이다. 1990년 초에는 전미 조강(粗鋼) 생산의 약 1/5이 피츠버그 시 주변에 입지하는 등 미국 제조업의 중심지로서 번성하였다.

그러나 1950년경부터 철강산업은 대기오염, 수질오염 등 심각한 환경 문제를 야기하여 피츠버그 시는 '연기의 거리'로 유명하게 되었다. 더구나 1980년대 이후 유럽 및 아시아 국가의 대두로 인해 미국의 석탄·철강 산업은 쇠퇴했으며, 피츠버그 시 또한 많은 철강 관련 공장이 폐쇄되어 결과적으로 인구유출과 도시환경이 악화되었다.

이에 피츠버그 시는 르네상스계획(재개발)을 책정하여 앨러게니 카운티, 멜론(Mellon) 그룹, 하인즈(Heinz) 그룹 등과 같은 대기업과 협력하여 피폐한 공장 철거지에 고층 오피스 빌딩, 호텔, 극장 등을 건설하고 기업을 유치하는 등 도시재생을 위해 노력하였다.

이러한 재개발사업의 주체가 미국 각 도시에 있는 도시재개발공사의 하나로 1946년 설립된 피츠버그 도시재개발공사(URAP)이다. URAP는 카운티, 시, 기업, NPO와 협력하여 토지를 선정하고 취득하며, 재개발계획을 수립하고 건설까지 전체적으로 계획하는 조직이다. 재개발자금은 연방정부 보조금(10%), 주·시 보조금(20~30%), URAP 채권발행, 기업부담금 등으로 조달하고 있지만, 개발주체인 URAP에는 토지수용권을 부여하고 있으며, TIF(고정자산세의 세수입 증가 자금)를 활용할 수 있는 특권도 있다. 또한 피츠버그 시에는 《포춘(Fortune)》지가 선정한 전미 톱 500사 중에 8개사와

• • •

터뷰 자료.

외국기업 100개사 이상이 본사를 두고 있어, 이러한 기업들이 기금[16]을 설립하여 도시재개발에 관련된 비용의 일부를 부담하고 있다.

그 결과 1985년 《포춘》지는 카네기 멜론(Carnegie Mellon) 대학을 비롯한 고등연구기관과 피츠버그 교향악단이 있고, 대도시권 중에서는 생활비와 범죄율이 낮다는 이유로 피츠버그 시를 미국 전역에서 가장 살기 좋은 도시라고 평가하였다.

그러나 도심의 재개발사업은 업무시설이나 스포츠·문화·오락시설 등의 대규모 시설정비가 중심이며, 지역 커뮤니티와 관련된 상업환경이나 주택환경에 대한 정비는 충분하게 이루어지지 않았다. 이러한 이유로 1986년부터 메인스트리트의 활성화를 위한 여러 가지 활동을 전개하기 시작하였다.

① MSP 지원 체제

URAP의 MSP에 대한 예산은 연간 100만 달러로, 시내 20개 지구를 지원하고 있다. URAP 경제부에는 '비즈니스개발센터'가 설치되어 있으며, 그 안에 메인스트리트 프로그램 담당과 ELM 스트리트 프로그램 담당이 배치되어 있다. ELM 스트리트 프로그램은 2003년부터 개시된 근린지구의 중심이 되는 커뮤니티 재활성화 시책이다.

피츠버그 시 MSP는 2001년부터 본격적으로 활동을 시작했으며, 2004년부터 2006년까지 2년간 4 Point Approach의 내용을 충실하게 이행하고 있다. 주된 내용으로는 첫째, 지역사회로부터 신뢰를 획득하여 일관성 있고 안정된 MSP 조직을 확립하는 지역사회 프로그램으로 할 것, 둘째로 기존의 4 Point Approach에 안전을 추가할 것 등이다.

MSP 담당책임자인 존 버크(John R. Burke)는 MSP가 실패한 지구의 특징

• • •

16 카네기 기금, 하인즈 기금 등 현재 약 20개의 기금이 있다.

을 첫째로 MSP 조직이 결성되어 있지 않은 점, 둘째로 4개의 위원회가 기능을 하지 못하는 점, 셋째로 지역의 지원체제가 없다는 점 등으로 정리하였다. 특히 지역의 참가, 즉 볼런티어의 참가를 어떻게 유도하는가가 MSP 성패의 중요한 열쇠라고 지적하였다.

② MSP 지원 방법 및 지원 내용

URAP는 2006년 MSP 지원 프로그램을 개정하였다. 지원조건으로는 조직이 충실하게 기능을 하고 있는 지구, 상업밀도가 높은 지구, 투자액이 높은 지구를 주요 조건으로 했으며, 지원지구 선정은 시의회에서 결정된다.

MSP를 실시하는 데 중요한 것이 지구의 마스터플랜이 책정되어 있어야 한다는 것이다. URAP가 MSP 조직에 지원 시 중요한 사항이 '지역에 필요한 도구를 부여하는 것'으로, 구체적으로는 자금조달 지원, 이사 및 위원회 구성원 지원, 사업활동메뉴 작성 등이다.

URAP에 의하면 MSP가 성공을 하기 위해서는 첫째로 지역관계자(주민)에게 4 Point를 설명할 것, 둘째로 많은 사람들에게 성공의 이치를 나타낼 것, 셋째로 메인스트리트 프로그램의 경험과 신뢰성에 대해 공감을 얻는 것이 중요하다고 한다.

2) Business Improvement District(BID)[17]

(1) BID의 기원 및 현황

미국 BID는 시설 및 인구의 교외화, 범죄, 위생 등 중심시가지의 공동화 해결을 목적으로, 주법에 근거한 특별지구(Special District)[18]제도를 이용하

---

17 김영기·김승희·난부 시게키, 「미국의 중심시가지 활성화제도 사례연구와 시사점」, 《주거환경》, 제5권 2호(한국주거환경학회, 2007), 59~63쪽.
18 미국 전역에 약 3만 5,000개의 특별지구가 있다.

여 '대상지구 내의 부동산소유자가 스스로 부담금(Assessment)을 지불하여 지구 활성화를 위한 사업을 실시하는 구조'이다. 따라서 대상지구 개선을 위한 비용을 수익자인 지구 내 부동산소유자가 스스로에 과세권한을 가지며, 지자체가 대상 부동산소유자에게 징수를 하게 된다. 이처럼 BID는 지구개선의 조직 만들기와 안정된 사업자금의 조달수법이라고 할 수 있다.

법률에 근거한 최초의 BID 도입은 1975년 뉴올리언스 시의 'Downtown Development District' BID이다. 그 후 BID는 1980년대 후반부터 전미 각 지역에서 본격화되었으며 1990년대에 들어 급격히 증가하였다. 이는 48개 주[19] 약 1,000개 지구에서 실시되고 있으며 뉴욕(55개), 로스앤젤레스(35개), 샌디에이고(19개) 등의 도시에 BID가 설립되어 있다.

BID 제도에는 일반적으로 모델적 기원과 법제적 기원의 두 가지가 있다고 알려져 있다. 첫째, BID 모델은 교외 쇼핑몰의 관리자가 테넌트로부터 징수한 테넌트 요금(Tennant Fee)으로 공용부분의 유지관리나 공동 마케팅 활동을 하는 것이라고 할 수 있는데, 이러한 쇼핑몰 경영의 비즈니스 모델을 다운타운이라는 도심에 전개한 것을 BID라고 할 수 있다. 둘째, BID의 법제적인 기원은 미국의 독자적인 자치제도인 특별지구(Special District)제도에 있다. 미국에서는 각 주의 헌장·헌법 등으로 지방자치권(Home rule)이 보장되어 있다. 이것은 지방자치조직은 주민이 자주적으로 결정할 수 있는 권리가 있다는 것이다. 그러나 전적으로 주민의 자유(백지위임)에 의하는 것이 아니고 주법에 의해 다양한 제약이 존재한다. 따라서 미국의 지방자치제도는 매우 다양하며, 특별지구는 이러한 다양한 선택에서 생겨난

· · ·

19 自治体国際化協会, 「官民のパートナーシップによるまちづくり ― Business Improvement District制度」, 『ニューヨーク海外だより』(自治体国際化協会, 2004).

지방자치조직인 것이다.

특별지구는 모든 공적 서비스를 제공하는 지자체를 형성하는 것이 아니라, 지역의 실정에 따라 학교교육, 소방, 경찰, 상수도, 고속도로 등 부분적인 행정서비스를 제공하는 지자체를 형성하는 것을 주민이 선택함에 의해 탄생한다. 이와 같은 법제적인 기원에 의해 설립절차나 지역 내의 부동산소유자에 대한 부과금 징수 등의 기본적인 BID의 틀이 형성되어 있다. 여기서 주의할 점은 BID의 법제적 핵심은, 지방자치체 제도가 아니라 사업에 필요한 비용을 추가적인 세금형태의 강제적인 방법으로 징수하는 것이다. 개발이익의 무임승차를 허용하지 않는 세금 형태로 수익자 전원이 자금을 부담하는 제도이며, 지자체의 재원부족을 보충하기 위한 제도는 결코 아니다.[20]

(2) 재원조달방법

부담금은 원칙적으로 재산세(Property Tax)를 상업·업무·공업용 부동산에 한정하여 부과하며, 주거용 부동산에 대해서는 과세를 하지 않는 주나 지자체가 대부분이다. 그렇지만 주거용 부동산소유자로부터 일정한 소액을 징수하는 뉴욕 34번가 등과 같은 지역도 있으며, 또한 로스앤젤레스 시에서는 현재 Property Based BID 지구와 Merchant Based BID 지구가 있는데, 1994년 창설된 Merchant Based BID는 세금징수에 의존하지 않는[21] 제도가 도입되어 있으며, 종교·공공·정부의 자산에 대해서는 원칙적으로 징수대상 외로 하고 있다.

부담금의 과세는 주나 각 지자체에 의해 다양한 방법으로 실시되고 있

---

20 服部敏也,「日本版BIDの可能性について」,《土地総合研究》, 第14券 第4号(土地総合研究所, 2006). p.4.

21 회비 성격의 납부금.

다. 대상 부동산의 재산세 평가액 1,000달러를 기준으로 하는 비율방식, 대상 부동산의 건물 상태를 기준으로 하는 건물별·용도별 규모방식, 그리고 비율방식과 건물별·용도별 규모방식을 혼합하여 징수하는 방법이 있다. 이 중에서 가장 일반적인 것이 부동산평가액을 토대로 한 비율방식이다. 즉 개개 부동산에 대한 부과금은, BID의 서비스 등의 비용 합계액을 BID로 인해 이익을 받는 모든 부동산의 평가액의 합계에 대한 개개 부동산의 평가액의 비율로 나눈 것이다. 이는 미국 지방자치체의 재산세의 과세방법과 동일하다.

위스콘신 주에서는 전체 BID 도입지구 중 80%가 비율방식을 채택하고 있으며, 재산세 평가액 1,000달러당 세율은 3.6달러(0.36%)이다. 펜실베이니아 주 펜실베이니아 시는 건물별 규모방식을 채택하고 있는데 부과금은 9센트/$1ft^2$[22]이다. 워싱턴 D. C.의 다운타운 DC BID는 용도별 규모방식을 채택하고 있는데, 오피스는 넷(Net) 연면적[23]×(12센트/$1ft^2$), 점포는 그로스(Gross) 연면적[24]×(10.8센트/$1ft^2$), 주차장은 토지면적×(12센트/$1ft^2$)이다. 또한 뉴욕 주의 세액은 지자체가 징수하는 재산세의 20% 이내이며, 통상의 재산세와 BID 부담금의 합계는 재산세 평가액의 2%를 초과하면 안 된다고 정해져 있다.

(3) 조직 체제

BID 조직은 운영형태를 크게 두 가지로 나눌 수 있다. 첫 번째는 '지구

• • •

[22] $1ft^2$ = 0.093m².
[23] 넷(Net) 연면적이란 화장실이나 엘리베이터 등을 포함하지 않은, 가장 실질면적에 가까운 면적을 말한다.
[24] 그로스(Gross) 연면적이란 화장실이나 엘리베이터 등을 포함한 면적을 말한다.

내 부동산소유자, 상업자 등에 의한 NPO 조직'(「내국세입법」 501조(c): 비과세단체)이 의사결정기관이 되는 이사회를 중심으로 운영하는 형태와, 두 번째는 '지자체가 직접 BID를 운영'하는 형태인데, 대부분의 BID가 NPO 운영형태를 취하고 있다. 그리고 BID 조직에는 연평균 4만 달러의 보수를 받으며 상근직의 제너럴 매니저(General Manager)와 전문 스태프[25]가 고용되어 있다.

BID 조직 설립은 일반적으로 사전에 설립의사를 가진 관계자가 위원회를 설치하여 계획안을 작성한다. 그 후 주·지자체에 신청을 하고 공청회를 거쳐, 세액 부담자의 의견을 수렴하여 BID 설립 허가 후에 이사회에서 결정되는 순서를 거친다.[26]

채택방법은 각 주의 법에 따라 다른데, 대체로 다음 세 가지 방법 중 하나를 인정하고 있다. 첫째로 부동산소유자의 지지가 찬성투표 또는 찬성서명이 첨부된 청원을 통해 증명될 것, 둘째로 충분한 이의신청 기회를 주고 반대가 없는 것을 증명할 것, 셋째로 행정조직이 BID가 필요하다고 판단하여 발의할 것 등이다. 첫 번째 청원방식이 일반적으로 채택되고 있는데, 이는 특별구의 설립절차도 통상 이러한 방식으로 진행되기 때문이다.

BID의 설립은 행정에 의존하지 않는 민중운동이라고 할 수 있는데, 제안자가 활동하는 자금은 통상 부동산소유자 등이 원조한다고 알려져 있다. 즉 BID 제도는 비즈니스 측면에서 보면 '상업 부동산소유자가 지구의 공통의 문제를 해결하기 위한 비용을 분담하는 제도'이며, 그 실질적인 제안자는 부동산소유자 자신인 것이다.[27]

• • •

25 일반적으로 수 명에서 많은 곳에는 수십 명 이상이 고용되어 있는 곳도 있다.

26 위스콘신 주의 예, 1996년 10월 6일 결정.

27 服部敏也, 「日本版BIDの可能性について」, 《土地総合研究》, 第14券 第4号(土地総合研

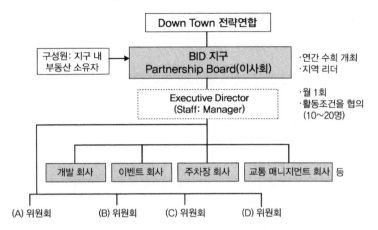

〈그림 IV-7〉 미국 BID(NPO) 조직 체계

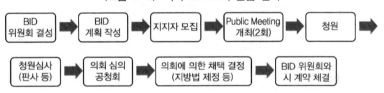

〈그림 IV-8〉 미국 BID 조직 설립 절차

여기서 중요한 것은 부담자의 의사표시 판단기준이다. 각 주마다 기준이 다르며, 찬성자가 50%나 2/3, 3/4, 70% 이상 등 다양하며, 역으로 반대자가 40%, 50%를 초과하지 않는 것을 기준으로 정한 주도 있다. 찬성자로 계산하는 것은 오직 부동산소유자이며, 테넌트는 대상이 되지 않는 것이 공통적이다. 단 테넌트는 테넌트계약을 통해 실질적으로 부과금을 부담하게 된다. 또한 이사회는 지자체가 임명하는 것으로 하며, 부담자의 참가는 물론 다른 관계자, 지자체 직원의 참가가 의무화되어 있는 예가 적지 않다.

• • •

究所, 2006). p.5.

<표 IV-4> BID 사업

항목	내용
환경미화	쓰레기 처리, 낙서 제거, 도보 청소 및 제설 작업, 공공시설의 제초작업 및 식재, 화단 조성 등
경비	보완적 경비 활동 및 관광객 안내를 위한 경비원 고용, 경비시스템 구입 및 설치 등
소비자 마케팅	지역 이벤트 및 기념행사의 기획·주최, 공동 세일 등에 의한 판매촉진, 지도 및 지역 소식지 제작, 이미지 향상을 위한 정보발신 및 광고 캠페인, 안내표식 설치 등
비즈니스 활동 향상 및 유지	마켓 리서치 실시, 보고서 작성, 신규사업 및 사업 확장에 대한 자금 지원, 투자자 확보 등
공공 공간 규제	노상판매 및 거리 퍼포먼스 관리, 조업차량 관리, 규제 엄수 촉진 등
주차장 및 공공 교통 관리	공공주차장 시스템 운영, 공공교통 대합소 유지 관리, 교통기관 공동이용 프로그램 운영 등
도시 디자인	도시 디자인의 가이드라인 제안, 건물 외관 개선 프로그램 관리 등
복지 서비스	노숙자 지원에 대한 시책제안 및 원조, 직업훈련 및 청소년 서비스 프로그램 실시
구상 만들기	지역의 구상 및 전략 플랜 제안 등
공적 자본 개선	가로등 및 벤치 등 설치, 식목 및 식재 관리 등

(4) 목적 및 사업

BID 사업을 실시하는 목적은 중심시가지의 침체된 상권을 활성화하기 위해 환경정비를 실시하는 데 있다. 일례로 볼티모어 BID는 '중심시가지에 투자를 유발하여 일하고, 생활하고, 즐기기 위한 쾌적한 공간을 제공하는 것'이 목적이며, '청결하고 안전하며 매력적인 보행환경의 구축, 경쟁력 높은 비즈니스 환경의 창출, 중심시가지의 명확한 이미지 확립, 미래 중심시가지의 경제성장의 보증'을 활동목표로 하고 있다.

일반적으로 BID 조직의 주요 사업은 치안유지, 청소, 공적 시설의 관리 등 행정(지자체)에 의해 공급되어왔던 기본적인 서비스를 보충하는 것이다. BID의 활동내용의 개요는 대체로 〈표 IV-4〉와 같은데, 지구의 장기적인 경제개발에 투자를 하는 활동도 있지만 일반적으로 공공시설의 유지 및 개선이 대부분이다.

(5) 뉴올리언스 Downtown Development District

① BID의 기원

뉴올리언스 시는 인구 약 49만 5,000명인 루이지애나 주의 경제·문화 중심도시이다. 1718년 프랑스 식민지로서 미시시피 강 하류에 생성된 이후 주변 10개 주의 프랑스령 루이지애나의 수부로서 발전하였다.

현재 루이지애나 주의 BID 지구는 뉴올리언스를 포함하여 15개 지구가 있다. 1975년 미국 최초로 뉴올리언스 시에 BID가 도입된 배경에는, 당시 전미 각지에서 실시되었던 도시개발을 적극적으로 추진하여 주의 중심도시로서 도시환경을 정비하고자 하는 목적이 있었다. 주 의회는 1974년 7월 12일 뉴올리언스 시 중심핵개발지구(Downtown Development District: DDD) 설립에 관한 법률을 가결하였다.

DDD의 대상 지구는 뉴올리언스 시 중심부 전체를 포함하는 256ha이며, 법률 시행은 1975년 1월 1일부터였지만, 법안에서 지구 내 부동산소유자가 부담하는 재산세비율 1.0% 이내의 규정을 0.65%로 하여 본격적인 활동이 개시된 것은 동년 11월부터였다.

DDD는 본래 처음 2년간 선셋(Sunset) 조항이 규정되어 있었지만, 1977년에 10년간으로 기한규정이 바뀌었다. 1979년 12월에는 사업 확대로 인해 세율을 2.29%까지 증가시키는 것과 기한규정을 2005년 12월 31일까지

25년간으로 변경하는 시 전체의 시민 투표가 실시되어 각각 결정되었다. 그 결과 750만 달러의 자금이 확보되어, 오늘날 많은 관광객에게 뉴올리언스의 매력을 제공하는 리버프런트(River Front) 개발 등 관련 사업이 전개되고 있다.

2001년 4월 7일에는 DDD의 기한 규정을 2030년으로 연장하는 시민투표가 실시되어 찬성 60%로 결정되었다. 이 결정으로 인해 뉴올리언스의 중심거리인 커넬스트리트(Canal Street)의 가로경관 프로그램을 위한 500만 달러를 포함한 중심시가지 전체의 정비 프로그램에 대한 자금으로 730만 달러가 확보되어, 현재도 사업이 진행되고 있다.

② BID 목적 및 조직체제

DDD의 목적은 '다운타운의 안전을 보장하고, 경제개발을 위한 촉매로 기능시켜서 거주와 근무, 여가를 위해 활기 넘치는 도심 뉴올리언스를 개발하는 것'이다. DDD 내의 부동산소유자는 1,000명, 이사는 11명이며, 직원은 Executive Director(Kurt M. Weigle)와 5명의 전문 직원, 그리고 대상지구 내의 거리를 순찰하며 주민 및 방문객을 돕고 청소를 하는 20명의 레인저를 고용하고 있다.

③ 재원조달

2005년 수입은 552.4만 달러 중 498만 달러가 BID세(Tax)이다. 지출은 공공 공간 관리 239만 달러, 안전 101.7만 달러, 마케팅·이벤트 9.8만 달러, 경제개발 19.5만 달러, 운영경비(인건비 포함) 116.9만 달러이며, 허리케인의 영향으로 2006년 예산을 250만 달러 감소하였다.

BID세의 세율은 최대 2.29%까지 허용재량을 부여하고 있으나, 현재는 1.59%이며, BID세는 '부동산시장가격×평가율(10%: 시의 기준)×세율(1.59%) =BID세'의 방법으로 산정된다.

④ 사업 내용

현재 ㉠ 공공 공간 관리: 보도청소, 경관 관리, 배너 설치, ㉡ 안전: 패트롤(주간, 야간, 토요일), 방범, ㉢ 마케팅·이벤트: 웹 사이트를 이용한 정보제공, 뉴스레터 발행, ㉣ 경제개발: GIS 도입, 캐널스트리트 개발전략계획 작성 및 사업추진, 개발 프로세스 홍보, 건물 외관 정비 등의 사업을 실시하고 있다. 이 중에서 가장 역점을 두고 추진하고 있는 사업이 캐널스트리트 프로젝트이다. 약 2km에 이르는 도로구간의 보도(편도 5~5.5m) 확충과 메인 광장 정비, 그리고 17번가 구역에 호텔 3.3만 실, 오피스, 상업 110만 ft^2, 주택, 주차장 1만 3,000면 등을 정비하는 사업으로 대상면적은 92.9ha이다. 도로관계 정비비용은 1,700만 달러이며, 시는 채권발행으로 1,000만 달러, DDD가 BID세로 700만 달러를 부담하였다.

3. 영국의 타운 매니지먼트 전개

영국의 중심시가지는 1970년대 산업혁명 이래 중후장형(重厚長型) 산업의 쇠퇴를 발단으로 대처 정권이 1980년대 도시 및 건축에 관한 각종 규제완화 정책을 펼쳐 교외개발이 활발하게 진행됨에 따라, ① 중심시가지에 관과 민의 투자 부족, ② 상업, 업무, 레저 환경 변화, ③ 소매업에 대한 지출 감소, ④ 교외로 주민 이동 및 자동차 이용 증가, ⑤ 생활의 질, 소비자 행동 변화, ⑥ 정부, 지자체, 민간의 리더십 감소 등의 영향으로 급속하게 쇠퇴되었다.[28]

• • •

28 アラン・タレンタイア, 「英国のタウンセンター ── マネジメントの背景と現状」, 《タウンマネジメント》, 第2号, 2000.

이러한 현상의 대책으로서 경제환경 재생을 목적으로 한 타운센터 매니지먼트 전개가 1980년대 후반부터 시작되었다. 당초 민간사업 관계자를 중심으로 중심시가지 비즈니스 문제에 대한 검토가 이루어졌는데, 쇼핑센터를 모델로 한 '타운 매니지먼트 모델'을 작성하여 본격적으로 활동을 전개하였다. 이러한 활동의 중심이 1991년 설립된 타운 매니지먼트 협회(The Association of Town Centre Management: ATCM)이다.

이 절에서는 ATCM이 설립된 후 전개된 타운센터 매니지먼트와 Business Improvement District에 대해서 소개하고자 한다.

1) 타운센터 매니지먼트(TCM)

(1) TCM의 기원 및 현황

영국 TCM(Town Centre Management)의 특징은 관민 파트너십에 의한 전개라고 할 수 있다. TCM 활동의 발단은 1986년 런던 일포드(Ilford)라고 일반적으로 알려져 있으나,[29] 전국 규모로의 활동은 막스 앤 스펜서(Marks & Spencer), 부츠(Boots)사 등 대기업의 협력을 얻어 ATCM이 설립된 것을 계기로 시작되었다고 할 수 있다. 1991년 이전 활동지구는 10개 지구였지만, ATCM 설립 후에는 정부기관(환경성)의 협력을 얻어 1994년 정부계획방침 PPG6에 '소매 점포는 중심시가지(Town Centre)에 입지할 것'이 명기되었으며, 1996년 PPG6 개정으로 '대형 소매 점포의 입지를 중심시가지(Town Centre)에 유도하는 Sequential Test'가 발표되어 TCM 활동 환경이 정비되었다.

• • •

29　自治体国際化協会,「英国におけるタウンセンターマネジメント」,『クレア海外通信・海外事務所だより』(ロンドン事務所, 2001).

이러한 상황을 배경으로 각 지자체 또한 적극적으로 대응하기 시작하여, TCM 활동을 실시하는 지구는 ATCM 설립 이후 연간 20~40개 지구(도시)[30]가 증가했으며, 2000년에는 약 300개 지구, 2007년 1월 현재 영국 전체 약 650개 지구에서 TCM이 전개되고 있다.

(2) TCM 조직

처음에는 '관민 파트너십 조직·지자체·각종 단체'가 활동주체였지만, 2000년 이후에는 ATCM의 지도[31]하에 '회사'[32]형태가 증가하여 현재는 50% 이상을 차지한다.

ATCM은 2001년 『A Firm Basis』를 정리하여 회사형태 조직의 중요성에 대해, "회사형태가 아니거나 비공식형 조직은 TCM 전략을 추진하는 추진력이 부족하다. TCM 활동에서 직원 고용 및 관리, 마케팅 활동, 서비스 대책, 자금조달 및 관리, 책무 대응 등은 민간기업과 동일한 내용이 필요하다"고 회사설립 가이드 및 운영방법을 나타내고 있다. 이 외에 '지자체'가 약 20%, '상공회의소'는 사업기관이 아니기 때문에 약 1%에 불과하다.

운영형태를 살펴보면, 관민 파트너십을 기초로 하고 있기 때문에 지자체나 각종 관계조직·단체가 참가하여 '포럼, 운영위원회 및 이사회'가 설치

• • •

30 南部繁樹ほか,「イギリスのTCMにおける会社組織の実態」, 『日本建築学会学術講演梗概集』, F-1 7058(2000). p.115.

31 ATCM, "A Firm Basis – Town Centre Management Companies Limited by Guarantee"(ATCM, 2001).

32 보증부 유한회사(Company Limited by Guarantee): 이익 창출은 인정되지만 구성원에 그 이익을 분배하는 것은 인정되지 않는 법인으로, 주주가 존재하지 않는 회사형태를 말한다.

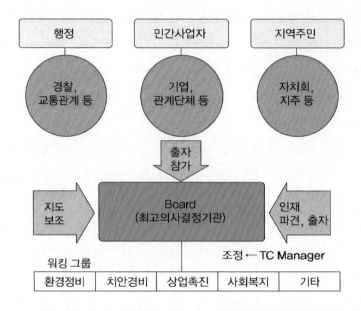

〈그림 IV-9〉 TCM 구조도

되어 활동방침이나 운영방법이 협의·결정된다. 실제 사업은 '타운센터 매니저'와 각 사업단위에서 관계자가 참가하는 '워킹그룹'이 설치되어 구체적인 사업이 실시되는 것이 일반적인 형태이며, 타운센터 매니저는 여성, 지자체 직원인 경우도 적지 않다.[33]

• • •

33 난부 시게키 등의 조사에 의하면, 여성이 약 40%, 지자체 직원은 회사형태 이외에서는 약 70%를 차지했지만, 회사형태에서는 민간 출신자가 약 80%를 차지하였다. 南部繁樹ほか, 「イギリスのTCMにおける会社組織の実態」, 『日本建築学学会学術講演梗概集』, F-1 7058(2000), p.115.

(3) TCM 대상지의 요건과 지구설정

TCM 대상지 요건은 상업지역과 업무지역에서 높은 효과를 기대할 수 있는데 인구기반이 확보된 지역이나 인구유입 요소가 있는 지역과 필요한 재원을 충분히 확보할 수 있는 세수기반이 되어야 하며, 환경개선사업을 위해 노력하는 상인, 사업주, 토지주 등의 리더 그룹이 형성된 지역으로 컨센서스가 확보되어 있어야 한다. 그리고 지방정부의 적극적인 활동과 조력 지원 시스템이 요구된다.

지구설정은 예정지구 내 TCM 준비위원회에서 결정되고, 지자체의 지원과는 구역 설정을 위한 기술 지원을 담당하며, 대상지역은 상업지역과 업무지역으로 랜드마크(Landmark)를 이룰 수 있는 곳으로 도심의 상업·주거·교역·문화·오락·레저 활동 등 지역의 중심으로 발전이 가능한 곳 등이다.[34]

(4) TCM의 과제 및 사업

TCM 조직의 과제를 유형화해보면 〈그림 Ⅳ-10〉과 같이 대체적으로 9개의 과제가 도출되는데, 이 중에서 시설정비(46.3%), 비즈니스·소매업(44.5%), 인포메이션(이벤트 등)(40.1%) 등 세 가지가 주요과제라고 할 수 있다. 또한 조직형태별 특성을 전체평균을 기초로 한 특화계수를 이용하여 분석하면, 회사형태는 '자금(1.36)', '비즈니스·소매업(1.26)'이, 파트너십 조직에서는 '안전(1.16)', '교통(1.15)'이, 인포멀조직에서는 '커뮤니티 활동(1.75)', '비전·플랜 작성(1.42)'이 상대적으로 타 조직과 비교하여 높은 것이 특징으로 나타났다.[35]

● ● ● ●

34 시장경영지원센터, 『지역상권 활성화 한국형 모델에 관한 연구』(시장경영지원센터, 2008), 87쪽.

35 南部繁樹ほか, 「イギリスのTCMにおける会社組織の実態」, 『日本建築学学会学術講演

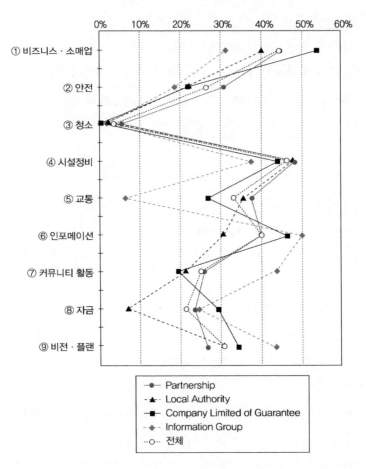

〈그림 IV-10〉 TCM 조직의 과제

각 TCM 조직이 달성한 사업을 유형화해보면 30개 사업(소분류)을 추출할 수 있다. 소분류 전체에서는 방범 카메라 설치 등의 '안전'이 가장 높으며, 다음으로 '크리스마스 캠페인', '자금조달', '인포메이션·역사·PR'이며,

──────────

梗概集』, F-1 7058(2000). p.115.

대분류를 보면 '안전', '이벤트', '고객·방문객 서비스', '커뮤니티'가 주요 성과라고 할 수 있다.

(5) 재원확보

중앙정부, 지자체, EU 보조금 등 정부계 보조금이 80% 정도이며, 건물소유자, 상인회비, 대기업후원금, 광고비, 이벤트 수입 등 민간부담금이 20% 내외이다. 상인회비 납부자와 미납자 문제로 인해 징수가 부진한데, 이는 회비를 내지 않고 개발이익을 누리게 되는 무임승차자(Free Rider)가 있기 때문이다.

연간 사업비는 대체로 5만~10만 파운드 정도이지만, 조직형태에 따라 차가 있다. 비공식 조직에서는 대부분이 5만 파운드 미만이며, '지자체 조직'은 약 60%가 5만 파운드 미만, '파트너십 조직'은 매우 다양하며, '회사 조직'은 약 50%가 10만 파운드 이상이다.

(6) 중소도시 TCM 조직

① 울버스턴 2000+ ── 소도시: 지자체와 협동

인구 1만 2,000명인 울버스턴(Ulverston)은 영국 북서부 컴브리아 (Cumbria) 지방의 소도시(Town Council)이다. 1996년 9월 '울버스턴 2000+ 타운센터 파트너십(UTCP)'을 Country Council, District Council, 상업조합, 음식(Pub)조합, 민간기업, 관광단체가 설립하였다.

설립 배경을 살펴보면 1980년대 이후 지역경제 쇠퇴로 인해 울버스턴 전체의 200개 점포·음식점·사무소 중 약 20%인 36개 점포가 빈 점포가 되었으며, 지역 일자리가 감소하는 등 중심시가지가 공동화한 것이 요인이 었다. 그 후 Town Council는 시빅 트러스트(Civic Trust)에 대책을 강구할 것을 위탁했는데, 그 결과 50개의 문제점이 지적되었다. 그중에서도 특히 타운 매니저 또는 프로젝트 매니저를 두는 것이 시급하다고 지적되어, 1998년 매니저를 고용, 사무소 설치, 마케팅 전략을 작성하여 다양한 이벤트를 실시하였다. 그 결과 방문객이 증가하고, 주차장 수입 증가, 호텔 가동률 증가, 소매점 매출 증가, 새로운 소매점 유치로 인해 빈 점포가 36개에서 5개로 감소하였다. 이러한 활동성과로 인해 ATCM의 2001년 'Best Completed Project'상을 수상하기도 하였다.

UTCP 조직은 Council 직원과 지역관계자 6명으로 구성되는 '2000+매니지먼트 위원회'와 Town Council의 장과 의장이 참가한 의회에서 방침과 활동내용이 결정된다. 사업은 매니저를 중심으로 두 개의 워킹그룹(비즈니스·관광, 교통·환경)을 설치하여 실시한다.

UTCP 조직이 실시하는 사업으로는 ㉠ 환경정비 향상 사업: 청소, 광장정비, 보도환경정비, ㉡ 교통환경 정비 사업: 주차장, 중심지 순환버스 서비스, 철도역사, 운하, CCTV, ㉢ 비즈니스 지원 사업: 비즈니스 진단, 어드바이스·컨설팅, 소비즈니스 창출 지원, 마케팅, ㉣ 관광·이벤트 마케팅 계획 작성, 지도 작성, 페스티벌 가이드, 각종 이벤트 개최, ㉤ 프로모션 사업: 뉴스레터 발행 등이다. 그리고 이들 사업의 대부분은 관계단체나 Council과 협동사업 형태로 실시된다. 사업예산은 연간 2만~3만 파운드이며, 약 90%는 EU 지역개발 펀드, Town Council, District Council로부터의 자금지원이다.

② 미들즈브러 – 중도시: 지역개발공사(RDA)와 협동

인구 15만 명인 미들즈브러(Middlesbrough)는 영국 북동부 티스사이드(Teesside) 지방의 중심도시이다. 19세기에는 석탄과 제철도시로, 20세기에는 화학공업으로 번성했으나 1970년대 후반부터 산업 불황으로 인한 실업률이 상승하는 등 쇠퇴하기 시작하였다. 이에 1983년 11월 엔터프라이스

존(Enterprise Zone)³⁶으로 지정되어, 1987년 9월 티스사이드 도시개발공사³⁷가 설립되었다. 대상인 된 티스 강 연안 2개 지구에는 각종 공업 용지를 조성하여 기업을 유치했지만 중심시가지 활성화로는 연결되지 못하였다. 특히 중심시가지 내 오피스 빌딩은 50%가 빈 상태였으며, 도시기능 향상과 종합적인 중심시가지의 재활성화를 추진할 본격적인 타운 매니지먼트 전개에 대한 시민들의 기대가 높았다.

이에 미들즈브러 시와 지역 관계자는 영국 정부(English Partnership: EP)와 상담한 결과, 광역지역을 포함한 지역 전체의 재생과 종합적인 도시환경 향상에 공헌할 수 있는 활동을 기대한다는 조언을 얻었다. 그것을 근거로 1999년 EP, 북동지역개발공사(NEDA), 시, 지역관계자가 미들즈브러 타운센터 회사(Middlesbrough Town Center Company: NTCC)를 설립하였다.

NTCC의 의사결정기관인 이사회는 시, EP, 대학, 민간기업, 지역관계자 등 13명으로 구성되며, 사장은 민간기업 부츠(Boots)사 임원이 역임을 하며, 월 4회 회의가 열리고 있다. 직원은 7명이다. Chief Executive는 전 도시개발공사 출신 OB가 역임을 하며, 각 사업마다 개발 매니저(시 직원), 타운센터 매니저, 마케팅·인포메이션 매니저(시 직원), 오피스 매니저를 두고 있다.

NTCC 설립 시 EP로부터 'Optional Program'(목적달성 프로그램) 작성을 조건으로 5만 파운드의 자금을 지원받아, 타운센터의 매력 향상 방법과 조직 운영 메커니즘 등을 정리하였다. 그 결과를 토대로 2000년 1월부터 본격적인 활동을 시작하였다.

• • •

36 세제 면에서 우대를 받는 지역개발지역을 말한다.
37 1998년 해산되었다.

NTCC는 ㉠소매와 오피스 활력 향상 지원 사업, ㉡개발 매니지먼트 사업: 빌딩 건설하여 테넌트에 임대·매각, ㉢기업 컨설팅 사업: 시의 경제개발사업 등, ㉣타운 매니지먼트 사업: 안전, 쇼핑모빌리티 향상, 탁아, 투자관리, 핵심 비즈니스 관리조정, 이벤트, 홍보 등을 실시하고 있다.

사업자금은 시(20만 파운드: 인건비 충당), 북동개발공사(20만 파운드: 프로젝트 상당), 사업수입(이벤트: 크리스마스/75만 파운드, 아이스링크/40만 파운드) 등으로 충당하고 있다.

2) Business Improvement District(BID)

(1) BID의 기원 및 현황

1991년 이후 영국 각지에서 TCM 활동이 확대되는 중에 이에 따른 문제점 또한 명확하게 나타났다. 그중에서도 최대 문제가 사업활동자금을 확보하는 것이며, 이와 더불어 TCM 활동에 비협조적이면서 타인의 자금으로 개선된 환경에서 이익만 보는 '무임승차자(Free Rider)' 문제가 제기되었다.

1998년에 ATCM은 리즈(Leeds) 메트로폴리탄 대학과 공동으로 BID와 비슷한 개념인 TIZ(Town Improvement Zone)에 대한 구체적인 사례를 연구한 「Step Change」라는 보고서를 발간하였다. 그 후 선진사례인 미국 등의 BID 구조를 참고로 TIZ를 영국 실정에 맞게 도입하고자 절차, 법안 등 구체적인 내용에 대한 검토를 실시하여, 2001년 4월 영국 정부는 ATCM의 로비활동이나 기타 각종 조사결과 등을 고려하여 BID 도입을 정식 발표하였다. 같은 해 12월에는 정부백서 「강력한 지방의 리더십 ─ 양질의 공공서비스를(Strong Local Leadership ─ Quality Public Services)」에서 BID의 설립 내용에 관한 가이던스를 제시하였다.

2002년 6월 ATCM은 정부, 관계기업, 관계단체와 함께 「전국 BID 프로젝트 운영위원회(National BID Project Steering Group): 14명」를 설치했으며, 전국 23개 도시[38]를 선정하여 BID 도입을 위한 파일럿 사업을 개시하였다. 이처럼 구미에서는 각종 활동을 본격적으로 실시하기 이전에 파일럿 사업을 실시하여 내용을 검증하는 것이 통례이다.

그 후 영국 정부는 BID의 근거를 2003년 지방자치법으로 규정했으며, 잉글랜드에서는 2004년 9월 16일 BID법(The Business Improvement Districts (England) Regulations 2004)으로 가결, 9월 17일 시행되었다. 또한 웨일스에서도 2005년 5월 10일 가결, 스코틀랜드에서는 2006년 파일럿 사업이 6개 도시에서 실시되어 2007년 4월 1일 시행되었다.

(2) BID의 특징

ATCM은 영국 BID의 특징을 다음과 같이 설명하고 있다.

"BID는 서비스 제공에 대한 지속가능한 자금조달을 확보하여 지역문제에 대응하기 위한 지원 메커니즘을 제공하는 것이다. 상업·비즈니스 환경에 부가가치가 필요한 비즈니스·커뮤니티(사업자)에 대해 부가적인 서비스를 실시하고 설비를 개선하는 것이다. BID는 일정기간(최장 5년간) 지속가능한 자금을 제공하는 구조로, 찬성하는 사람들에게 참가자격이 있으며 세금을 지불하여 이익을 얻는 구조이다. 명확한 민주적인 프로세스로, 관료주의와는 달리 자기관리, 자기자금조달을 가능하게 한다. 또한 청결하고 안전하며 잘 관리된 매력적인 환경을 보장하는 실질적인 서비스를 제공하여 장기간에 걸쳐 경제와 생활의 질을 향상시킬 수 있다는 이점이 있다."

• • •

38 응모한 100개 도시에서 2단계 심사를 거쳐 23개 도시를 선정, 그 후 케스윅(Keswick) (NW)이 파일럿 사업을 중단하여 최종적으로는 22개 도시에서 실시되었다.

이처럼 영국 BID의 특징은 대상자가 캐나다나 미국의 부동산 소유자와는 달리 사업자라는 점이다.

영국의 BID 도입배경은 미국의 경우와 조금 다르다. 전문상점가가 도심에 진출하고 있었고 영국 정부의 문화재보호정책으로 건물 노후화가 진행되었지만, 미국의 경우처럼 급격하거나 정도가 심하지 않았다.

영국 BID의 문제점으로 지적되는 것은 BID의 자금모금방법과 영국 정부가 지금까지 공급해온 공공 서비스의 질에서 운영자금의 부담과 혜택의 불일치로, 영국에서 BID는 추가적 세금의 성격이 강하다. 미국에서는 부동산세가 부동산소유자에게 부과되지만, 부동산 등급제(Rating System)를 도입한 영국은 부동산 임차인에게 세금을 부과하고 있다. 이는 BID가 성공적으로 진행되어 환경개선과 투자유치로 지역경제가 활성화되면 자연스럽게 임대료는 상승하고 결과적으로 가장 큰 혜택을 받는 이는 부동산소유자이기 때문이다. 또한 BID의 직접적인 효과를 보지 못한 사업체들은 BID를 위한 부가적인 과세와 임대료를 부담하지 못하고 그 지역을 떠나야 하는 문제가 발생하고 있다.[39]

(3) BID의 구조

BID는 특정 지구 커뮤니티에 기여하는 사업을 실시하기 위해, '비즈니스세(Business Rate) 납세자'의 합의를 얻어서 지자체와 대상지구 내 사업자가 체결하는 파트너십협정이다. 대상지역은 중심시가지로 한정되지 않고 추진사업 또한 제약이 없다.

• • •

39 김미경, 「영국의 상업개선지구(BID) 도입」, 《국토》, 283호(국토연구원, 2005), 103~105쪽.

BID 특별세는 '비거주용 자산세(사업세)에 부가한 세율'을 지불하는 형태이며, 세율은 각 BID에서 세납대상자가 투표로 결정하는데 현재는 1%가 일반적이다. 또한 영국은 미국이나 일본과 같은 재산세, 고정자산세제도가 아니라 'Rate'라는 부동산 이용자가 지불하는 세금이 기본적인 부동산세이다. Rate는 '거주용자산세'와 '비거주용자산세'[40]로 나눌 수 있다.[41]

BID를 도입하기 위해서는 납세대상자 투표에 관한 이중기준이 필요하다. BID 도입을 위해서는 대상구역·과세대상업종·비즈니스플랜·세율 등에 관해 투표자의 50% 이상의 찬성 및 투표찬성자의 과세표준액이 전 과세표준액의 50% 이상이 되어야 한다. 기간 만료 이후 BID를 계속할 경우에는 재투표가 필요하다. 그리고 지자체는 징수권과 BID 운영감독권을 가진다.

(4) BID 도입 절차

BID 설립을 위한 발의부터 정식 활동개시까지의 절차는 정부백서인 「강력한 지방의 리더십 ─ 양질의 공공서비스를(Strong Local Leadership ─ Quality Public Services)」(2001년 12월)에서 제시하고 있다.

① 파트너십 형성: 지역의 주요 이해관계자(지자체, 기업, 부동산소유자, 거주자, 볼런티어 센터)와 만나서 가능한 개선에 대해 협의(1개월)

② BID 내의 주요 이해관계자 간 협의: 해당 지구에서 BID를 실시하는 것이 가능한가를 고찰(3개월)

• • •

40 점포, 사무소 등 사업용 자산이 대상이며 비즈니스세(Business Rate)라고도 한다.

41 영국의 부동산세(Rate) 납부의 특징은, 지자체를 경유하여 국가로 납부하며, 국가는 지자체의 인구비율을 고려하여 환원하는 구조이다. 따라서 각지의 중심시가지 내 납세자가 많은 액수의 세금을 납부해도 반드시 납부액에 상응하여 환원되지 못한다는 문제가 지적되고 있다.

③주요 이해관계자가 초기 계획 시안을 작성하고 대상지구 내에서 광범위한 협의 실시(4개월)

④BID 이사회 설립 - 비즈니스 플랜 작성(1~2개월)

⑤BID 제안서 작성(1~5개월)

⑥BID 제안서 내용 협의 - 지역 내의 주요 기업으로부터 지원 확보(1개월)

⑦BID 제안서에 관한 투표(1~3개월)

⑧BID 가결 시 정식 개시 준비(1~4개월)

(5) BID 사업

BID 사업은 각 BID에 따라 다르지만 크게 〈표 IV-5〉와 같이 분류할 수 있다.

〈표 IV-5〉 BID 사업

주요 목표	상세 계획
청결과 안전	지역을 방문하는 고객, 투자자 그리고 주민들에게 불쾌감을 주는 환경적 요소를 제거하고 범죄로부터 안전한 환경을 조성하여 지역 이미지를 개선
마케팅과 이벤트 개최	지역의 상업 활성화를 위한 적극적인 마케팅과 이벤트 개최
대중교통 시설·접근성 향상	대중교통의 서비스 개선과 BID지역으로의 접근성 향상
지역투자 및 개발유치	환경개선과 이미지 향상을 통해 지역투자와 개발유도
관광 활성화	지역 홍보와 무료 투어 등의 제공으로 관광객 유치
직업훈련과 복지증진	직업훈련을 통한 인력 확보와 노숙자 재활 프로그램 등 운영

(6) Kingston First BID - 영국 최초의 BID 지구

① 지역개요

Kingston upon Thames는 런던 교외 남서부에 위치(면적 38km²)하며 인

구 약 17만 명의 베드타운 중심에 기계공업, 특히 항공기공업·금속공업 등이 발전한 지역이다.

점포와 사무실을 포함하여 700개 사업체가 활동하고 있으며, 이러한 세금부과대상의 자산가치는 8,300만 파운드(2005년) 수준으로 활발하다. 특히 야간 경제활동 조성으로 슈퍼리그가 열리는 날에는 야간시간대 유동고객이 만 명을 넘어선다. 이 밖에 대학가 젊은 층 고객을 대상으로 킹스턴 타운센터는 이들 주요 고객들과 상점가 점주들을 위해 노력하고 있다.

② 주요활동

킹스턴의 야간경제 활성화를 위해 타운센터에서는 킹스턴 로열버러(Royal Borough) 지역에 카페문화를 조성했고, 로툰더(Rotunda) 지역에 180,000m² 규모의 레스토랑, 볼링장, 14개 스크린의 극장을 유치했으며, 1,100석의 극장 및 스튜디오 및 아트 갤러리 유치, 2,500명을 수용할 수 있는 오셔너(Oceana) 나이트클럽을 오픈하였다. 마켓타운은 청소년들이 모여드는 지역명소 역할을 하고 있으며, 이러한 활동으로 인해 새롭게 주민들이 유입되고 있다. 또한 타운센터의 접근성 및 교통 개선을 통해 야간에도 방문객을 수용할 수 있도록 했고, 위생 청결을 개선하기 위해 1일 2회에 걸쳐 청소를 병행하는 등 지속적으로 지역활성화를 위해 고객기반을 개발하고 활성화 유지를 위한 대책 마련에 부심하고 있다.

③ BID 실시 경위

• 사무소: Kingston First Millennium house 21 Eden Street Kingston upon Thames surrey KT1 1BL

• 영국 BID법 제정(2004.9.16)후 영국 최초의 BID 탄생

• BID 운용기간: 2005. 1. 1~2009. 12. 31(5년)

• BID 제안자: Kingston First BID

<표 IV-6> 킹스턴 소매업 순위

지역	제럴드 이브(Gerald Eve) 소매업 활성화 수치	순위
옥 스 퍼 드	730	30
케 임 브 리 지	800	28
요 크	876	25
비 스 톨	912	23
킹 스 턴	1,020	17
노 리 치	1,029	16
레 스 터	1,123	15

자료: http://www.geraldeve.com.

Royal Borough of Kingston-upon-Thames와 KTCM이 중심으로 설립

* KTCM: Kingstone Town Centre Management Limited

④ BID 사업

청소 및 관리(환경) 분야에서는 환경 감시원을 상주시켜 신속한 청소 대책을 확립하면서 도로 청소 및 껌, 낙서 제거 등을 실시하였다. 또한 거리시설물 설치, 지붕 있는 버스정류소 및 휴지통, 가로등 설치, 가로수 심기 등도 실시하였다.

안전 및 보안 부문은 CCTV 설치, 경찰과 연계한 커뮤니티 치안 감시원 상시 운용, 가로등 증설, 주차장 감시 활동을 전개하였다.

교통 및 접근성부문에서는 보행자용 안내판 및 교통표지판 개선, 빈 주차장 정보를 실시간으로 확인할 수 있는 안내시스템 도입, 교통문제 조사, 공공 교통요금 인하, 휴대폰 및 무선을 활용한 빈 주차장 정보 제공, 파크앤드라이드 시스템(Park and Ride System)의 지속적 추진 등의 활동을 전개하였다.

마케팅 분야는 이벤트, PR 코디네이터 고용, 주차장 접근정보에 대한

PR, 차로 15~45분 권내를 대상으로 한산한(off-peak) 시간대 활용을 위한 캠페인 실시, 다이렉트 메일, 지방신문 활용 등 통합 마케팅을 실현하였다.

⑤ 자금 조성 및 성과

세금부과 총대상 자산가치(RV) 8,300만 파운드 중에서 술집, 클럽, 레스토랑, 패스트푸드점 470만 파운드를 조성하여 운영했고, 이 중 43%는 비소매 사업체들이다.

예산운영을 하고 있는 킹스턴 파트너십은 1996년 상호협력체제를 형성하여, 77%가 민간부분에 자금을 지원하며 이들 구성원은 부동산 소유주, 주거지 임대인, 소매 및 레저 운영자, 교육 분야, 상공회의소, 지역 관공서 등으로 협회회원 130명으로 구성되어 있다.

결과적으로 2005년 크리스마스 이벤트 성과는 2004년 대비 방문율이 5% 증가했고, 같은 기간 영국 전체 -3.6% 침체에 비해 쇼핑객이 45만 명이나 증가하였다. 또한 공원 및 강변을 찾는 인원이 10% 증가했으며, 타운센

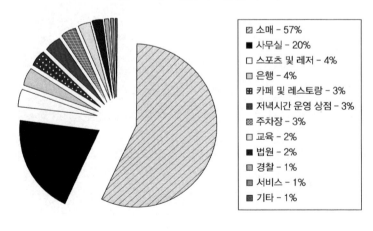

〈그림 IV-11〉 세금부과 대상별 비즈니스

- ▨ 소매 – 57%
- ■ 사무실 – 20%
- □ 스포츠 및 레저 – 4%
- ▨ 은행 – 4%
- ⊞ 카페 및 레스토랑 – 3%
- ▨ 저녁시간 운영 상점 – 3%
- ▨ 주차장 – 3%
- □ 교육 – 2%
- ▥ 법원 – 2%
- ▨ 경찰 – 1%
- ▨ 서비스 – 1%
- ▨ 기타 – 1%

거리 쓰레기 처리 모습

거리 껌 제거 후 비교 사진

거리 조경(꽃) 및 벤치 설치

보행자를 위한 차 없는 거리 조성

Kingston First BID 전경

<표 IV-7〉 킹스턴 BID 자금 조성

구분		2005년	2006년
수입	1% BID 부과금	£750,000	£750,000
	자발적 기부	£110,000	£250,000
	계	£860,000	£1,000,000
지출	청소 및 관리	£250,000	£250,000
	안전 및 보안	£250,000	£250,000
	교통 및 접근성	£160,000	£200,000
	마케팅	£200,000	£300,000
	계	£860,000	£1,000,000

터 지역 내 폭력 사건은 25%나 감소하여 2005년 안전 비즈니스상(Safer Business Award)을 수상했으며, 9개 주차장이 Park Mark 인증[42]을 받았다.

경찰 및 협력업체와 연합하여 Kingstone Business Against Crime을 창설했으며, 비즈니스 지능 컴퓨터 시스템(Business Intelligence Computer System)을 도입하여 범죄자 사진 파일 및 출입불허통지 체제를 구축하고, PCSO(Police Community Support Officers)와 공동으로 지역을 순찰하고 있다.

4. 독일의 타운 매니지먼트 전개

독일은 「연방건설법」(1960년)에 근거하는 도시계획에 의해 토지이용과 건축규제가 실시되어왔지만, 1980년대 이후 어려운 경제 환경을 타개하는 수단으로 교외의 빈 공장터를 새롭게 특별지구로 용도 지정하여 교외형 대

● ● ●

42 안전 및 관리가 잘된 주차장에 부여되는 마크.

형점이 지속적으로 증가하는 등 결과적으로 다른 국가만큼은 아니지만 상대적으로 중심시가지가 피폐하게 되었다.

독일의 많은 도시에서는 도시인들의 생활을 기본적으로 지지해온 소매·도매업 등이 전통적인 조직을 바탕으로 개별적으로는 활동을 전개해왔지만, 도시 전반의 발전에 관해서는 충분히 기여했다고는 볼 수 없다. 그러나 어려운 경제환경을 개선하기 위해서는 각종 단체나 시민, 기업이 일체가 되어 도시 발전에 기여하는 종합적인 활동의 필요성이 강조되어, 1990년 10월 동서독 통일 후 타운 매니지먼트 활동이 전개되게 되었다.

독일의 타운 매니지먼트는 ① 관과 민의 연계에 의해 도시 전체나 지역의 활성화를 도모하는 슈타트 마케팅(Stadt Marketing: SM), ② 미국이나 영국과 유사한 중심시가지의 활성화를 도모하는 시티 매니지먼트(City Management: CM), ③ 광역지역의 경제 불황에 대응하기 위해 각 도시들이 연계하여 지역 활성화를 도모하는 지역마케팅(Regional Marketing: RM) 등 세 가지로 나눌 수 있다.[43]

이상과 같은 전개는 1996년 9월 20일 구(舊)동서독을 포함한 전국 각지의 타운 매니지먼트 활동을 지원하는 목적으로, 약 70개 단체로 구성된 '독일 연방 City·Stadt Marketing 협회(Bundesvereinigung City-und Stadt Marketing Deutschland e. V.: BCSD)'가 베를린에 설립된 것을 계기로 본격화되었다.

특히 구동독 지역에서는 통일 후 교외 대형점이 급속하게 출점하여 중심시가지의 공동화가 심각하게 전개되었으며, 아울러 인구 유출 및 실업률

• • •

43 지역마케팅(Regional Marketing)은 동서독 통일이나 EU 통합으로 인해 종래의 지역 및 국가 간의 경계가 의미를 상실할 것을 고려하여, 향후에는 문화나 경제를 같이하는 지역·지구가 연계하여 각자의 도시·지역을 발전시키기 위한 방책으로 전개되었다.

증가 등의 문제에 대응하기 위해 정부는 1993년 구동독 지역의 중심시가지 활성화를 염두에 둔 'Town Center Development 협회(Deutsches Seminar fur Stadtebau und Wirtschaft: DSSW)'를 설립하여, 각지의 타운 매니지먼트 활동을 지원하였다. DSSW는 1999년 19개 지구의 타운 매니지먼트에 관한 모델 프로젝트를 실시, 2003년에는 4개 지구(Chemnitz, Schwerin, Weimar, Halle)에서 BID를 도입하기 위한 파일럿 프로젝트 사업도 실시하였다.

이처럼 독일 각지에서 타운 매니지먼트가 전개되어왔지만, 영국과 마찬가지로 지자체의 재정적인 문제를 배경으로 현재는 각지에서 BID를 도입하기 위해 검토를 하고 있으며, 2004년 12월 함부르크 주에서 독일 최초의 BID법이 제정되었다.

1) 슈타트 마케팅, 시티 매니지먼트

1980년대 타운 매니지먼트의 필요성을 공감하고 검토를 실시한 조직으로 바이에른 주 소매협회(Landesverband des Bayerischen Einzelhandels e. V.: LBE)가 있다.[44] LBE는 바이에른 주 정부와 협력하여 1988년 공동화하고 있는 중심시가지를 활성화하기 위해 실험사업을 실시하였다. 실험도시는 인구 2만 명 미만인 슈반도르프(Schwandorf), 민델하임(Mindelheim), 크로나흐(Kronach)였으며, 1989년부터 1992년까지 3년간 주 정부로부터 각각 20만 DM의 보조금을 받았다.

• • •

[44] LEB는 바이에른 주에서 소매업을 하는 자들로 1952년 설립되어, 현재 약 1만 4,000명의 회원을 보유하고 있다. 상공회의소가 모든 상공업자들의 강제가입단체인 것과 달리 소매업자의 자유가입을 원칙으로 하고 있으며, 소매업 발전을 위한 폭넓은 활동을 하고 있다. 특히 활동의 성과를 올리기 위해 전액 출자기관인 소매경영 컨설턴트 회사(BBE), 판매교육회사(AK), 시티 매니지먼트 회사(CIMA) 등을 설립하였다.

LBE는 실험대상 3개 도시를 지도하는 전문가 조직으로 LBE가 전액 출자한(5만 DM) 유한회사 CIMA를 설립하여, 3년간 각 도시에 CIMA 직원을 파견하여 각 도시의 담당직원과 함께 타운 매니지먼트를 구축하는 데 필요한 작업을 실시하였다.

실험 프로젝트는 ① 도시의 현재 상황 분석(상업조사, 워크숍, SWOT 분석 등), ② 분석결과를 정리하여, ③ 시민과 조정회의 개최(기업·소매서비스업, 시민단체 대표, 시청관계부서 책임자, 정당대표, 교회, 시장 등 각종 단체 대표로 구성), 시민과 워크숍 개최, ④ 타운 매니지먼트 목표 설정, ⑤ 심의회[45]에서 목표 결정, ⑥ 각 사업항목마다 워킹그룹에서 실시하는 프로그램(상업, 교통, 문화 등) 작성, ⑦ 사업 실시자, 참가자(자금 지원자)를 결정, 매니저를 모집하여 타운 매니지먼트 사업을 시작하는 순서로 진행된다.

실험의 성과에 대해서 LBE 당시 부대표는 성공하지 못했다고 언급하였다. 그 이유로는 ① 지자체 담당자와 CIMA 담당자 상호 간 의사소통이 이루어지지 않았던 점, ② 지자체 담당자의 타운 매니지먼트에 관한 능력과 인식이 충분하지 못했던 점, ③ 민간의 투자가 없었던 점, ④ 중심지와 교외의 상업지의 관계를 명확하게 하지 않았던 점 등을 들었다. 결과적으로는 각 지자체가 주 정부의 보조금에 의존했으며, 지역주민들도 행정에 의존한 것이 본격적인 타운 매니지먼트가 전개되지 못한 주요 원인이라고 할 수 있다.

(1) 조직 설립

1990년대에 들어 독일의 각 도시에서는 타운 매니지먼트 활동이 본격화

---

45 독일의 각 지자체에 설치되어 있는 자문기관으로, 공선제(公選制)로 통상 20~30명으로 구성된다.

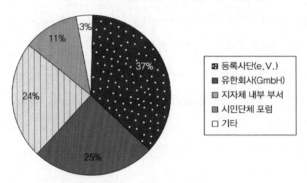

〈그림 IV-12〉 독일 타운 매니지먼트 조직형태

- 등록사단(e.V.)
- 유한회사(GmbH)
- 지자체 내부 부서
- 시민단체 포럼
- 기타

되어 조직이 설립되게 된다. 1996년 BCSD가 설립된 후, 1998년 BCSD 사무국이 된 노르트라인 웨스트팔렌 주(Nordrhein Westfalen)의 펠베르트 (Velbert) 시(인구 9만 명)에서는, 이웃도시에 출점한 대형점 문제를 계기로 1990년 타운 매니지먼트에 대한 검토가 이루어져 1993년부터 모델 프로젝트를 실시, 1997년 1월에 City Management Velbert e. V.(CMV)를 설립하였다. 같은 주 에센 시(인구 60.3만 명)에서도 1980년대 후반부터 루르(Ruhr) 공업지대 공장폐쇄 후의 활성화대책을 검토하기 위해 1996년 8월 Essen City Marketing GmbH(ECM)를 설립하는 등 각지에서 1980년대 후반부터 1990년대 초까지 타운 매니지먼트를 도입하기 위한 검토가 시작되어, 1990년대 이후 많은 도시에서 타운 매니지먼트 조직이 설립되었다.

독일의 타운 매니지먼트 조직은 현재 300개 도시 이상에서 전개되고 있으며, 조직형태는 대체로 다섯 가지로 분류할 수 있다. 가장 많은 조직형태가 등록사단(e. V.)[46](37%)이며, 다음으로 유한회사(GmbH)(25%), 지자체 내의 부서(경제진흥)(24%), 시민단체포럼(Aktiv 등)(11%)의 순서로 나타나는데,

• • •
[46] 목적을 공유하고 이익을 배분하지 않는 비영리조직을 말하며, 등록협회라고도 한다.

최근에는 영국 TCM과 같이 회사형태(GmbH)의 조직이 증가하고 있다.

(2) 사업

타운 매니지먼트 조직의 일반적인 주요 사업은 다음 다섯 가지 항목으로 정리할 수 있다.

① **커뮤니케이션**(Communication): 이미지 형성, 광고·선전, 국제교류, 협동

② **생활환경 확충**(City Supply): 복합 리테일, 상업진흥, 생활서비스, 교육, 문화, 고용

③ **접근성 향상**(City Accessibility): 교통기관, 주차장, 교통, 교육, 인포메이션 시스템, 자전가 도로, 보행자 도로

④ **도시환경 형성**(City Organization): 경관, 파사드, 조명, 공원, 분수, 노면

⑤ **매력성 향상**(City Entertainment): 문화, 오락, 이벤트, 안전, 위생, 친목, 스포츠 등이다.

(3) 사업자금

독일 타운 매니지먼트 조직의 최대 과제는 자금과 의사결정인데, 이러한 과제를 해결하기 위한 방법이 조직을 회사형태(GmbH)로 하는 것이다. 그러나 처음부터 조직이 자립적으로 타운 매니지먼트 활동을 실시하는 것은 곤란하기 때문에, 초창기에는 공공(지자체)으로부터 재정적인 지원을 받아, 단계적으로 사업자금을 민간으로부터 확보하여 자립적 운영으로 진전하는 것이 가능하다.

타운 매니지먼트 조직은 다양한 단체나 기관으로부터 자금을 지원받는다. 타운 매니지먼트 조직은 자체적으로 사업을 실시하여 자립하는 것을

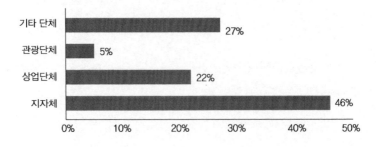

〈그림 IV-13〉 독일 타운 매니지먼트 조직형태의 각종 단체·기관별 연간 자금지원율

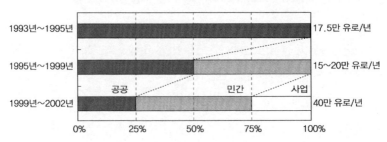

〈그림 IV-14〉 독일 타운 매니지먼트 조직형태의 각종 단체·

지향하고 있지만 현실은 지자체를 중심으로 각종 단체나 기관으로부터 자금을 지원받는 곳이 많다. 독일에서는 조직의 37%가 등록사단(e. V.)이며 다양한 단체로부터 자금을 지원받을 수 있는데, 그중에서 지자체가 46%로 가장 많이 지원하고 있다.

타운 매니지먼트 조직의 연간 사업비를 도시인구 규모별로 살펴보면, 인구 10만 명 이상 도시에서는 연평균 61만 유로, 2만 명 이하의 도시에서는 연평균 13.5만 유로로 도시인구 규모가 클수록 사업비 또한 커진다.

(4) 잉골슈타트(Ingolstadt)

잉골슈타트는 대학과 숲, 공업도시로 유명한 독일 바이에른 주에 있는

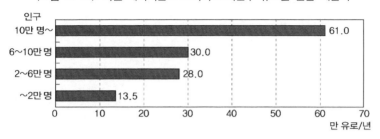

〈그림 IV-15〉 타운 매니지먼트 조직의 도시인구 규모별 연간 예산액

도시이다. 바이에른 주의 거의 중앙에 위치하며, 남쪽으로는 뮌헨, 북쪽으로는 뉘른베르크, 동쪽으로는 레겐스부르크, 서쪽으로는 아우크스부르크가약 한 시간 거리에 있다. 인구는 약 12만 명이며 엔진·기계·정유·자동차등의 제조업이 활발하다. 중심시가지 면적은 약 80ha이고, 종업원 약 2만8,000명인 유럽 최대 규모의 AUDI 공장이 입지해 있는 도시이기도 하다.

① 시티 매니지먼트 전개 배경

시티 매니지먼트가 잉골슈타트 시에서 개시된 것은 1996년 4월부터이며, 그 요인이 된 사회경제적 상황 변화로는 크게 네 가지를 들 수 있다. ㉠AUDI의 노동조건 변화(노동시간 감소에 의한 소득 감소), ㉡동독 합병에 따른 통일세 도입(7.5% 과세), ㉢고령자의 증가(청년 50명이 100명의 노인 연금부담), ㉣개호보험제도 창설(건강보험료 상승) 등이다. 이로 인해 시민의 수입과 구매력이 크게 감소했으며, 이것이 다시 중심시가지 침체로 이어진것이다.

또한 교외 아우토반 근처에 대규모 개발이 진행되어 중심부를 둘러싼 4개 지구에 각각 4만~9만 3,000m² 규모의 상업 시설이 정비되어, 교외유출이 80%를 넘는 등 중심시가지가 침체되었다. 시 전체의 상업매장 면적은34.7만 m²이며, 그중에서 중심시가지는 7.1만 m²이다. 특히 시 전체의 1인당 매장면적은 약 3.0m²로, 전국 평균인 약 1.5m²의 2배가 되는 등 매우 심각한 상업 환경에 처해지게 되었다.

②박람회 행사에서 CM 조직 형성

이러한 상황을 타파하기 위해 중심부가 가지고 있는 매력을 재인식하고자 하는 운동이 시작되었다. 그 계기가 된 것이 1992년 개최된 BGA(바이에른 주 정원 박람회)였다. 입장객 수 250만 명, 숙박자 30만 명이 넘는 이 행사는 잉골슈타트 거리를 PR하고 잉골슈타트 거리를 재인식하게 되는 시민의식의 고양에 큰 역할을 한 행사였다.

이 행사를 계기로 잉골슈타트 시 정부는 CM 도입에 관한 마케팅 분석, CM 콘셉트, 조직 형성 등에 대해 조사연구를 하였다. 그 후 문제를 해결하기 위해서는 지역의 권리자(건물 소유자 등)와 대화가 중요하다는 것을 인식하여, 지역상인·사업주, 시가 협력하여 본격적인 CM 실시를 위한 조직화를 결단, 1996년 4월 'IN-City e. V'를 설립하였다.

③IN-City e. V. 조직 멤버와 구성

설립 당시 회원 수는 112명이며 예산은 연간 26.16만 DM(시/12만 DM, 개인점포 101명/13.56만 DM, 음식점 및 식료품점 10인/0.6만 DM)이었으나, 2000년 3월 회원 수는 234명, 예산은 연간 39.8만 DM으로 늘어났다.

④IN-City e. V.의 목표와 사업

IN-City e. V.의 목표는, 시 중심부로의 집객력 향상, 민간기업 간 경쟁 매니지먼트, 시민과 기업의 협력·조화를 도모하여 도시 이미지를 확립하는 것이다. 구체적인 사업내용을 살펴보면, ㉠이벤트 기획(어린이날·연령별 이벤트, 크리스마스 이벤트 등), ㉡전시회의 기획·운영(카페 가구, 정원 가꾸기, 전시 기구 수납 장소 제공 등), ㉢어린이 놀이터 정비(13개소), 도로 가로수 정비, ㉣점포 외관 정비(쇼윈도) 지도, 빈 점포에 대한 어드바이스, 점원교육,

ⓜ 관광 안내 및 관광조사, ⓗ안전, 치안 향상(지하주차장 조명설치, 여성전용 주차장 설치, 가로등 조명 UP 등), ⓢ보도와 공공 공간 청소(매주 토·일요일), ⓞ 교통 계획 작성(주차장 정비계획), ⓩ 건물 신축 시 상담(건축가와 협의 – 역사적 거리조성 지원) 등이 있다.

그리고 특히 역점을 두고 추진하고 있는 사업이 홍보지 발행으로, 4인의 외부전문직원이 홍보지를 작성하여 연 4회, 회당 15.4만 부를 주변지역에 배포하고 있다.

⑤ BCSD 설립과 가맹 CM 조직

BCSD(Bundesvereinigung City-und Stadtmarketing Deutschland e. V.)는 1996년 9월 20일 베를린에 설립되었다. 처음에는 지자체, 대학, CM 조직 (약 50단체), CM 컨설턴트 회사 등 합계 약 70개 단체가 가맹했지만, 2000년 8월에는 115개 단체로까지 확대되었다.

2000년 현재 BCSD에 CM 조직은 81개 단체가 가맹하고 있으며, 조직형태별로 내역을 살펴보면, 등록사단(e. V.) 38개(46.9%), 유한회사(GmbH) 23개(28.4%), 임의조직 19개(23.5%), 주식회사(AG) 1개(1.2%)로 조직되어 있다. 등록사단이 약 반수를 차지하는 것은 독일 지역활성화조직의 특성을 잘 나타내는 현상이라 할 수 있다. 즉 독일 지역활성화조직은, 목적은 공유를 하지만 이익은 추구하지 않는 NPO적인 조직이다. 또한 회사형태를 취하게 되면 회사 대표자는 조직 설립의 목적에 맞는 법적 자격을 가지는 사람이어야 하며 그 경우 고액의 고정급여가 필요하게 되는 점도 등록사단 수가 많은 요인이 된다.

⑥ ICR 설립

ICR(Institut fur City-und Regionalmanagement Ingolstadt e. V.)은, 1998년 9월에 개교한 2년제 국립 단과 CM전문대학이다. 설립에는 1996년 LBE(바이

<표 IV-8> ICR 교육과정

1년	전기	1. 경제학의 기초
		2. 법률, 행정, 금융의 기초
		3. 경제지리학의 기초
		4. 건축학의 기초
	후기	5. 광역계획과 도시계획
		6. 경제 진흥과 입지마케팅
		7. 소매업과 도시발전·교통
		8. 사례연구 1 / 소매업과 도시
2년	전기	9. 도시와 광역 마케팅
		10. 광역과 도시 이미지 작성
		11. 공공 섹터 매니지먼트
		12. 사례연구 2 / PPP 프로젝트 매니지먼트
	후기	13. 커뮤니케이션 방법
		14. 팀 연구와 졸업 연구
		15. 사례연구 3 / 지방자치체의 정치적 분쟁 해결
		16. 과거·현재와 장래의 전망

에른 주 소매협회)와 CIMA가 실시한 독일 전체 시티 매니지먼트 실태조사 결과가 큰 작용을 했다고 일반적으로 알려져 있다. 조사 결과, 향후 독일 전체 지자체 수인 약 8,500개의 1/3~1/2 수준인 약 3,000~4,000명의 시티 매니저가 필요함이 나타났으며, 시티 매니지먼트에 관한 전문교육기관의 필요성도 나타났다. 이러한 결과를 토대로 BCSD와 LEB(CIMA)가 독일 유일의 도시문제와 해결방책을 연구하는 실천적인 ICR 대학을 설립하였다.

⑦ICR 운용 및 교육방침

ICR의 운용은, 첫째로 수업이 금요일과 토요일(8:10~18:50)에만 있으며,

둘째로 교직원이 전원 비상근(공무원, 전문가, 타 대학 교원 약 30명)이라는 특징이 있다. 입학에 연령제한은 없으며 학생은 대부분 사회인이다.

ICR의 운영비는 국비, 기업 기부금, 바이에른 주와 잉골슈타트 시(학생 3인분 수업료)의 보조금으로 운영되며, 수업료는 1990년 현재 2년간 7,200DM이다.

(5) 레겐스부르크

인구 14만 명인 레겐스부르크(Regensburg)는 바이에른 주의 네 번째 도시로, 동(東)바이에른 지방 경제·문화의 중추도시이다. 구시가지를 중심으로 신시가지가 그 주위를 둘러싸는 형태로 형성되어 있으며, 동·서 지역에 화학, 전자, 기계, 자동차, 식품, 방직 등의 공장지대가 있다. 또한 엄격한 토지이용규제로 인해 신규 상업시설은 구시가지에 입지하고 있다.

① 대형점 건설을 계기로 시티 매니지먼트 필요성 대두

레겐스부르크에서 CM의 필요성이 인식되기 시작한 것은, 1994년 시내 중심지인 노이프파르(Neupfarr) 광장과 접해 있는 곳에 카우프호프(Kaufhof) 백화점 공사가 착공된 것이 계기였다. 공사기간 동안 공사차량과 쓰레기 반출차량의 진입 및 보도 점거로 인해 방문객이 대폭 감소하였다. 이에 시내 소매업자가 주도가 되어 집객을 위한 방안을 검토하게 되었다. 이를 처음 지원한 것이 상공회의소였으며, 그 후 시청이 협력하여 ㉠구시가지 전면 몰(mall)화, ㉡구시가지를 순환하는 시티버스(소형버스) 운행, ㉢주차장 건설 등 3대 사업이 실시되었다.

그러나 구시가지 활성화 대책만으로는 상업 재생 및 지역 활성화가 불가능하다는 인식이 확산되었다. 또한 지역상인과 행정의 노력만으로는 본질적인 대처가 불가능하다는 인식에 따라 시내의 각 기업에도 지역활성화에 동참할 것을 요구하는 등 근본적인 활성화 대응을 개시하는 등 구시가지 활성화가 시 전체 활성화로 전개되었다.

②슈타트마케팅 레겐스부르크 협회(StadtMarketing Regensburg e. V) 설립

1998년 6월 회원 20명으로 시티 매니지먼트 조직 등록사단(e. V)이 설립되었다. 설립 목적은 레겐스부르크 시를 노동·교육·상업·관광·레크리에이션·문화 등 다양한 부분에서 매력 있는 도시로 만들고, 또한 그 매력을 고양시키는 데 필요한 활동을 하는 것이다. 주요 활동으로는, ㉠정기적이고 장기적인 협력·연계·코디네이트 업무, ㉡시의 마케팅 콘셉트를 발전시키는 활동, ㉢각종 조사, 분석을 통한 매력적인 도시 만들기 활동 등이다. 2000년 11월 현재 회원이 121명이다. 회원 내역은 기업이 가장 많은 40%이며, 상업자 및 자유 업자가 25%, 등록사단이 15%, 건축설계 사무소 및 컨설턴트가 약 10%이다.

등록사단의 활동자금은 전부 회원의 회비로 충당된다. 회비는 여섯 종류로 구분되고, 기본 연회비는 회원당 약 500DM이며, 비영리단체, 각종단체, 기업(상업계, 공업계, 기타), 자유업, 기타, 시청 등 각 업종별로 회비가 규정되어 있다. 이 중 시 회비는 일반회원 연회비 총액의 1/2, 실액 25만 DM을 상한으로 한다.

③유한회사(GmbH) 설립 − 책임의 명확화

2000년 4월 6일 슈타트마케팅 레겐스부르크 협회는, 다음 두 가지 이유로 별개의 슈타트마케팅 레겐스부르크 유한회사(StadtMarketing Regensburg GmbH)를 설립하였다.

첫 번째, 등록사단(e. V)은 회원이 항상 연대책임을 가지게 되어 있기 때문에 회원 전원이 사업에 대해 위험부담을 가지는 것이 곤란하며, 두 번째, 세금정책상 유한회사(GmbH)가 이익연장이 용이하기 때문이다. 다양한 개

인이나 기업의 참가를 필요로 하는 NPO 성격을 가지고 있는 등록사단에서 사업 실시와 관련한 의사결정은 매우 곤란한 것이 사실이었다. 이에 유한회사는 등록사단이 실행해야 하는 사업을 실행하는 회사이며, 등록사단의 하부조직으로서의 위상을 갖는다.

주요 사업으로는, ㉠ 레겐스부르크 도시 실태를 앙케트 조사나 워크숍 실시를 통해 파악하는 이미지 조사, ㉡ 젊은이들이 레겐스부르크에서 배우고 일하고 싶다는 마음이 들도록 유도하는 이미지 비디오 제작, ㉢ 국제사회에서 활동할 수 있는 인재를 육성하기 위한 (영어교육) 국제학교 유치, ㉣ 정보산업의 중추적인 인큐베이터 센터 건설 등이 있다.

2) Business Improvement District

2000년에 들어 독일에서는 BID를 도입하기 위해 본격적인 검토작업에 들어간다. BCSD와 상공회의소가 중심이 되어 각종 연구회를 개최하고 정보를 제공했으며, 2003년 3월에는 함부르크에서 '국제전문가 교류회의'가 개최되어 독일 중심시가지의 미래상을 고려한 BID 도입에 관한 협의가 이루어졌다.[47]

당시는 함부르크 시장이 캐나다와 미국 시찰을 통해 BID 제도는 재정난으로 고민하고 있는 시 정부에게 효과적인 제도로, 특히 향후 시가지 환경정비 수법으로서 매력적이라고 느껴, BID 제도의 도입 검토·준비를 시 담

●　●　●

[47] 국제전문가 교류회의에서는 미국·캐나다·영국의 사례가 소개되었으며, 독일에서도 중심시가지에서 기업의 발전을 지속시키기 위해서는 BID를 도입하는 것이 필요하며, BID의 매력은 부동산 소유자가 공평하게 세 부담을 하여 국가와 주 정부의 감시 아래서 실시하는 것이 아니라 오히려 민간형태에서 실시되는 효율적이고 민주적인 권리를 동시에 가져올 수 있다고 인식되었다.

당자에게 지시했던 시기였다.

시 당국은 함부르크 시내에서 BID 도입지구를 물색하여 지역주민들이 도입을 희망했던 베르게도르프(Bergedorf) 지구와, 2006년 월드컵 대회 개최에 맞추어 메인스트리트 개선을 검토하고 있었던 함부르크 시 중심상점가 노이어 발(Neuer Wall) 등 2개 지구에서 구체적인 도입 작업을 시작하였다. 그 결과 2004년 12월 28일 함부르크 주 BID법 「소매상점과 서비스센터를 보강하는 법률」이 가결되어(2005년 1월 1일 시행), 2005년 베르게도르프 지구와 노이어 발 지구에서 BID가 도입되었다.

함부르크 주의 BID법 제정 후, 헷센 주 기센 시의 중심상점가 유지들이 자신들의 지구에도 BID를 도입하여 활성화를 도모하고 싶다는 진정서를 주 의회에 제출하였다. 그 결과 함부르크 주 BID법에 근거하여 법안을 작성하여 2005년 12월 21일 헷센 주 BID법 「비즈니스 안정을 위한 법률 (INGE)」이 가결(2006년 1월 1일 시행)되었고, 현재 기센 시에는 BID법에 근거하여 중심상점가의 4개 지구에서 BID를 도입하고 있다. 또한 슐레스비히홀슈타인(Schleswig- Holstein) 주에서도 2006년 7월 27일 BID법 「타운센터, 서비스, 관광사업을 매력적으로 하는 파트너 조직에 관한 법률(PACT)」이 가결되었다.

또한 구동독 지역에서도 DSSW가 2003년 4개 지구에서 BID 도입을 위한 파일럿 프로젝트를 실시했는데, 그중에서 작센 주 할레(Halle) 시가 2005년부터 본격적인 BID 활동을 개시하였다.

다음에서는 독일 BID법(함부르크 주와 헷센 주)의 특징을 정리하고자 한다.

(1) 목적

"시가지 기능의 강화 및 지역경제의 촉진, 주민에게 상품이나 서비스 공급을 개선하기 위해 확대된 도시의 상업·서비스의 중심지를 활성화하고 발전시키는 것을 목적으로 한다. 이러한 목적을 달성하고 상업·서비스 중심지의 혁신강화를 도모하기 위해, 도시 전체의 중심지구 중에서 소매업이나 서비스업 시설 개선을 위한 조치를 자립조직 구축과 재정적으로 책임질 수 있는 지역으로 결정할 수 있다"(헷센 주 BID법 제1조).

(2) BID 지역의 활동

BID를 실시하는 지역에서는 위와 같은 목적을 달성하기 위해 다음과 같은 대책이나 제안이 필요하다.

① 중심시가지 발전을 위한 계획안 작성

② 서비스업무 제공

③ 관계 권리자와 조정을 통해 건설공사에 관한 자금조달 및 공사 실시

④ 토지 관리

⑤ 공동 선언 활동 실시

⑥ 행사 기획

⑦ 공공기관 및 지역 상인들과의 사이에서 활성화 활동에 관한 협정 체결

⑧ 공식(비공식 포함)적인 절차로 의견 제시

⑨ 빈 점포 관리 등

(3) BID 구역 조건

① 대상자는 지정된 구역에서 토지대장에 기재되어 있는 모든 토지 중 지상권을 확보하고 있는 지상권자이다.

② 도입신청 조건은 함부르크 주와 헷센 주 모두 대상자(토지구획) 수의 15% 이상의 동의가 있어야 할 것과, 동의자가 보유한 토지 면적이 구역 총

토지면적의 15% 이상을 차지해야 할 것이다. 이 경우 관계자에게 BID 사업 및 납세액의 시안을 인터넷으로 공개할 것이 규정되어 있다.

(4) BID 인가조건

해당 지자체가 BID를 인가할 경우의 조건은 다음과 같다.

① 지자체는 신청서를 수리한 후 사업계획서 등을 1개월간 시민들이 종람할 수 있도록 하며, 대상자(토지구획) 수와 동의자가 보유하고 있는 토지면적이 구역 총토지면적의 1/3 이상(함부르크 주) 또는 25%(헷센 주) 이상의 이의 신청이 있는 경우에는 신청을 각하할 수 있다.

② 다만 이의 신청이 위의 조건을 상회해도 지자체가 BID를 도입하고자 할 경우에는, 의회의 승인을 얻어서 신청조직과 지자체 간에 별도의 협정서를 체결하여 도입할 수 있다.

③ BID의 유효기간은 최대 5년간이다.[48]

(5) BID의 세액

BID세의 총액은 BID의 활동기간 내에 필요한 사업비 상당액으로 하며, 각 대상자의 부담액은 '대상지구의 토지공정표준가격총액'에 대한 '대상자 개개의 토지표준가액'[49]의 비율에 의해 결정된다. 다만 부담액의 총액은 토지표준가격 총액의 10%를 초과할 수 없다.

• • •

48 함부르크 주 베르게도르프 지구는 3년이며, 나머지는 모두 5년이다.
49 대상지역의 m²당 토지공정표준가격의 평균치에 각 토지의 면적을 곱하여 산출되는 액수.

〈그림 IV-16〉 베르게도르프 BID 지구

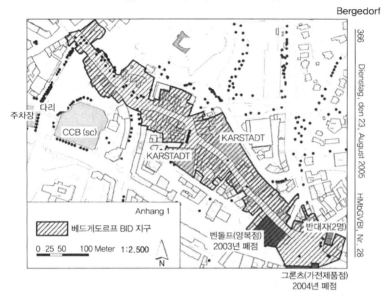

Bergedorf

주차장 다리

CCB (sc)

KARSTADT

KARSTADT

Anhang 1

베드게도르프 BID 지구

0 25 50   100 Meter 1:2.500

N

벤돌프(양복점)
2003년 폐점

반대자(2명)

그론츠(가전제품점)
2004년 폐점

(6) 함부르크 베르게도르프 지구 — 독일 최초의 BID 도입 지구

① 도입배경

베르게도르프 지구는 인구가 약 20만 명으로, 함부르크 시 중심에서 남동쪽으로 약 15km에 위치한 행정구 지역밀착형 중심상점가이다. 1970년대 지역 타운 매니지먼트 조직인 '시티 파트너십 베르게도르프(City Partnership Bergedorf: CPB)'를 설립하여 보행자 전용 모델 정비를 실시한 지구이다.

그러나 그 후 사회경제 환경이 변화하여, 부동산 오너가 직접 경영하는 점포의 감소(1970년 66%에서 현재 20%로 격감), 외부 테넌트의 증가(테넌트율 80%), 대형점 폐쇄(3개 점포 중 2개 점포가 2003년, 2004년 폐점), CPB 조직 회원 감소, 동유럽으로부터 인구유입 등에 의한 생활환경 악화 등의 문제점을 가지고 있었다.

<표 IV-9> BID 도입 경과

1970년	• 쇼핑몰 형성('City Partner Bergedorf' 설립)
2003년	•베르게도르프 지역경제 촉진협회(WSBe. V.) 설립 • 시장이 BID도입 검토 지시 • 새로운 상업 핵점포 도입 검토(법률가, 의원, 권리자가 협의)
2004년	• 주 BID법 발표(2/18) • 주변권리자를 포함한 협의에서 구역결정(88구획, 156명)

2005년	• 주 BID법 제정(1/1)
	• 부동산소유자, 소매업자가 BID 도입 결의(2/23)
	  - 상업핵(1개) 정비를 결정
	• BID 도입 결정(4/14: 계획안, 사업비)
	  - 반대 4.7%, 찬성(토지소유자 수 25%, 토지면적 33%)
	• 시(주)와 계약(5/3)
	• 시행(8/23: Hamburg VB1.Nr.28 전 6조)
	  - 3년간 15만 유로

<그림 IV-17> Bergedorf BID 체계도

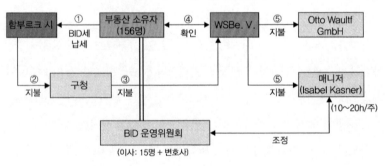

2003년 함부르크 시장이 BID 도입을 표명한 것을 계기로 BID의 지원 모체가 되는 각종 사업자들이 구성한 '베르게도르프 지역경제촉진협회 (WSBe. V.)'를 설립했으며, 또한 권리자를 중심으로 의원과 법률가 등을 포

함한 'BID 운영위원회(16명)'를 설치하여 2004년 2월 18일 함부르크 주의 BID법안 발표 후에 대상지역(대상자 156명)과 활동기간(3년간), 사업내용을 결정하였다.

그 후 2005년 1월 1일 BID법 시행에 근거하여 4월 14일 관계자들의 사업계획안 투표에서 승인되었으며,[50] 5월 3일 주와 BID 도입 계약을 체결, 8월 23일 BID 지구로서 활동을 개시하였다.

②목표 및 사업내용, 세액

BID의 목표는 주민·소비자·방문객을 위한 활동적이고 지역의 역사와 문화에 근거한 시가지 환경을 형성하는 것이다. 특히 부동산 오너가 직접 경영하는 점포의 감소로 인한 지역의 개성 및 역사·문화적 환경 상실에 대한 대응, 그리고 시가지의 하드 환경정비에 관해 행정의 재정적 지원이 곤란한 것이 BID라는 지역 스스로가 자금을 부담하는 제도를 도입하여 환경을 정비하게 된 배경이었다.

3년간 실시하는 사업은 새로운 상업 핵 시설 건설계획 작성·검토와 관련 판촉 및 이벤트 실시로, 선진 BID 도입국인 미국이나 캐나다, 영국 등의 주요사업인 안전, 방범, 경제재생, 프로모션 등과는 다른 성격의 사업이었다.

BID 세액은 총액으로 15만 유로로, 세율은 부동산 공정표준 평가의 8.7%이다.

③조직의 특징

BID 조직은 기본적으로 납세자인 토지소유자로 구성되지만 법률에서 조직형태에 관한 규정은 없으며, 베르게도르프 지구는 관계자들의 임의조직인 'BID 운영위원회'가 담당하고 있다. 단 함부르크 시는 BID세 입금조

50 이의 신청(반대)자 4.7%

<표 IV-10> 사업비 지출 내역

(단위: 만 유로)

년차 항목	1년차 (2005년)	2년차 (2006년)	3년차 (2007년)	합계
1. 계획 작성·정비				7.0
2. 행정기관 협의				2.0
3. 빈 점포 매니지먼트				2.0
4. 역사적 경관정비				1.0
5. 문화체험 이벤트				2.0
6. 방문객 Information				1.0
계	5.0	5.0	5.0	15.0

직은 임의조직이 아니어야 한다는 규정이 있기 때문에 '베르게도르프 지역 경제촉진협회(e. V.)'를 입금조직으로 활용하고 있다. 한편 노이어 발(Neuer Wall) 지구에서는 기존부터 존재했던 부동산소유자로 구성된 '노이어 발 부동산협회(e. V.)'가 그 역할을 담당한다.

가로 및 시설 정비가 주요 사업이기 때문에, 시설환경정비는 민간기업 (Otto Waultf GmbH)에 위탁하고 있으며 지역관계자 간의 조정역할은 전문 매니저가 배치되어 담당하고 있다.

(7) 헷센 주 기센 시 4개 지구

① 도입배경

프랑크푸르트 시의 북쪽 50km에 위치한 인구 7.2만 명의 대학도시 기센은, 1990년대 후반부터 소매상업의 중심성 저하(고객 유출), 대형점 출점, NATO군 철수, 대규모 공장 이전, 부재지주 증가, 지역사회단체의 개별운동화, 지자체의 재정난 등으로 인해 중심시가지의 경제환경이 심각한 문제에 직면하게 되었다.

이에 중심상점가를 재생하기 위해서는 자구 노력이 필요하다고 인식한 상인 유지들은 2004년 5월 상공회의소의 지원을 받아 BID 제도에 대해 연구했으며, EU지역개발기금(8만 유로), 시, 상공회의소, 상인들 자부담 등을 활용하여 새로운 상점가 활성화 계획을 작성하였다. 대상지구 면적은 약 8.25ha이며 관계 권리자는 205명, 거주인구 4,521명(2006년 9월 현재)으로, 관계자를 대상으로 앙케트 조사와 워크숍을 실시하여 콘셉트 구성, 12월 8일 지역 관계자에게 미래 콘셉트 안을 제시하였다.

2005년 9월 13일에는 BID 도입을 목적으로 한 'BID 포럼'을 개최하여 약 160명의 참가자 중 78명에게서 1인당 1,000유로의 활동자금을 모집하였다. 2006년 1월 1일 헷센 주 BID법 시행, 3월 31일 3개 지구에서 BID 도입 신청을 받아, 5월 29일에는 각 BID 조직을 법적으로 설립(e. V.), 6월 30일부터 1개월간의 공개심사기관을 거쳐 시의 허가를 받아 10월 1일 젤터스벡(Seltersweg) 지구에서 BID가 정식으로 개시되었다. 기타 3개 지구(Marktquartier, Theaterpark, Katharinen viertel)는 2007년 1월 1일부터 BID가 시작되었으며 활동기간은 5년간이다.

② 주요사업 및 재원조달

젤터스벡 지구는 가로노면 정비, 빈 점포 대책, 관계자 간 회의 개최, 홍보 및 정보 제공 등의 사업에 역점을 두는데, 이는 최근 외부에서 유입되는 인구 및 국외 부동산 구입자가 증가하는 것에 대한 대응책이라 할 수 있다.

BID 세액은 젤터스벡 지구가 100.1만 유로로 가장 많으며, 가장 적은 시어터파크(Theaterpark) 지구가 15.8만 유로이다. 4개 지구 합계는 208.7만 유로로 토지공정 표준가격 총액에 대한 BID 세율은 평균 5.1%이며, 1인당 월 BID세 부담액은 평균 230유로이다.

<표 IV-11> 독일 기센 시 BID 지구별 규모

지구명	Seltersweg	Marktquartier	Theaterpark	Katharinen viertel
지구 면적	3만 1,692m²	2만 4,823m²	9,723m²	1만 6,288m²
토지소유자 수	75명	88명	21명	21명
건축물 수	176동	194동	51동	48동
물판점 점포 수	72개 점포	65개 점포	19개 점포	50개 점포
음식점 점포 수	15개 점포	15개 점포	2개 점포	4개 점포
점포 면적	4만 2,200m²	1만 900m²	1,500m²	1만 4,800m²
BID 조직 구성원	7명	28명	7명	7명
반대자	1명	10명	2명	3명
토지평가 총액	15.8백만 유로	9.4백만 유로	3.9백만 유로	11.6백만 유로
BID 평균 세율	6.35%	6.74%	4.15%	2.66%
BID세 총액 (5년간)	100.1만 유로	62.5만 유로	15.8만 유로	30.3만 유로

<표 IV-12> 독일 기센 시 BID 지구별 사업비 내역

지구명	Seltersweg	Marktquartier	Theaterpark	Katharinen viertel
콘셉트	가로환경 개선 시설기능 향상	시장 재생	고급점포 도입 음식점 정비	광장 재정비
시설정비사업	30.8만 EU	24.8만 EU	-	10.8만 EU
회의	20.9만 EU	9.0만 EU	6.5만 EU	11.5만 EU
광고	11.9만 EU	8.0만 EU	5.3만 EU	-
서비스	9.0만 EU	6.9만 EU	-	-
매니지먼트	27.5만 EU	13.75만 EU	4.0만 EU	8.0만 EU
합계 (5년간 사업비)	100.1만 EU	62.45만 EU	15.8만 EU	30.3만 EU

일본 중심시가지 활성화 시책의 변천과 「중심시가지활성화법」 개정

위에서 언급한 바와 같이 오늘날 미국, 캐나다, 영국, 독일, 프랑스 등 선진국을 비롯한 많은 국가에서 중심시가지를 둘러싼 환경이 변화하고 있는데, 이에 각 국가에서는 기존의 정책이나 시책을 전환하여 중심시가지 활성화에 최선의 노력을 기울이고 있다.

이웃나라 일본도 또한 제2차 세계대전 후의 부흥기부터 오늘날에 이르기까지 시대의 변화에 대응한 각종 시책을 전개해왔다. 2006년 마치즈쿠리 3법(「중심시가지활성화법」, 「도시계획법」, 「대규모소매점포입지법」)의 개정은 지금까지 펼쳐온 많은 시책의 연장선상에 있는 것이라고 할 수 있다.

공동화하고 있는 중심시가지를 활성화하기 위한 일본 정부의 실효성 있고 실천적인 시책을 살펴보기 위해서는, 현재까지 일본의 중심시가지정책이나 법 제도의 흐름을 개관해둘 필요가 있다. 이 장에서는 제2차 세계대전 후의 일본의 도시시책과 상업시책의 개요를 간략하게 정리하고, 1989년 제정한 마치즈쿠리 3법[구(舊)「중심시가지활성화법」,] · 개정 「도시계획법」, 「대규모소매점포입지법」]의 내용과 과제를 살펴보는 한편, 2006년에 마치즈쿠리 3법을 개정하게 된 배경과 과제를 정리하고, 개정 요점에 대해 소개하고 자 한다.

제1절 ǀ 일본 중심시가지 시책의 변천 – 전후의 도시시책, 상업시책

1. 상업 마치즈쿠리 정책

일본의 중심시가지 활성화 시책은 지역주민을 지원하는 역할과 기능을 가지고 있는 상업에 관한 정책이 그 중심에 있었다는 것은 분명한 사실이 다. 한편 도시정책은 지역주민과 관련이 없거나 관심의 대상이 되지 못했 던 것이 아니라 재해나 전쟁 부흥의 일환으로 적극적으로 실시되어왔다. 도시정책의 근간이 되는 법 제도의 대부분은 이러한 재해나 전쟁이라는 2 대 부흥시책이 출발점이 되었으며, 오늘날까지 계통적으로 전승되어온 경 위가 있다.

한편 전쟁 전 일본의 대표적인 상업정책으로는 1934년 제정한 구(舊)「백 화점법」이 있다. 이 법은 오늘날 말하는 대형점의 출점을 규제하고, 기존 의 지역 중소 소매상업자를 보호하기 위한 성격의 법률이었다. 이 구「백화 점법」 이후 오늘날에 이르기까지 경과를 정리하면 다음과 같다.[2]

---

1 「중심시가지의 시가지 정비개선 및 상업 등의 활성화의 일체적 추진에 관한 법률(中 心市街地における市街地の整備改善及び商業等の活性化の一体的推進に関する法律)」.

2 加藤義忠 他 共著, 『小売商業政策の展開』(同文館出版, 1996)를 참고로 작성.

1) 전후기(戰後期)

전후 부흥기부터 일본 경제가 고도성장의 과정에 들어가게 되는 이 시기에는 정부계와 민간계 금융기관이 많이 설립되어 새로운 형태의 협동조합이 각지에 설립되었다. 금융기관의 정비는 중소소매상업의 근대화·고도화 추진에 자금 기반이 되었으며, 각지의 중심시가지의 상업기능을 지원했다고 할 수 있다.

또한 1947년「독점금지법」의 제정으로 인해 구「백화점법」이 폐지되었지만, 그 결과 전국 각지에서 백화점과 중소소매상업자 간에 대립이 발생하였다. 지역소매상업자들은 백화점 출점이 지역 상업환경을 붕괴시킬 것이라고 생각하여 '백화점 출점 반대운동'을 전국 각지에서 벌이게 되었다. 이에 1956년「신백화점법」이 제정되어, 이 시기부터 소매상업의 조정정책이 본격적으로 실시되었다.「신백화점법」이외에도 1957년에「중소기업단체법」, 1959년에는「소매상업조정특별조치법」(이하「상조법」)이 소매시장, 제조업자 및 도매업자의 소매활동, 구매회 사업 등을 규제하는 목적으로 제정되었다.

「신백화점법」이나「상조법」으로 대표되는 소매상업 정책은, 전쟁전과 마찬가지로 중소상업을 보호하려고 하는 사회정책적인 색채가 농후한 성격의 정책이었다. 고도경제성장이 본격화됨에 따라 이러한 사회정책적인 상업정책은 서서히 경제정책적인 유통정책으로 전환되어간다.

2) 1960년대

1960년대에 들어서면 중소기업 정책 전체가 기존의 보호정책에서 근대화·고도화를 도모하는 조성·진흥정책으로 전환되고, 중소소매 상업에도 근대화라는 관점이 도입되기 시작한다. 이들 정책의 과제는 주로 지역 상인의 협업화와 공동화 등 조직화사업을 통해 추구되는 것이었다.

구체적으로 살펴보면, 협업화·공동화 조직을 자금적으로 지원하는 1961년 중소기업고도화자금조성제도 창설, 1962년 「상점가진흥조합법」 제정, 1963년 '점포 등 집단화사업, 소매상업점포공동화사업 등', 1964년 '상점가환경개선조성제도' 창설 등이 있다. 이로 인해 각종 공동시설의 정비자금을 국가가 지원하게 되었으며, 1965년 이후 전국 각지에서는 조합조직을 설립하여 공동화사업을 활발히 실시하게 되었다. 중심시가지의 아케이드 및 가로개선 등의 상업기반환경 정비 사업이 대표적이라 할 수 있으며, 일본 전국의 중심상점가는 근대적인 환경을 정비하게 되었다.

그러나 이 시기의 정책들은 어디까지나 중소기업정책의 일환으로 실시된 것이며, 상업·유통부문은 그 대상의 일부에 지나지 않았다고 할 수 있다. 이는 그때까지 소매상업 정책은 지역 중소소매상업의 보호 성격이 강했으나 1960년대부터 그러한 관점이 서서히 쇠퇴했기 때문이라고 하겠다.

유통혁명이 관심의 대상이 되기 시작한 이 시기에는 당시의 소매상업정책은 시대에 역행하므로 전향적으로 개선하지 않으면 안 된다는 생각이 지배적으로 되어, 기존의 사회정책적인 상업정책은 경제정책적인 상업정책으로 바뀌게 된다. 그 후 중심적인 정책과제는 독점자본의 유통 및 시장의 지배를 지향하는 마케팅 활동을 보강하는 것으로 변질되어간다.

3) 1970년대

1960년대 중반부터 「신백화점법」의 규제를 교묘하게 피하는 양판점이 집중적으로 출점하여 슈퍼마켓이 급성장한다. 그 결과 각지의 중소소매 상업자의 경영 상태는 종전의 백화점 출점의 영향과는 비교할 수 없을 정도로 압박을 받아, 전국 각지에서 '슈퍼마켓 출점 반대운동'이 일어났다.

1970년부터 통산성은 양판점에 대해 점포의 신설·증설 시에는 신고를 하도록 행정지도를 했으나 대형점 문제를 해결하지는 못했다. 따라서 양판점의 출점을 규제하는 새로운 법제도의 정비가 필요하게 되었다. 그 방향을 명확하게 한 것이 산업구조심의회(産業構造審議會)의 보고서 「유통혁신하의 소매상업 ― 백화점법 개정의 방향」이다. 이 보고서에서는 「신백화점법」의 규제대상은 확대되지만 규제 자체는 완화한다는 방침이 채택되었으며, 또한 중소소매업을 진흥하기 위한 입법조치도 검토되었다.

이 결과 중소소매 상업자의 슈퍼마켓 규제 요구에 대처하는 한편, 유통근대화 정책을 추진할 목적으로 1973년 「대규모 소매점포의 소매업 사업조정에 관한 법률」[3](이하 「대점법」)과 「중소소매상업진흥법」(이하 「소진법」)이 제정되었다. 이후 유통 근대화와 「대점법」에 의한 대형점 규제(중소소매상업의 보호)라는 두 가지 정책 과제가 동시에 추구되었다.

그러나 「대점법」의 규제는 '점포규모(면적)'와 '영업형태(개점일·시간)'로 한정되어 결과적으로는 극단적으로 영업일 수나 영업시간을 규제하지는 못했으며, 현실적으로 그다지 규제력이 크지 않았다. 또한 "점포의 규모에서도, 출점하는 측은 점포면적이 삭감될 것이라는 것을 알고 있기 때문에, 희망하는 면적 이상으로 신청을 하여 결과적으로 점포면적이 삭감되어도 본래의 규모를 확보하는 등"의 출점 방법은 가능했기 때문에, 각지의 중소소매 상업자가 큰 타격을 받게 되었다.

한편 「소진법」은 지역의 소매 상업자가 단결하여 지역의 상업환경을 개선할 경우에 국가가 재정적으로 지원하는 제도였지만, 이 법률을 활용하여 지역 상업을 활성화를 도모한 지역은 많지 않았다.

----

3 大規模小売店舗における小売業の事業調整に関する法律.

「대점법」 시행 초기에는 유통근대화와 「대점법」에 의한 대형점 규제라는 과제 중에서 유통근대화를 중시하는 경향이 있었지만, 1973년 오일 쇼크를 계기로 일본 경제는 저성장으로 이행하고 국내소비 또한 급감하는 상황 속에서 대형점의 과잉 출점은 중소소매상인에 심각한 영향을 미쳤다. 그 결과 중소소매상인들의 「대점법」 강화 개정 요구가 높아졌다.

4) 1980년대

중소소매상인의 요구로 1978년 10월 「대점법」이 일부 개정되어, 1979년 5월 시행되었다. 그러나 개정 「대점법」이 시행된 후에도 대형점의 출점은 계속되었다. 1978년부터 1979년까지의 제2차 오일쇼크로 인한 장기 불황 속에서 대형점의 출점 증가는 중소소매상인의 경영을 압박하였다. 이러한 경영 압박으로 인해 중소소매상인의 대형점 출점 반대운동이 격화되었으며, 「대점법」의 허가제를 포함한 강도 높은 법 개정을 요구하였다. 이러한 사태를 해결하기 위해 당시 통산성은 1981년 10월 대형점의 출점 신청 자숙을 지도하였다. 출점 신청에 관한 지도는 1982년 2월, 1984년 3월 통달[4]로, 행정지도에 의한 「대점법」의 운영이 강화되게 되었다.

「대점법」의 개정을 피하고 대형점의 출점 분쟁을 통달행정으로 해결하려는 방법은 1983년 12월 통산성에서 발표한 「80년대 유통산업과 정책의 기본방향」[5](「80년대 유통산업의 비전」)에서 확인할 수 있다. 비전에서는 이러한 입장을 견지하면서 대형점과 중소소매상인과의 공존공생을 장려하였다. 또한 비전에서 제시한 당시의 유통정책 방향을 살펴보면 도시정책이나

* * *

4 통달(通達): 행정관청이 소장업무에 대해 소관 기관이나 직원에 문서로 통지하는 것을 말한다.
5 「80年代の流通産業と政策の基本方向」.

유통·상업의 사회적 유효성 개념을 중시하고 있는 것을 알 수 있다. 이는 유통·상업정책이 당시까지의 경제효율성의 추구에서 일부이기는 하지만 유통·상업의 외부성 및 사회적 측면의 관점을 도입하고자 했기 때문이다.

당시에는 지역상인 및 상점가가 직접 지역의 독자적인 활성화 정책을 책정하는 '상업근대화 지역계획' 등의 계획 작성사업이 각지에서 활발하게 시작되었다. 그러나 실질적으로는 개별·단위 사업이나 아케이드·보도 정비 등 단발적인 활성화 사업이 많이 실시되었으며, 상업근대화 지역계획에 근거하여 중심상점가를 포함한 중심시가지 전체를 정비하는 종합적인 사업을 순차적으로 실시한 지역 및 중심상점가는 많지 않았다.

즉 중심시가지 활성화를 위한 종합적인 계획은 작성하지만, 그것을 실현하고 실행하는 행동이 동반되지 않았으며, 계획적으로 사업을 실시해가는 지원·운영체제가 준비되지 않았던 것이 문제였다. 그 이유로는 ① 전체적인 회의에서는 사업을 실행할 것을 결정하지만, 각 구성원들의 역할과 책임을 규정하지는 못했던 점, ② 책임을 가지고 사업을 수행하는 주체를 결정하지 못했던 점을 들 수 있다.

그리고 중심상점가가 중심시가지의 중심적인 기능을 수행한다는 것에 대해서는 이론의 여지가 없었지만, 중심시가지 활성화를 위해서 상업 이외의 기능인 도시적인 시가지환경 개선을 상업기능 개선과 함께 실시하지 않는 이상 종합적인 성과가 달성되기 어렵다는 인식이 높아졌다. 이에 1984년 '지방도시 중심시가지활성화계획'이 건설성과 통산성 공동사업으로 시작되었다. 이 사업은 시가지 환경정비와 상업 환경정비를 일체적으로 추진하여, 중심시가지의 종합적인 활성화를 도모하는 것을 목적으로 하였다. 통산성은 1980년대 '유통비전'의 영향을 받아 '중심상업지는 지역 커뮤니티의 장소'라는 새로운 주제를 제시했으며, 이전까지의 '상업 근대화 지역계획'을 개선한 종합적인 중심시가지·중심상점가 활성화 전개에 도움이 되는 '커뮤니티 마트 구상'6 작성을 1980년대 후반부터 주요 시책으로 추진하였다.

이러한 시책 추진에도 불구하고 일본 전국 각지에서는 계획은 작성했으나 사업을 착수하지 못한 곳이 많이 있었다. 그 이유는 대부분 사업을 실시할 조직이 존재하지 않았거나, 사업자금 조달이 곤란했기 때문이다.

이러한 상황을 타개하기 위한 제도가 1988년 창설된 '마치즈쿠리 회사 제도'이다. 오늘날 중심시가지 활성화의 중요 테마인 '지역 매니지먼트' 사고방식을 도입한 이 제도는, 상업시설 이외의 상업시설을 지원하는 시설을 정비하는 경우에 그 정비주체에 대해 국가(중소기업사업단7)가 출자 참가할 수 있는 제도로서 현재에는 '상점가 정비 등 지원사업'이라 부른다.

국가가 출자 참가하는 경우의 특징으로는, 지역 상인이 중심이 되어 사업조직을 만들어 사업을 실시하는 경우 그 요건에 '시·정·촌의 출자참가'를 의무로 한 점이다. 이 제도는 오늘날 세계 각국에서 전개되는 관민 파트

• • •

6 상점가의 근대화를 계획적으로 추진하고 그 활성화를 도모하기 위한 구상을 커뮤니티 마트 구상이라고 한다. 이는 단순히 소비자의 구매 의욕만을 충족시키기 위한 것이 아니라 생활에 필요로 하는 갖가지 수요도 충족시킬 수 있는 상업 집적을 말한다. 다양화, 개성화, 고도화된 소비자의 수요에 대응하여 지역 커뮤니티 공간, 생활 광장으로서의 기능을 갖는 것이 요구된다. 예를 들면 커뮤니티 홀이라든가 포켓 파크와 같이 사람들이 교류를 할 수 있는 공공적 공동시설이라든가 여러 가지 이벤트 활동, CATV와 같은 뉴미디어의 활용에 대한 정보 제공을 생각할 수 있다. 커뮤니티 마트를 만들기 위해서는 시설 면의 정비와 함께 지역주민의 생활에 도움이 되는 정보를 수집·처리·창조하여 발신하는 소프트기능을 가지고 지역사회, 지역산업과 연계를 심화시켜가는 것이 중요하다.

7 현재의 중소기업기반정비기구.

너십 형태의 전형적인 예라고 할 수 있으며, 2006년 3월 말 현재 일본 전국 40개 도시에서 마치즈쿠리 회사 제도를 도입하였다.

그러나 40개 도시 중에서 이 제도를 성공적으로 도입한 곳은 그다지 많지 않았는데, 그 최대 이유가 바로 시·정·촌의 출자참가라고 할 수 있다. 실시하고자 하는 사업이 지역에 공헌할 수 있다는 점에 대해서는 많은 관계자가 공감했지만, 한정된 소수의 상인이 중심이 되는 사업에 각 시·정·촌 의회가 적극적으로 판단을 하지 않았기 때문이다. 즉 책임을 가지고 지역 활성화에 기여하는 사업을 추진하는 특정인을 위한 사업에 공적 자금을 투자해야 한다는 우려가 널리 퍼져 있었기 때문이라고 할 수 있다.

5) 1990년대

1980년대 후반부터 일본 경제의 활성화로 인해 국내소비가 매우 활발하게 일어났으며, 이로 인해 「대점법」의 규제완화 문제가 다시 거론되었다. 1987년 6월 발표된 대규모소매점포심의회의 회장담화를 계기로 「대점법」은 규제완화 방향으로 전환되었으며, 1988년 12월 임시 행정개혁추진심의회가 '공적 규제의 완화 등에 관한 답신'을 제출, 1989년 4월 미국 통상대표부인 USTR이 「대점법」을 포함한 34개 항목에 대해 무역장벽에 관한 보고를 하는 등 「대점법」의 규제완화는 일본 국내외로부터 요청과 압력을 받게 된다. 이로 인해 1989년 6월 발표된 '1990년대 유통비전'에서는 「대점법」에 의한 대형점 출점 규제가 대폭 완화된다.

이와 같은 흐름을 가속시킨 것이 동년 9월부터 개최된 미일구조문제협의이다. 1990년 4월 제4회 협의에서 정리된 중간보고에 따르면, 「대점법」의 운용적정화 조치의 실시, 1년 후 개정, 개정 2년 후에 재검토라는 3단계 조치를 취하도록 하였다. 이로 인해 1980년대 전반 억제되어왔던 대형점의 출점 조정 정책은 대형점 출점 촉진 정책으로 전환하게 된다.

이러한 배경에 따라 '1990년대 유통비전'에서는 일본 전국의 광역상권 단위의 복합형 대규모 상업시설의 설치가 제안되었으며, 이를 실현하기 위해 1992년 「특정상업집적의 정비 촉진에 관한 특별조치법」[8](이하 「특집법」)이 제정되었다. 이 법은 유통의 근대화를 위해 중심시가지 이외라도 각 도시의 상업기능을 종합적으로 지원하는 새로운 상업개발을 인정하기 위해 관련 도로 등 공공시설 정비를 지원하는 것이 주된 내용이었으며, 기존의 지역 상업지를 활성화하는 경우의 메뉴도 포함되었다. 당시 각 도시에서는 이 법을 운용하기 위한 계획을 작성했으나, 야마구치 현 시타마쓰(山口縣下松) 시를 비롯한 몇 군데 성공사례를 제외하고는 전국적으로 보편화되지는 못했다.

이 시기 유통규제완화로 인해 대형점의 과도한 교외 출점이나 대규모 상업 집적 개발은 가속되었으나, 각 지역 영세소매업 상점의 수는 대폭 감소하게 된다. 이러한 중소영세소매업자나 각 지역의 중심상점가 자체의 쇠퇴는 상업 차원의 문제에 국한되지 않고 지역사회 전체의 문제로 인식되기 시작하여, 소매상업 정책 또한 마치즈쿠리의 시점을 도입하는 것의 필요성이 제기되었다.

1993년에는 1988년에 제도화된 상인, 시·정·촌, 국가가 출자하는 마치즈쿠리 회사 제도의 과제를 고려하여, 각 지역의 상공회가 마치즈쿠리 사업을 추진할 수 있는 「소규모사업자지원촉진법」도 제정되었다. 이로 인해 개별 상인과 조직인 상공회 모두 중심시가지 활성화에 도움이 되는 사업의 주체자로서 역할을 할 수 있도록 되었다.

* * *

8 特定商業集積の整備の促進に関する特別措置法.

6) 2000년대

1998년 5월 27일 대형점의 출점 규제 정책이었던 「대규모소매점포법」 폐지가 결정됨과 동시에 대형점과 지역사회의 융화를 촉진하고 지역의 자립적인 판단을 존중하기 위해 「도시계획법」이 개정되었으며, 「대규모소매점포입지법」과 「중심시가지의 시가지 정비개선 및 상업 등 활성화의 일체적 추진에 관한 법률」(이하 구「중심시가지활성화법」)이 1998년 6월에 제정되었다.

대형점의 규제완화로 제정된 새로운 세 가지 법률은 '마치즈쿠리 3법'이라고 하며, 당시 일본 중심시가지 활성화를 위한 주요 정책으로 역할을 담당하였다. 특히 대형점의 규제완화에 따라 대형점의 적정한 입지를 유도하기 위해 「도시계획법」을 개정하여 특별용도지구의 다양화를 도모하였다. 이로 인해 기존 특별용도지역 11종류를 지역의 판단으로 유연하게 설정할 수 있게 되었다. 예를 들면 '중소소매점포지구'를 설치하여 일정 수 이상의 점포 입지를 제한할 수 있게 되었다.

「대규모소매점포법」을 대신한 조정제도로서 역할을 담당한 「대규모소매점포입지법」[9](이하 「대점입지법」)의 취지는, ① 대형점이 지역사회와의 조화를 도모하기 위해서는 대형점의 방문객이나 물류로 인한 교통·환경 문제 등이 주변 환경에 미치는 영향에 대한 대응, ② 지역주민의 의견을 반영하여 공평하고 투명한 절차에 의해 지자체가 지역의 실정에 따라 대응하는 것이다. 대상이 되는 대형점은 점포면적 $1,000m^2$를 초과하는 점포로, 교통정체, 교통안전, 주차·주륜, 소음, 폐기물 등이 지역사회와의 조화를 위한 조정사항이 되었다. 법률의 운용주체는 도·도·부·현과 정령지정도

* * *

9 大規模小売店舗立地法.

시이지만, 시·정·촌의 의견을 반영하여 지역주민의 의사표명 기회를 확보하였다.

　이 마치즈쿠리 3법을 활용하여 일본 각지에서 많은 사업을 추진했지만, 일본 정부는 그 성과가 충분하지 못했다고 판단하여 2006년 5월에 법률을 개정하게 된다.

2. 도시개발정책

　중심시가지의 도시정책은 전후 전쟁복구사업이 발단이며, 1946년 '특별도시계획법에 의한 전재(戰災)부흥토지구획정리사업'[10]의 제도화로 인해 전국 각지의 중심시가지의 도로, 공원 등 공공시설정비가 촉진되었다. 한편 중심시가지의 건축물 정비에 관해서는 도시방재를 위한 민간의 건축물의 불연화(不燃化)가 주요 주제였다.

　1) 1950년대

　1952년 「내화건축물촉진법」[11]이 제정되어 중심시가지에 존재하는 상점가에 불연내연건축물, 즉 철근콘크리트나 철골조로 만들어진 건축물이 등장하게 되었다. 이 법률은 당시 기존 중심시가지에는 많은 목조밀집가옥이 있었는데, 이를 불연건축물로 개량하는 것이 시책의 중심이었다.

　「내화건축물촉진법」에 의한 사업은 도로변에 입지한 상점을 일체적으로 재건축하는 선적(線的)인 정비수법이다. 그러나 이러한 재건축으로 인해

- - -

10　特別都市計画法による戦災復興土地区画整理事業.

11　耐火建築物促進法.

기존 상점가의 역사적인 건축물이 파괴되는 등 역사적·문화적인 환경이 상실되는 곳도 존재하였다. 이러한 현상은 전후 고도 경제성장을 달성하기 위해 각지의 역사적·문화적인 가치관과는 전혀 다른 가치관으로 추진되었다.

2) 1960년대

그 후 선(線)에서 면(面)으로 확대되는 지구 단위의 시가지정비의 필요성으로 1961년 가구(街區) 단위를 대상으로 하는 「방재건축가구조성법」[12]이 제정되었으며, 이후 이 법률을 변형하여 1969년 「도시재개발법」이 제정되었다. 일본의 시가지정비에 관한 법 정비는 도시계획의 근거법인 1968년의 「신도시계획법」의 제정으로 기반이 구축되게 된다.

그 후 무질서한 시가지확대 개발이 일본 전국에 확산되었으며, 이에 대응하기 위한 법률이나 중심시가지를 정비할 수 있는 각종 사업제도가 1970년대 후반부터 본격적으로 준비되게 된다.

3) 1970~1980년대

그 대표적인 것이 1980년의 「도시계획법」과 「건축기준법」에 규정된 지구계획제도이다. 이 제도는 독일의 Bebauungsplan[13]을 모델로 한 것으로, 지구(地區) 환경을 정비하기 위해 민간토지의 건축행위를 사전에 정하고, 순차적으로 정비하기 위한 조절수법으로서 제도화되었다. 기존의 「건축기준법」에 규정되어 있던 건축협정을 향상시킨 획기적인 제도이기는 하나 실질적으로 기성시가지에 도입된 사례는 그다지 많지 않으며, 대부분의 지

• • •

12 防災建築街區造成法: 도로경계선에서 30m까지의 정비비용을 보조대상으로 한다.
13 지구건설상세계획: 독일에서는 이 계획이 정해지지 않으면 원칙적으로 신규 건물을 건축할 수 없다.

방도시에서는 신규개발지를 중심으로 도입되었다.

이후 도시방재불연화사업(1980년),[14] 연도구획정리형가로사업(1983년),[15] 우량재개발건축물정비촉진사업(1984년)[16] 등 기존에 어느 정도 규모가 있는 구획의 사업제도를 완화하여 생활 반경과 가까운 범위나 소규모라도 시가지 정비를 신속하게 실시할 수 있는 사업제도가 실시되었다.

그리고 이 시기에는 중심시가지를 종합적으로 정비하기 위해 이들 각종 사업제도를 다양하게 활용하였다. 기존 토지구획정리사업으로 대표되는 광범위한 구역을 동일사업수법을 이용하여 정비하는 방법에서 구역마다의 특징을 고려하여 다양한 개별적인 사업수법을 선택하여 사업을 실시할 수 있도록 지방도시 중심시가지 활성화 사업[17]이나 지구갱신재개발사업,[18] 지구재생사업(1986년)[19] 등의 제도가 창설되었다.

4) 1990년대

1990년대에 들어 이러한 시책은 더욱 다양해지고 유연하게 운영된다. 1990년의 시내디자인추진사업[20] 등과 같이 종합적인 계획을 작성하기 이전에 지구관계자의 검토(연구회, 시찰 등) 경비를 지원하는 제도가 그 대표적인 예이다.

• • •

14 都市防災不燃化事業.

15 沿道區畵整理型街路事業.

16 優良再開發建築物整備促進事業.

17 地方都市中心市街地活性化事業.

18 地區更新再開發事業.

19 地區再生事業.

20 まちなかデザイン推進事業.

1990년대는 매우 중요한 정책적 전환이 일어난 시기이다. 이전까지 법률에 근거하지 않은 각종 개별화된 지원 사업제도를 종합화한 것이다. 즉 각종 사업제도를 일체화했는데, 1994년의 거리·마치즈쿠리 종합지원사업[21] 등이 대표적인 예이다. 그러나 이 제도는 각지의 마치즈쿠리를 지원하는 것이 목적이었지만, 일본의 경우 한국과 마찬가지로 중앙정부의 자금을 도입하기 위해서는 반드시 지방공공단체가 보조 부담을 해야 하는 매칭 방식을 취했기 때문에 전국 각지로 사업이 확산되기에는 한계가 있었다.

이에 기존의 정부의 관여를 전제로 한 행정 주도 방식에서 다양한 민간 주체자와의 관민 파트너십의 필요성이 대두했으며 이와 관련한 법이 정비되었다.

1995년 건설성은 Town Management Corporation(Center) 도입을 발표, 중심시가지를 종합적으로 정비하는 주체자를 관과 민으로 형성하여 사업화의 촉진을 도모하는 것에 대한 필요성을 제시하였다. 1996년 7월에는 민간능력 활용에 의한 시가지개발사업의 추진에 관한 내용을 발표하여, 민간기업(그룹)이 공공과 민간 사업주체자의 업무를 대행하는 업무 대행제도를 실시하여 오늘날까지 많은 성과를 올리고 있다.

1998년 3월에는 「특정비영리활동촉진법」(NPO법)[22]이 제정되어 특정비영리활동을 하는 단체에 법인격을 부여하여, 자원봉사자 활동 등 시민이 자유롭게 사회공헌 활동을 추진할 수 있도록 하였다. 2006년 11월 30일 현재 일본 NPO 단체는 2만 9,597개가 인정을 받았으며, 그중 마치즈쿠리 활동을 하는 단체는 1만 1,616개 단체로 전체의 40.4%를 차지한다.

• • •

21 街並み・まちづくり総合支援事業.

22 特定非営利活動促進法.

또한 1999년 7월 「지방분권일괄법」[23]이 제정(2000년 4월 시행)되어 시·정·촌으로 권한이 이양되었다. 이 중에 「도시계획법」의 운용에서는 기존의 국가의 강한 권한이 지자체로 이양되어 시·정·촌이 주체적으로 토지이용을 비롯한 도시계획결정이나 운용에 관한 권한을 가지게 되었다. 그리고 영국이 1992년 행정재정개혁의 일환으로 도입한 공공시설을 민간의 자금력이나 자금력, 운영 노하우를 활용하여 정비하는 PFI(Private Finance Initiative) 수법이 일본에서도 1999년 7월 「PFI 추진법」[24]으로 제정되어, 관과 민의 책임분담을 명확하게 하여 수익성을 확보하고 저렴하고 양호한 서비스를 국민에게 제공할 수 있도록 하였다.

그러나 이러한 노력에도 불구하고 지방도시의 중심시가지는 지속적으로 쇠퇴해갔다. 이에 1998년 6월 법제화된 것이 구「중심시가지활성화법」을 비롯한 마치즈쿠리 3법이다. 당시 중심시가지 활성화와 관련된 예산은 연간 6,000억 원이었으나 실제로 사업을 추진한 시·정·촌은 많지 않았으며, 매년 국가 예산 또한 삭감되었다. 그 배경에는 지방공공단체의 재정난과 함께 이들 정책을 전개하는 데 충분하게 대응할 수 없어서 사업추진을 포기한 지구도 적지 않았다. 당시 일본 전국의 많은 도시에서는 재정 재건을 슬로건으로 지자체장에 당선된 사례가 많았으며, 중심시가지에 새로운 투자를 하는 사업은 대부분 배제되었다.

5) 2000년대

이러한 관점에서 2001년 모든 공공사업에 관한 신규사업을 채택할 때

---

23 地方分権一括法.
24 民間資金等の活用による公共施設等の促進に関する法律.

평가 및 재평가가 실시되었으며, 2003년부터는 시가지 재개발사업 등과 관련된 신사업 채택 시에도 평가제도가 도입되어 투자된 비용(Cost)과 결과로서 생산된 편익(Benefit)이 평가(B/C평가)되게 되었다.

한편 악화되는 재정난으로 인해 일본 정부는 기존과 같이 보조금을 증액하지 못하게 되었으며, 지자체 또한 극도의 재정난에 직면하여 국고보조사업에 관한 지자체의 간접보조금을 마련하는 것이 매우 곤란하게 되었다.

이에 고이즈미 내각은 2001년 5월 '도시재생본부'를 설시하여 도시재생을 테마로 한 각종 사업을 실시하였다. 2002년에는 일본 전국의 지역 만들기를 지원하는 '전국도시재생을 위한 긴급조치'[25]를 발표, 국민 개개인이 스스로 생각하여 행동하는 자유로운 발상에 근거한 선진적인 도시재생활동을 지원하는 목적으로 전국도시재생모델사업(2004년) 등 각종 단체의 다양한 활동을 지원하는 메뉴를 준비하였다.

이러한 흐름은 오늘날 기존의 보조금 제도를 개선하는 형태로 진화하고 있는데, 2004년 창설된 '마치즈쿠리 교부금' 제도가 그 대표적인 예이다. 이 마치즈쿠리 교부금은 사업평가를 전면에 내걸고 지역이 정한 활성화목표(수치화목표)를 달성하기 위한 사업을 추진하며, 시·정·촌이 도시재생 정비계획을 작성하고 시민이 추진하는 개별사업도 포함하여 다양하고 유연하게 사업을 실시하는 경우 교부금[26]을 제공하는 제도이다.

또한 마치즈쿠리 사업의 주체자가 되는 민간사업자의 참가를 적극적으로 지원하는 새로운 제도도 도입되었다. 민간사업자가 시·정·촌이 정한 도시재생 정비계획에 따라 주체적으로 사업을 추진할 경우 중앙정부(민간

• • •

25 全国都市再生のための緊急措置.

26 시·정·촌에 대해 대상 사업비의 약 40~50%를 보조.

도시개발추진기구: 민간도시기구)가 총사업비의 최대 1/2까지를 사업 주체자에게 출자하는 지역재종합지원사업[27]이 대표적인 예이다.

이들 지원시책은 지역(시·정·촌)의 주체성에 근거하여 사업을 실시하는 주체자에 대해 사업을 신속하게 완료할 수 있도록 지원하는 제도로 성립된 것이다.

제2절 ㅣ 마치즈쿠리 3법(구「중심시가지활성화법」)과 과제

앞에서 언급한 바와 같이 2006년 5월 「중심시가지활성화법」과 「도시계획법」이 개정되었는데, 이 절에서는 이들 법률이 개정된 배경에 대해 정리하고자 한다.

1. 마치즈쿠리 3법이 지향한 것

마치즈쿠리 3법이란, 중심시가지의 공동화 대책으로 시가지의 정비개선과 상업 등의 활성화를 지원하는 구「중심시가지활성화법」과 「대점법」 폐지로 인해 대형점의 새로운 출점이 자유롭게 되었으나 1,000m²를 초과하는 대형점 입지에 따른 환경영향을 제어하는 「대점입지법」, 대형점의 적정한 입지를 담보·규제하는 특별용도지구의 지정을 시·정·촌이 유연하게 할 수 있도록 개정한 개정 「도시계획법」을 말한다.

마치즈쿠리 3법이 제정된 1998년의 2~3년 전부터 중심시가지 활성화에

• • • •

27 まち再総合支援事業.

기여할 수 있는 새로운 법제도의 필요성이 제기되었다. 이에 일본 정부는 중심시가지는 긴 역사에 걸쳐 지역의 문화와 전통을 육성하여 각종 기능이 축적되어 있는 지역의 얼굴이며, 그 공동화는 커뮤니티의 위기라고 할 수 있다고 인식하였다. 중심시가지 활성화는 21세기 자손들에게 물려줄 활발한 거리를 창조해나가기 위해 시가지의 정비개선과 상업 등의 활성화를 일체적으로 추진하여 도지의 재구축과 지역경제의 진흥을 도모하는 것이 중요하다고 제창하였다. 특히 중심시가지는 상업 등 각종 기능이 집적되어 있기 때문에, 효율적인 경제활동이나 신규사업 창업을 용이하게 하는 것은 경제구조 개혁에서도 중요한 과제라고 인식되었다.

마치즈쿠리 3법의 중심이 되는 구「중심시가지활성화법」은 도시 중심시가지의 상업 등의 도시기능 공동화에 대응하기 위해, 시가지의 정비개선(토지구획정리사업, 시가지재개발사업, 도로·공원·주차장 정비 등)과 상업 등의 활성화(상업집적 관련 시설 정비, 타운 매니지먼트 기관을 중심으로 하는 상점가 정비, 도시형 신사업의 지원시설 정비 등)를 일체적으로 추진하여 지역 진흥 및 질서 있는 정비를 도모하고 국민생활 향상과 국민경제의 발전을 도모하는 것을 목적으로 한다.

(1) 중심시가지의 과제와 역할

자동차시대의 진전, 고지가(高地價)와 권리 폭주(輻輳), 상업집적의 매력 저하 등을 당시 중심시가지 공동화의 배경으로 들 수 있는데, 이를 해결하기 위해 '면(面)적 정비사업·공공시설정비 등 시가지의 정비개선과, 상업 및 도시형 신사업에 의한 상업 활성화'를 주요 과제로 채택하였다. 그리고 중심시가지가 수행해야 할 역할로 ① 시민이나 사업자에게 일체적인 서비스 제공, ② 고령자에게 편리한 생활환경 개선, ③ 투자에 대한 높은 효율성과 환경비용 부담이 적은 도시 가꾸기, ④ 새로운 경제활동을 위한 집적의 이점과 신규사업의 창출 등에 대해서 기대를 하였다.

(2) 중심시가지 활성화에 관한 정책 기조

① 시·정·촌 주도에 의한 활성화 전개: 지방분권의 흐름 속에서 시·정·촌이 주체적으로 책임을 가지는 것이 필요하다.

② 시가지의 정비개선과 상업 등의 활성화는 중심시가지 활성화를 위한 차량의 양축과 같은 사업이다.

③ 도시화사회에서 도시형사회로 변화하는 역사적인 변환기에서 도시의 재구축은 중요하다.

④ 개별 점포나 상점가에 착목한 점(点)·선(線)의 정책에서 면(面)적인 상업 활성화 시책을 실시한다.

⑤ 관계 성(省)·청(廳)이 연계하여 각종 조치를 일체적으로 추진한다.

(3) 법률 절차

① 국가가 기본방침을 작성한다.

② 시·정·촌이 기본방침에 따라 시가지의 정비개선 및 상업 등의 활성화를 중심으로 관련 시책을 종합적으로 실시하기 위한 기본계획을 작성하고, 국가 및 도·도·부·현은 이에 대해 조언을 한다.

③ 시·정·촌은 기본계획에 따라 중소소매상업의 고도화를 추진하는 타운 매니지먼트 기관(TMO)을 인정하고, 국가는 TMO와 민간사업자 등이 작성하는 상점가정비나 중심 상업시설정비 등에 관한 사업계획을 인정하고 지원을 한다.

(4) 중심시가지 활성화 제도의 요점

일본 정부의 중심시가지 활성화 대책은 시가지의 정비개선과 상업 등의 활성화를 일체적으로 추진하기 위해 다음 세 가지를 요점으로 한다.

① 중심시가지의 상업지 전체를 하나의 쇼핑몰로 간주하여, 종합적이고 독자적인 계획에 의해 추진되는 사업을 지원한다. 교외의 새로운 쇼핑 몰은 소매업뿐만 아니라 문화·예술 등 다양한 기능의 집적이라고 할 수 있는데, 그 배후에는 쇼핑몰을 일체적으로 기획하고 운영하는 기능(Management)이 있다. 중심시가지는 다양한 기능이 집적하고 있는 쇼핑몰과 같다고 할 수 있다. 구미에서는 일찍부터 이러한 발상으로 중심상업지의 재생에 힘을 기울이고 있다. 예를 들면 미국의 지방도시에는 다운타운의 활성화를 위해 관계자가 환경 정비, 주차장 관리, 핵 점포의 유치 및 테넌트 관리 등(Centralized Retail Management)을 실시하는 사례가 적지 않다.

그러나 문제는 당시 일본의 상점가를 하나의 쇼핑몰로 간주할 경우 불충분한 점이 있다는 것이다. 일본 정부는 이러한 현상을 재검토하여 매니지먼트 기능을 강화하고, 소프트·하드 양면에 걸쳐 질적인 향상을 도모할 수 있다면 교외의 새로운 쇼핑 몰과 비교하여 대등하게 경쟁할 수 있다고 생각하였다. 중심시가지로서의 특질을 활용하면 전국적으로 통일된 형태의 쇼핑몰보다 우수한 공간이 창출될 수 있다는 것이다. 이를 위해서는 구체적으로는 ㉠ 바람직한 테넌트 믹스(다양한 규모, 업종·업태의 점포를 계획적으로 배치)의 실시, ㉡ 쾌적한 물적 환경의 제공(청결한 시설 정비 – 주차장 확보 등), ㉢ 보다 세련된 서비스(소프트 사업), 운영·관리(Management)의 실행 등이 필요하다.

② 시·정·촌의 기본계획에 따라 위의 사업을 추진하고 중심시가지를 운영·관리(타운 매니지먼트)하는 기관(TMO)에 각종 지원을 한다. 중심상업

지 등을 하나의 쇼핑몰로 간주하여 정비하고 운영·관리하기 위해서는 상점가 등의 합의형성이나 구체적인 프로젝트를 운영·관리하는 주체가 필요하다. 이러한 주체로 마치즈쿠리 기관(TMO)을 정하고 다양한 지원을 한다. TMO가 되는 기관은 상점가 조합 등을 중심으로 설립되는 제3섹터와 상공회 및 상공회의소 등으로 한다.

③ 도로·주차장 정비 및 토지구획정리사업 등 상업 활성화에 도움이 되는 사업을 종합적으로 추진하는 지역을 집중적으로 지원한다. 국가의 제도는 성(省)과 청(廳)으로 나누어져 있지만 이를 복합적으로 활용하는 것이 바람직하다. 예를 들면 건설성의 조성제도를 활용하여 재개발을 하고, 재개발 후의 빌딩을 통산성의 조성제도를 활용하여 취득·운영하는 것이 가능하다.

이상의 내용을 개관하면, 구「중심시가지활성화법」은 중심시가지 활성화를 위해 매니지먼트 수법을 도입했다고 볼 수 있다. 소위 중심시가지 활성화를 위해서는 단일 대책이 아니라 관련「도시계획법」, 「대점입지법」 등을 일체적으로 활용하는 종합적이고 포괄적인 대책이 필요하다고 인식하였다.

2. 마치즈쿠리 3법의 과제

2006년 법 개정의 특징은, 향후에도 지속될 중심시가지의 쇠퇴 문제가 상업에 국한된 문제가 아니라 도시 구조의 문제라는 것을 명확하게 밝혔다는 것이다. 이 점에 관해 2006년 4월 7일 제164대 국회의 중의원 경제산업위원회·국토교통위원회의 연합심사회에서 국토교통대신은 1998년 제정된 마치즈쿠리 3법이 충분하게 기능을 발휘하지 못한 이유에 대해 다음과 같은 세 가지를 주장하였다.

① 중심시가지를 생활공간으로서 파악하지 않았던 점: 상업을 어떻게 진흥시킬 것인가에 중점을 두었으나, 중심시가지가 생활공간이라는 점을 간과하였다.

② 중심시가지 내의 거주를 유지·촉진하기 위한 대책이 불충분했던 점: 중심시가지에 사람이 살지 않거나 중심시가지의 상점가의 점주들조차 교외에 거주해서는 중심시가지가 활성화될 수 없다.

③ 도시계획이나 마치즈쿠리의 중심은 각 시·정·촌이지만, 광역적인 조정이 절대적으로 필요한 점: 광역적인 관점에서 대형시설의 적정한 입지를 도모하려는 기능이 충분하지 못하였다.

1) 중심시가지 활성화를 위한 활동

이 절에서는 산업구조심의회의 유통부회와 중소기업정책심의회의 상업부회의 합동회의 중간보고(2005년 11월) 등을 기초로, 마치즈쿠리 3법 개정의 배경이 된 기존 중심시가지 활성화를 위한 활동과 정책에 관한 평가를 정리하였다.

전국적인 중심시가지 활성화에 관한 대처 활동을 보면, 적극적으로 활동을 추진하여 활력을 회복한 사례에서는 다음과 같은 특징을 보이고 있다.

① 상인·상점가가 소비자 니즈(needs)에 대해 적극적으로 노력하고 있다.

② 커뮤니티의 매력 향상을 위해 관계자가 활동을 하고 있다.

③ 교외지역의 개발 억제와 중심시가지 활성화를 일체적으로 추진하고 있다.

한편 중심시가지의 쇠퇴가 지속되고 있는 지역의 문제점은 다음과 같이 정리할 수 있다.

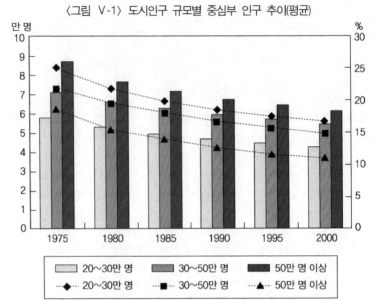

〈그림 V-1〉 도시인구 규모별 중심부 인구 추이(평균)

* 3대도시권(東京都, 埼玉縣, 千葉縣, 神奈川縣, 愛知縣, 京都府, 大阪府, 兵庫縣, 奈良縣)이외의 지역, 인구 20만 명 이상의 도시(정령지정도시 제외)를 대상으로 국세조사를 집계

① 고객·소비자의 니즈와 괴리가 있다.

② 선심성 사업이 주로 실시되고 있다.

③ 교외지역의 개발억제 없이 상업 활성화를 위한 활동을 전개하고 있다.

④ 불충분한 타운 매니지먼트 활동을 전개하고 있다.

이상과 같은 점을 고려하면 일본의 중심시가지는 다음과 같은 상황에 처해 있다고 볼 수 있다. 그리고 이러한 상황 속에 일본 중심시가지의 쇠퇴 원인이 존재한다고 볼 수 있다.

　① 공공·공익 시설(주택, 집객시설, 관공서, 병원 등)의 교외 입지화

　② 인구 감소, 소매업의 판매액 감소와 대형점의 교외 입지

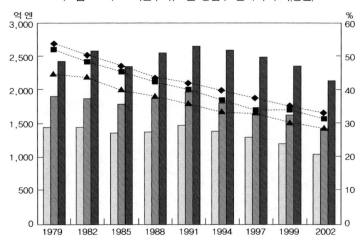

〈그림 V-2〉 도시인구 규모별 중심부 판매액 추이(평균)

③ 중심시가지의 쇠퇴·공동화(지가·임대료 등 조건 불리, 다양한 주체자의
존재, 커뮤니티로서의 매력 저하)

2) 구중심시가지활성화법 관련 정책 평가

대형점의 교외입지가 가속화되는 상황 속에서 중심시가지 쇠퇴의 문제
는 '대형점 vs 중소점'에서 '중심시가지 vs 교외'로 마치즈쿠리 전체의 문제
로 변했으며, 이러한 문제에 대한 대응 또한 '경제적인 규제에서 사회적인
규제로', '국가에서 지방으로' 변하고 있다.

1998년 마치즈쿠리 3법 제정 이후 실시된 정책에 관해 다음과 같은 지적
이 있으며, 2006년 개정은 이러한 지적을 고려하여 획기적인 정책 전환을
시도한 것이라고 할 수 있다.

① 중심시가지 활성화에서 도시기능 집약의 시점이 결여되어 있다.

②중심시가지 활성화 기본계획이 반드시 전체 도시나 다양한 관계자의 니즈를 고려한 것이라고는 볼 수 없다.

③타운 매니지먼트 활동이 상업 활성화에 편중했으며, 또한 관계자의 책임이 불명확한 것이 많다.

④교외개발이 인정되기 쉽고, 광역적인 시점이 반영되기 어려운 도시계획(운용) 체계이다.

⑤중심시가지에 입지하는 대형점에 대한 「대점입지법」의 기준 등의 완화가 반드시 필요하다.

이상과 같은 현상을 고려하여 2006년 10월 일본 회계검사원은 이전까지의 중심시가지 활성화 사업에 관한 검사 결과를 다음과 같이 발표하였다.

(1) 관계부서별 사업비, 국비부담액 및 실시 상황

1998년부터 2004년까지 실시된 중심시가지 활성화 사업과 관련된 사업비는 5조 183억 712만 엔이며, 이 중 국비부담은 2조 28억 2,963만 엔이다. 그리고 기본계획 작성과 사업내용 및 실시에 관해 다음과 같은 문제점이 파악되었다.

①경제산업성 이외의 부·성·청 및 많은 시·정·촌이 중심시가지 활성화 사업과 관련된 사업비 및 국비부담 등을 파악하지 못하였다.

②많은 시·정·촌이 지역주민 등의 의향을 파악하지 못하였다.

③중심시가지의 구역에 상업계 용도지역을 포함하지 않고 새로운 시가지를 조성하려는 지구가 있다. 또한 시가화조정구역28 및 비선 긋기(非線引

• • •

28 시가화조정구역(市街化調整區域)이란 일본 도시계획법에 규정되어 있는 도시계획구역의 구역구분의 한 가지로, 시가화를 억제하는 것이 바람직한 구역을 말한다. 이 구

ㅋ) 도시계획구역29의 백지지역(白地地域)30을 중심시가지 구역으로 포함하여 새로운 시가지로서 정비하는 지구도 있다.

④ 대부분의 지구가 중심시가지 활성화의 상황을 평가하기 위한 구체적인 수치목표를 설정하고 있지 않다.

⑤ 내용이 구체화되어 있지 않는 사업을 기본계획에 포함시키거나, 사업실시 시기가 명확하지 않거나 기재되어 있지 않는 지구가 있다.

⑥ 기본계획 작성 후 5년 이내에 사업 착수가 가능하다고 규정한 대부분의 지구에서, 지권자 및 관계자의 합의형성이 이루어지지 않아 5년을 경과해도 사업을 착수하지 못한 경우가 있다.

(2) 사업실시 기관의 인적 체제 및 재정기반

사업실시 기관 중 시·정·촌이 민간조직과의 연계를 원활하게 하기 위

· · ·

역에서는 개발행위는 원칙적으로 억제되며, 도시시설의 정비도 원칙적으로 실시되지 않는다. 즉 새롭게 건축물을 세우거나 증축할 수 없는 지역이다. 다만 일정 규모의 농림수산업시설이나 공적 시설 및 공적 기관에 의한 토지구획정리사업 등에 의한 정비는 가능하다.

29 비선 긋기(非線引き) 도시계획구역이란 도시계획지역 중에서 시가화구역에도 시가화조정구역에도 속하지 않는 무지정구역을 말한다. 일본 도시계획법에 근거한 도시계획구역은 크게 세 가지로 나눌 수 있다. ① 시가화구역은 사람이 생활하는 것을 전제로 한 구역이며, ② 시가화조정구역은 사람이 생활하는 것을 전제로 하지 않기 때문에 기본적으로 주택 건설 등이 곤란한 구역을 말한다. ③ 비선 긋기 구역은 어떠한 제약도 없지만 수도, 하수, 전기, 가스 등 인프라가 정비되어 있지 않기 때문에 주거에 적합하지 않다.

30 토지이용규제나 행위규제 등의 규제가 전혀 없는 지역을 말한다. 도시계획구역 내에서 용도지역 지정이 없는 토지를 말하기도 한다.

해 협의회를 설치한 곳이 50% 정도에 지나지 않으며, 협의회를 설치해도 약 40%의 지구에서는 연평균 개최 회수가 0~2회 미만이었다. 또한 TMO 중에서 전임 종사자가 한 명도 없는 곳이 60% 이상이며, 활동과 관련된 지출의 50% 이상을 국가, 도·도·부·현 및 시·정·촌의 보조로 충당하고 있는 상공회 등 TMO가 70% 정도이다. 이처럼 기본계획에 근거한 각종 사업을 원활하고 효율적으로 실시하기 위해서는 사업실시 기관의 인적 체제와 재정기반의 안정이 매우 중요하다.

(3) 중소기업 활성화 사업의 유효성

사업을 실시한 후 중심시가지의 상황을 살펴보면, 비교적 많은 지구에서 인구감소 경향이 둔화되거나 멈추었으나, 연간 소매상품 판매액은 일부 지구를 제외하고는 지속적으로 감소되었음을 알 수 있다. 또한 인구, 연간 소매상품 판매액 등의 증가율이 전국 평균치를 상회하는 지구는, 면(面)적 정비 사업이나 상업 활성화 사업을 다수 실시하는 지구나 대규소매점포 및 공공·공익시설이 중심시가지 지역 내에 비교적 많이 입지하는 경향을 보인다. 그리고 TMO나 민간연계협의회를 설치에서도 연계 추진을 위한 활동이 저조하거나, TMO의 전문적 인재 및 자주 재원 부족 등에 의해 실질적으로 사업을 추진하지 못하는 등 활성화에 의한 사업효과가 상승했다고는 볼 수 없다.

중심시가지 활성화를 위해서는 국가와 지자체, 지역 관계자 등 다양한 주체자가 그 목적과 목표를 명확하게 하고 상호 책임을 완수할 수 있는 적정한 관계가 구축되어야 한다. 특정 관계자들만으로 추진하는 사업으로는 효율적인 중심시가지 활성화를 이룩할 수 없다.

제3절 ┃ 마치즈쿠리 3법의 주제

1. 중심시가지 활성화 정책의 새로운 방향

개정 「중심시가지활성화법」에서는 매력과 활력이 넘치는 중심시가지를 구축하기 위한 기본적인 방향성을 '콤팩트하고 활력이 넘치는 지역'[31] 으로 설정했으며, 이는 인구감소 사회의 도래, 지속적인 지자체 재정난, 커뮤니티의 유지 등과 같은 도시사회환경 변화에 대한 대응책이라고 할 수 있다.

'콤팩트하고 활력이 넘치는 마치즈쿠리'를 실현하기 위해 다음과 같은 세 가지 정책방침이 결정되었다.

(1) 다양한 도시기능의 시가지 집적 — 시외개발 억제

콤팩트한 지역사회를 실현하기 위해서는 도시기능 전반의 계획적인 배치를 담당하는 도시계획체계에서의 대응을 기본으로 한다. 농지를 포함한 도시계획구역 이외의 지역 및 시가지조정구역의 규제 강화 등 교외로 갈수록 규제가 엄격해지는 도시계획 체계로 이행하며, 대형점뿐 아니라 도시계획 전반을 시야에 넣어 재검토한다. 즉 상업조정에 국한하지 않고 제도의 공평성과 투명성을 확보하기 위해 조닝수법(용도제한)을 채용한다. 그리고 주변 시·정·촌에 미치는 영향을 고려하여 광역조정의 구조를 도입한다.

(2) 중심시가지의 활력 회복 — 중심부 재생을 위한 지원

커뮤니티로서의 매력 향상을 위해, 선택과 집중을 통해 중점적으로 중심

* * *

31　コンパクトでにぎわいあふれるまち.

시가지를 지원하는 시책을 펼친다. 상업기능뿐만 아니라 다양한 도시기능 강화를 위해 종합적인 타운 매니지먼트 체제를 구축하고, 상업 활성화를 위한 지원도 적극적으로 실시한다.

(3) 시가지집약과 활력회복의 일체적 추진 – 마치즈쿠리에 관한 환경변화에 대응한 새로운 제도 설계

「중심시가지활성화법」의 근원적인 개정이 필요하다. 즉 이 법을 이념이나 정책지원 수법 등을 규정하는 기본적인 법률로 한다.

2. 마치즈쿠리 3법의 개정 요점

이 절에서는 마치즈쿠리 3법, 즉 개정 「중심시가지활성화법」, 개정 「도시계획법」, 「대점입지법」의 개정 요점을 소개하고자 한다.

1) 개정 「중심시가지활성화법」의 개정 요점 – 국가 인정, 목표수치 설정, 중심시가지활성화협의회 설치

2006년 개정된 「중심시가지활성화법」의 주요 사항은, 중심시가지 활성화를 위한 사업이 확실한 성과를 올리기 위한 방법·수단으로서 ① 시·정·촌이 작성하는 기본계획을 내각총리대신[32]이 인정할 것, ② 각 시·정·촌은 기본계획에 기재해야 할 사항을 각 사업 항목별로 기재하고 달성 목표를 수치화해서 명기할 것, ③ 기본계획 및 실시사업을 책정하고 실시하는 과정에서 중심시가지마다 조직되는 다양한 지역관계자가 참가한 중심시가

* * *

32 중심시가지활성화본부장, 구성원은 전 각료.

지활성화협의회로부터 그 내용에 관해 의견을 청취할 것 등 세 가지 사항이 강조된 것이 특징이다.

개정 「중심시가지활성화법」의 이념을 소개하면 다음과 같다.

중심시가지의 활성화는 중심시가지가 지역주민 등의 생활과 교류의 장이라는 사실을 고려하여, 지역의 사회적·경제적·문화적 활동의 거점이 될 수 있도록 매력 있는 시가지 형성을 도모하는 것을 기본으로 하며, 지방공공단체, 지역주민 및 관련 사업자가 상호 밀접하게 연계하여 주체적으로 추진하는 것의 중요성을 고려하면, 그러한 활동에 대해 국가가 집중적이고 효과적으로 지원하지 않으면 안 된다.

① 법률 명칭 변경: 법률 명칭을 「중심시가지 활성화에 관한 법률」로 변경하였다.

② 기본이념 및 책무규정의 창설: 중심시가지 활성화에 대한 기본법적인 성격을 고려하여 기본이념을 창설하고, 국가와 지방공공단체 및 사업자의 책무규정을 창설하였다.

③ 국가에 의한 선택과 집중 구조 도입: 중심시가지활성화본부(본부장: 내각총리대신)를 창설하여 기본방침 작성, 시책의 종합적인 정리, 사업 실시 상황 체크 등의 업무를 담당한다. 그리고 시·정·촌이 작성한 기본계획에 대해 내각총리대신이 인정을 하는 제도를 구축했으며, 내각총리대신의 인정에 근거하여 세제 특례, 보조사업의 중점적인 지원이 이루어진다.

④ 다양한 관계자의 참가: 다양한 민간주체가 참가하는 '중심시가지활성화협의회'를 법제화하였다.

⑤ 지원조치의 대폭 확충: 도시기능의 집적을 촉진하기 위해 '생활·활력 재생 사업'[33]을 창설했고 '마치즈쿠리 교부금'을 확충했으며, 비영리법인(NPO 법인)을 지정대상으로 추가하는 등 중심시가지정비추진기구 또한 확

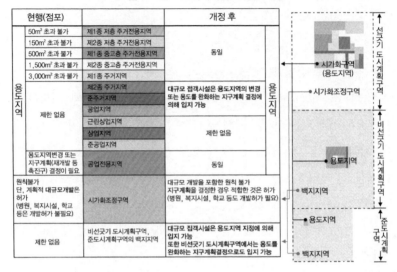

〈그림 V-3〉「도시계획법」개정 내용

현행(점포)		개정 후
용도지역	50㎡ 초과 불가 / 제1종 저층 주거전용지역	동일
	150㎡ 초과 불가 / 제2종 저층 주거전용지역	
	500㎡ 초과 불가 / 제1종 중고층 주거전용지역	
	1,500㎡ 초과 불가 / 제2종 중고층 주거전용지역	
	3,000㎡ 초과 불가 / 제1종 주거지역	
	제한 없음 / 제2종 주거지역, 준주거지역, 공업지역	대규모 접객시설은 용도지역의 변경 또는 용도를 완화하는 지구계획 결정에 의해 입지 가능
	근린상업지역, 상업지역, 준공업지역	제한 없음
	용도지역변경 또는 지구계획(재개발 등 촉진구) 결정이 필요 / 공업전용지역	동일
	원칙불가 단, 계획적 대규모개발은 허가 (병원, 복지시설, 학교 등은 개발허가 불필요) / 시가화조정구역	대규모 개발을 포함한 원칙 불가 지구계획을 결정한 경우 적합한 것은 허가 (병원, 복지시설, 학교 등도 개발허가 필요)
	제한 없음 / 비선긋기 도시계획구역, 준도시계획구역의 백지지역	대규모 집객시설은 용도지역 지정에 의해 입지 가능 또한 비선긋기 도시계획구역에서는 용도를 완화하는 지구계획결정으로도 입지 가능

* 준공업지역에서는 특별용도지구를 활용한다. 특히 지방도시에서는 이를 「중심시가지활성화법」에서 기본계획의 국가에 의한 인정조건으로 하는 것을 기본방침으로 명기한다.

충하였다. 그리고 지역 내 주거를 촉진하기 위해 '중심시가지 공동주택 공급 사업'을 창설했으며, '지역 내 거주 재생 펀드'를 확충하였다. 상업기능 활성화를 위해서는 중심시가지의 빈 점포에 대형 소매점포가 출점 시 규제를 완화했으며, '전략적 중심시가지 상업 등 활성화 지원사업'을 확충하였다. 그리고 '상업 활성화 빈 점포 활용사업에 대한 세제 등'을 확충하였다.

⑥ 이 외에도 '공공 공지 등의 관리제도, 공통 승차선권'의 특례를 창설했으며, 「특정 상업집적의 정비 촉진에 관한 특례조치법」을 폐지하였다.

• • •

33 暮らし・にぎわい再生事業.

2) 「도시계획법」의 개정 요점

「도시계획법」의 개정 목적은 "도시의 질서 있는 정비를 도모하기 위해, 준도시계획구역제도의 확충, 도시계획구역 등의 구역 내의 대규모 집객 시설의 입지에 관한 규제 재검토, 개발허가 제도의 재검토, 기타 도시계획에 관한 제도를 정비"하는 것이며, 개정 주제는 "대규모 집객 시설의 교외 입지를 원칙적으로 금지"하는 것이다.

• 「도시계획법」·「건축기준법」의 일부 개정: 인구감소·초고령화 사회에 적합한 마치즈쿠리를 실현하기 위해 다음과 같은 조치를 강구하였다. 특히 광역적으로 도시구조에 큰 영향을 미치는 대규모 집객시설34의 입지에 대해서는 도시계획의 절차를 거치도록 했으며, 지역의 판단을 반영한 적절한 입지를 확보하게 하였다.

① 시가화구역, 용도지역의 입지규제: 대규모 집객 시설이 입지 가능한 용도지역을 재검토하여, 현행 6개 지역에서 3개 지역(상업지역, 근린상업지역, 준공업지역)으로 한정하였다. 그 결과 지금까지 도시계획구역의 90%, 도시계획구역 외에서는 거의 모든 시설의 입지가 가능했으나, 전체의 약 3%만 입지가 가능하게 되었다.

② 비선 긋기 백지지역 등의 입지규제: 비 선긋기 도시계획구역, 준도시계획구역 내의 백지지역이라도 대규모 집객 시설은 원칙적으로 입지가 불가능하게 되었다.

③ 준도시계획구역 제도의 확충: 농지를 포함한 토지 이용의 정비가 필요한 구역 등에 폭넓게 지정될 수 있도록 준도시계획구역의 요건을 완화함

---

34 법률에서는 특정대규모건축물로 연면적 10,000m²를 초과하는 점포, 영화관, 위락시설, 전시장 등으로 정의하고 있다.

과 동시에 지정권자를 도·도·부·현으로 변경한다.

④도시계획절차의 원활화, 광역조정절차의 충실: 개발사업자가 도시계획제안을 할 수 있도록 도시계획 제안권자의 범위를 확대하고, 광역조정을 강화하기 위해 도·도·부·현 지사가 시·정·촌의 도시계획 결정 등에 대해 협의 동의를 할 경우 관계 시·정·촌으로부터 의견을 청취할 수 있도록 한다.

⑤개발허가제도의 재검토

시가화조정구역 내의 대규모개발을 허가할 수 있는 기준을 폐지하고, 병원, 복지시설, 학교, 관공서 등의 공공공익시설을 개발허가 대상으로 한다.

3) 「대규모소매점포입지법」의 개정 요점

「대규모소매점포입지법」은 「대규모소매점포법」 폐지 후의 대형점 출점에 관한 약속사항 및 질서규정을 나타낸 것으로, 점포 면적이 1,000m²를 초과하는 대규모소매점포(대형점)가 출점할 때 주변지역의 생활환경을 유지하기 위해 그 시설의 배치 및 운영방법에 대해 합리적인 범위 내에서 배려를 요구하고 있다.

「대규모소매점포입지법」의 개정은 제4조 제1항에 근거한 지침 개정으로 실질적인 대응책에 관한 개정이다. 「대규모소매점포법」 폐지 후 「대규모소매점포입지법」 실시에 관해, ①각지에서 도시계획과의 정합성이 없는 대형점의 출점이 많은 점, ②중심시가지의 대형점 폐쇄가 현저하게 증가하는 점, ③대형점 주변지역의 교통문제(정체, 사고 등)가 발생하는 점, ④야간 영업으로 인한 주변생활자의 민원이 많은 점 등이 지적되고 있다. 2005년 10월에는 시설의 배치 및 운영방법에 관한 사항 속에 대형점의 주변지역의 생활환경 악화방지를 위해 배려해야 하는 사항으로서 기존의 '교통, 소음, 폐기물, 거리경관 가꾸기'에 새롭게 '방범'에 관한 사항이 추가되었다.

(1) 개정내용

대규모 소매점포 시설과 일체로 병설되는 서비스 시설로 추가하여 기존의 물판 부분과 서비스 부분으로 구분하는 것이 어려웠다는 운영상의 문제를 고려했으며, 충분한 실태파악을 통해 향후에는 물판시설면적에 서비스 시설면적을 추가하여 각종 배려사항에 대해 대처할 것을 법률 제4조 제1항에 근거하여 지침을 개정하였다.

(2) 「대규모소매점포입지법」의 과제

앞에서 언급한 바와 같이 「대규모소매점포법」 폐지 이후 대형점의 출점은 원칙적으로 무조건적으로 출점할 수 있게 되었으며, 일본 전국 각지의 교외지에는 대형점 출점이 급속하게 늘어났다. 상행위는 무조건일지라도 지역 환경에 관한 책임은 반드시 이행해야 한다. 그러나 현재 일본의 「대규모소매점포입지법」 운용에서는 몇 가지 문제점이 존재한다.

①주민 관계자로부터 의견을 청취하고 있으나 단지 의견을 듣는 것에 그치고 있으며, 주민의 의견에 대해 설명 책임이 없고 개선 응답 필요성이 명기되어 있지 않다.

②주민 설명회에 법의 운영책임자인 행정의 참가가 의무사항이 아니라는 점이다. 만약 행정이 참가하더라도 발언 의무가 없으며, 행정이 직접 지역에서 실시하는 개발이나 대형점 출점에 관한 의견을 주민 관계자와 교환하는 기회도 준비되어 있지 않다.

③대형점 출점 관련 제출 서류의 대부분은 지침에 명시된 각종 배려사항에 관한 대응을 수량적 계산에 근거하여 산출한 데이터집이다. 이들 서

류는 일반에 공개되어 관람하는 것이 가능하지만, 내용에 관한 체크가 어떻게 이루어졌는지, 그리고 결과가 타당한가에 대한 내용이 서면이나 그 이외 적정한 방법으로 확인할 수 없다.

④ 시·정·촌이 제시하는 의견서에 지역 관계자뿐만 아니라 전문가나 도시 전체에 관련된 다양한 관계자를 포함하여 의견을 집약하는 구조가 필요하다. 도시는 특정 지역·특정 관계자만으로 성립되는 것은 아니다. 많은 관계자들의 유기적인 관계로 형성된다는 것을 이해하며, 데이터의 해석 및 향후 지역사회에 미칠 영향을 어떻게 제어할 것인가에 대해 논의하는 것이 절대적으로 필요하다.

⑤ 주차장 규모 산정 등 각종 기준치 산출에서 입지조건에 의한 규정이 제시되어 있지만, 현실적으로 각 도시의 형성과정, 목표로 하는 도시상, 교통기관을 비롯한 도시기반 상황 등이 다른 것을 고려하면, 원칙적으로 법률에 근거한 시행규칙을 기준으로 하되 운용세목은 시·정·촌이 상세하게 규정하는 것이 바람직하다.

제 VI 장
일본의 타운 매니지먼트 조직 실태

1974년 「대규모소매점포법」 제정으로 인해 교외에 입지하는 대형점의 출점 조정이 법적으로 시작되었지만, 이들 조정이 충분한 효과를 보았다고는 볼 수 없다. 실질적으로 「대규모소매점포법」 제정 이후에도 대형점은 계속 출점되었다. 이에 1984년 일본 정부는 '1980년대 유통산업 비전'을 제시하면서, 중심시가지의 중심을 이루는 상점가를 단순한 상업공간이 아니라 지역사회의 생활의 광장으로서 재생시킨다는 목적의 '커뮤니티 마트 구상'을 발표, 전국 각지에서 계획이 수립되었다. 그러나 구체적으로 사업이 시행된 곳은 적었는데, 이는 전체적으로 사업을 실시하는 사업주체가 존재하지 못한 점과 자금 문제 등에 기인하였다.

1989년에는 '1990년대 유통산업 비전'에서, 특정상업집적법의 전제가 된 광역권 단위에 종합적 생활 상업시설의 설치를 목적으로 한 '하이마트 2000 구상'이 제시되었는데, 이 구상은 기존의 상업지에서 중심시가지 활성화 대책으로서의 커뮤니티 마트(Community Mart) 구상의 문제점을 고려, 기존 상점가가 안고 있는 과제를 종합적으로 해결하는 사업조직의 설립을 지원하는 제도가 창설되었다. 이것이 바로 **마치즈쿠리** 회사 제도라고 하는 것이다.

처음에는 마치즈쿠리 회사를 설립할 때 지역상인(조합)과 국가(당시 중소기업사업단), 지자체(국가와 같은 액수 출자)가 출자하도록 되어 있었지만, 각지에서 지자체 출자가 문제가 되어 현실적으로 지역상인의 기대나 사업의 욕과는 괴리가 있어, 현재까지 회사를 설립한 도시는 46개 도시에 지나지 않는다.

그 후「대규모소매점포법」폐지가 결정되고 1998년 6월 '마치즈쿠리 3법'이 제정되어, 마치즈쿠리의 주체로서 TMO(Town Management Organization)가 출현하게 된다. TMO는 그 조직형태를 공익법인, 상공회 또는 상공회의소, 특정회사(지자체가 3% 이상 출자하는 회사법인)의 세 종류로 규정하였다. 특히 특정 회사형태는 이전까지 마치즈쿠리 회사가 안고 있었던 지자체의 출자조건을 완화하여 각지의 지역관계자들에게 큰 효과를 미치게 된다. 그러나 TMO는 2006년「중심시가지활성화법」개정으로 인해 중심시가지활성화협의회로 바뀌게 된다.

이처럼 일본에서는 중심시가지에 새롭게 대두하는 문제를 해결하기 위해 마치즈쿠리 사업조직을 제도로서 준비하였다. 그러나 현재 각지의 중심시가지에는 상점가진흥조합이 각 지구의 활성화에 크게 공헌하고 있다. 이 조직은 상점가진흥조합법에 근거하고 있으며 조합의 구역이 연담하고 있는 면적단위로 규정되어 있다. 즉 지구한정형 조직으로 미국의 BID 형태와 유사하다고 할 수 있다.

이 장에서는 지금까지 약 20년간 일본의 국가 제도로서 전개되어온 마치즈쿠리 회사와 TMO의 실태와 문제점을 정리하고자 한다.

제1절 ㅣ 마치즈쿠리 회사

1. 마치즈쿠리 회사의 정의

마치즈쿠리 회사 제도는 1989년도에 창설되었으며, 1991년부터 '상점가 정비 등 지원사업'으로 명칭이 바뀌었다. 제도 내용은 제3섹터인 마치즈쿠리 회사 또는 공익법인이 상점가나 신규 상업 집적지(특정상업집적법에 근거한 지구)에서, 「중소소매상업진흥법」의 인정을 받은 계획에 근거하여 커뮤니티시설(교양문화, 체육·건강증진, 주차장·주륜장, 공원·광장, 아케이드 등), 쇼핑센터형 점포를 정비하고 운영하는 사업을 할 경우 국가가 사업주체에 출자 및 융자를 한다는 것이다.

이 제도는 어디까지나 근거법이 「중소소매상업진흥법」이기 때문에, 조직설립의 조건은 중소기업자가 과반의 권리(출자자 수 2/3 이상, 대기업의 출자합계가 1/2 미만 등)를 보유한다. 또한 사업조건 중 점포정비에 대해서는 공동점포 형태로서 규모가 200m² 이상, 중소소매업자·서비스업자가 2/3 이상을 이용하는 것이 조건이다. 당시 이 마치즈쿠리 회사의 모델은 시가현(滋賀縣) 나가하마 시(長浜市)의 주식회사 구로카베(黑壁)라고 알려져 있다.

2. 마치즈쿠리 회사 조직의 특징

2007년 1월 현재까지 설립된 마치즈쿠리 회사 46개 법인 중, 주식회사 형태로 설립된 36개 법인을 대상으로 그 특성과 실태를 정리하였다.

주식회사 형태의 마치즈쿠리 회사의 특징을 우선 관과 민의 출자 비율에 따라 다음과 같이 세 가지 유형으로 설정하였다.

① 행정출자중심형(A형): 국가＋지자체가 80% 이상 출자

② 균형출자형(AB형): 국가, 지자체, 민간이 거의 동등하게 출자

③ 민간출자중심형(B형): 국가＋지자체가 50% 미만 출자

(1) 관민 출자 비율 유형에 따른 조직 특성

관과 민의 출자 비율 유형별로 살펴본 마치즈쿠리 회사 조직은, 행정출자중심형(A형)이 50.0%, 균형출자형(AB형)이 27.8%, 민간출자중심형(B형)이 22.2%로, 관의 출자 관여가 큰 특징으로 인정되고 있다.

(2) 도시규모별 조직 특성

출자 비율 유형을 도시규모별로 살펴보면, 인구 5만 명 미만의 소도시에는 행정출자중심형(A형)이 63.6%(14개 법인)을 차지하여 관의 관여가 매우 높은 것을 알 수 있다. 반대로 5만 명 이상 15만 명 미만의 도시에는 민간출자중심형(B형)이 62.5%(5개 법인)를 차지하여 민의 관여가 큰 경향을 나타내고 있다. 또한 15만 명 이상의 도시에서는 사례가 매우 적기 때문에 명확하게 단정할 수는 없으나 관의 관여가 큰 경향이 있다고 볼 수 있다.

〈표 VI-1〉 도시규모별 특성

구분	5만 명 미만	5만~15만 명	15만 명 이상
행정출자중심형(A형)	14 (64%)	1 (13%)	3 (50%)
균형출자형(AB형)	6 (27%)	2 (25%)	2 (33%)
민간출자중심형(B형)	2 (9%)	5 (63%)	1 (17%)
계	22(100%)	8(100%)	6(100%)

(3) 총사업비별 조직 특성

출자 비율 유형을 총사업비와의 관계로 살펴보면, 20억 엔 미만 사업에
는 행정출자중심형(A형)이 60.9%(14개 법인)를 차지하여 관의 관여가 높지
만, 20억 엔 이상 40억 엔 미만에서는 행정출자중심형(A형)과 민간출자중
심형(B형)이 각각 40%(4개 법인)를 차지하여 양극화 경향을 보인다. 또한
40억 엔 이상의 대규모사업에는 행정출자중심형(A형)은 존재하지 않는 것
이 특징이다.

〈표 VI-2〉 총사업비별 특성

구분	20억 엔 미만	20억~40억 엔	40억 엔 이상
행정출자중심형(A형)	14 (61%)	4 (40%)	0 (5%)
균형출자형(AB형)	6 (26%)	2 (20%)	2 (67%)
민간출자중심형(B형)	3 (13%)	4 (40%)	1 (33%)
계	23(100%)	10(100%)	3(100%)

(4) 정비시설 내용별 조직 특성

정비시설을 상업시설(S), 교양문화·체육건강 증진시설(C), 주차장 및 기
타(P) 등 3개 시설로 분류하여, 정비시설의 형태를 다섯 가지 유형으로 설
정하여 출자 비율 유형과의 관계를 살펴보았다.

그 결과 민간출자비율이 상대적으로 높은 민간출자중심형(B형)과 균형
출자형(AB형)에서는 'SCP' 시설의 비율이 높고, 민간의 관여가 높을수록 종
합적인 시설정비의 경향이 높아지는 경향이 있다. 반대로 행정출자중심형
(A형)에서는 'SCP' 시설의 비율이 낮으며 공익시설 중심형 정비가 주된 특
징이다.

<表 Ⅵ-3> 정비시설 내용별 조직 특성

구분	A형	AB형	B형	합계
SCP형	3	5	5	13
SC형	8	3	2	13
SP형	1	0	0	1
C형	3	0	0	3
CP형	3	2	1	6
계	18	10	8	36

3. 마치즈쿠리 회사 조직 구성

마치즈쿠리 조직의 인적 체제를 조직대표자와 운영중심자의 소속·출신 모체로 구분하여 특징을 살펴보도록 하겠다.

1) 조직대표자

조직 대표의 소속과 출신모체를 지자체와 지역경제단체, 지역중심기업 등 3개로 구분하여 살펴보면, 지자체(수장)가 52.8%(19개 법인), 지역중소기업자가 27.8%(10개 법인), 지역경제단체장(상공회의소장, 상공회장)이 19.4%(7개 법인)이며, 전체적인 경향으로는 시·정·촌장의 비율이 매우 높다.

2) 운영중심자

운영 중심자의 소속과 출신모체를 지자체(행정형), 지역경제단체(경제단체형), 지역중심기업(기업형), 외부로부터 신규 채용한 전임자(외부전임형) 등 4개로 구분하여 살펴보면, 외부전임형이 41.7%(15개 법인)로 가장 많으며, 기업형이 25.0%(9개 법인), 행정형이 22.2%(8개 법인), 경제단체형이

11.1%(4개 법인)이다. 이는 대표자와는 달리 운영중심자가 실질적으로 사업을 추진하는 책임자이기 때문에, 사업경험자를 중심으로 폭넓은 입장에서 선정되는 현실의 반영이라고 할 수 있다.

3) 조직 구성의 구조

조직구성의 구조를 〈그림 VI-1〉과 같이 출자 비율 유형과 대표자의 소속·출신모체, 운영중심자의 소속·출신모체를 이용하여 분석하고 특징을 추출하고자 한다.

그 결과 다음과 같이 세 가지 유형이 전체의 2/3를 차지하며, 이들 유형이 마치즈쿠리 회사 조직구성의 원형(prototype)이라고 할 수 있다.

(1) 지자체 조직구성 타입

지자체 조직구성 타입이란, 행정출자중심형이며 대표자가 지자체 수장, 운영중심자가 행정형 또는 외부전임형인 경우를 말한다. 이 유형은 전체의

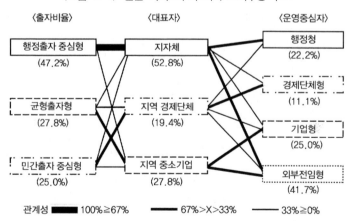

〈그림 VI-1〉 일본 마치즈쿠리 회사 조직구성 구조

약 40%(14개 법인)를 차지하며, 마치즈쿠리 회사 조직구성의 전형적인 예라고 할 수 있다. 소도시에서 많이 나타나며 공익적인 시설을 주로 정비하는 유형이다. 시·정·촌이 주체적으로 설립에 관여를 하며, 조직 운영을 지원하는 타입이다.

행정출자중심형의 약 80%(14/18)가 이 유형인데, 실질적인 운영중심자는 행정 출신자와 외부전임자로 크게 나뉜다. 외부전임자를 이용하는 경우에는 적임자가 행정내부에 존재하지 않는 경우와 정비하는 시설이 특수한 커뮤니티 시설(건강증진시설 등)인 경우가 많다.

(2) 지역상인 조직구성 타입

지역상인 조직구성 타입은, 균형출자형이면서 대표자가 지역중소기업자, 운영중심자가 기업형 또는 외부전임형인 경우를 말한다. 이 유형은 전체의 약 14%(5개 법인)를 차지하며, 지역상인이 주체적으로 운영에도 관여를 하는 타입이다. 이 유형은 도시규모와는 관계가 없으며 특정사업(상업활동 사업)에 특화되어 있다. 대표자는 민간(지역중소기업자) 기업가인 경우가, 운영중심자는 지역중소기업자 또는 외부전임자인 경우가 많으며, 행정 출신자나 경제단체 출신자가 되는 예는 거의 없고 조직구성자의 대부분이 기업가로 구성되어 있다.

(3) 경제단체 조직구성 타입

경제단체 조직구성 타입은, 민간출자중심형이면서 대표자가 지역경제단체장, 운영중심자가 경제단체형인 경우를 말한다. 이 유형은 전체의 약 8%(3개 법인)로 수는 적지만 경제단체가 조직을 주체적으로 운영을 하는 대표적인 유형이라고 할 수 있다. 민간사업자가 출자를 하고 경제단체가 그

것을 종합하는 역할을 담당한다. 따라서 대표자가 경제단체장이고 운영중심자도 경제단체 출신자이며, 경제단체의 책임자가 주도권을 가지며 지역 상인이 사업에 참여하거나 관여하는 형태이다. 따라서 공익사업보다는 경제적인 사업에 역점을 두고 추진하는 유형이라고 할 수 있다.

4. 마치즈쿠리 회사 조직의 문제점

1) 마치즈쿠리 회사 조직 전체의 문제점

마치즈쿠리 회사가 내포하고 있는 조직 설립시기부터 현재까지의 문제점을 KJ법[1]을 이용하여 정리한 결과, 문제점을 26개 항목으로 분류할 수 있다.

* * *

[1] KJ법은 일본에서 새로운 지식을 만들어낼 때 사용하는 방법이다. KJ는 제안자인 문화인류학자 가와키타 지로(川喜田二郞)의 이니셜이며, 원래는 학문적인 방법론이었는데 1960년대부터 1970년대 일본 고도 성장기에 비즈니스맨들 사이에서 널리 이용된 경위가 있다. KJ법은 먼저 라벨에 취재활동 및 자신의 경험에 근거한 정보를 적는다. 다음으로 라벨에 쓴 데이터의 상관관계를 조사해 그룹을 만든다. 이것을 몇 단계 반복해서, 마지막에는 전체의 관련도를 그리고 문장화하는 순서를 밟아간다. KJ법의 진행방법에 대해 각 단계별로 살펴보면 다음과 같다.
① 라벨 만들기 ― 먼저 라벨에 정보를 기입한다. 정보는 "토론에서의 발언내용", "자신의 기억을 더듬어서", "별도로 모은 내용" 등 여러 가지 내용을 생각해볼 수 있다. 이것을 자신에게 호소하는 것 같은 표현으로 쓴다.
② 라벨 펼쳐놓기 ― 정보를 기입한 라벨을 테이블 위에 펼쳐 놓는다. 이런 상태로는 정보의 홍수, 한마디로 혼돈의 상태가 된다.
③ 소(小)그룹화 ― 라벨을 수회에 걸쳐 진지하게 읽기를 반복한다. 3회 정도 읽은 후부터 "어필하는 내용이 비슷하다"고 느껴지는 라벨을 겹쳐 놓는다. 이렇게 유사성이 있는 정보들끼리 소그룹화해나간다. 이때 어느 쪽에도 속하지 않는 라벨이 나타나게 되나 그대로 둔다. 소그룹화한 라벨을 종합해 그룹별로 공통되는 사항(표찰)을 써나

대항목에서는 '자금'(32개 법인: 42%)과 '조직'(26개 법인: 35%)의 2개 항목
이 전체의 3/4을 차지하며, 중항목에서는 자금문제인 '수지'(25개 법인: 33%)
와 조직문제인 '경영'(17개 법인: 23%)이 대다수를 차지한다. 이는 시설이 완
공된 후의 안정적인 경영의 어려움을 나타내는 결과라고 할 수 있다.[2]

다음으로 각 문제점의 관계를 명확하게 하기 위해, KJ법에 의해 정리된
26개 항목의 문제점을 설명변수로 하고, 수량화이론 명류분석을 실시하여
얻어진 샘플수치를 이용하여 클러스터 분석에 의해 문제점 상호 간의 관련
성을 도출하였다. 그 결과 다음 네 가지가 상호관련성이 강한 문제점이라
고 볼 수 있다.

① 지자체 참가의 제도요건(④ - 1)과 사업효과(③ - 3)

② 안정적인 수입확보의 곤란함(① - 7)과 운영조성·세금의 우대조치의

• • •

간다. 실제로는 이러한 표찰 만들기가 무척 어렵다. 먼저 ㉠ 라벨 세트를 한 번 더 읽
어본다. ㉡ 복수의 라벨 세트가 나타내는 단어를 별도의 용지에 메모한다. ㉢ 라벨을
반복해 읽으면서 점검 ㉣ 이 외에 나타내고 있는 단어가 없는가를 생각해보고 모두
메모한다. ㉤ 메모를 서로 연결 지어 단문을 만든다. ㉥ 마지막으로 단문을 첨착한
다. 이런 순서로 작업하여 표찰을 만든다. 표찰을 제일 위에 두고 클립이나 고무밴드
등으로 묶어둔다. 아이디어는 규칙적으로 나오지는 않는다.

④ 중(中)그룹화 – 소그룹의 표찰, 홀로 남은 라벨을 반복해서 읽어보고 중그룹을
만든다.

⑤ 대(大)그룹화 – ③단계와 동일한 방법으로 작업. 라벨 세트가 10여개 될 때까지
반복한다.

⑥ 도해화(図解化) – 대그룹, 중그룹, 소그룹의 순으로 우선 순위를 두고 라벨의 의
미관계를 도해화한다. 1장의 큰 종이에 라벨을 붙이고 그룹별로 테두리를 만든다.
라벨이나 그룹에 원인/결과의 관계가 있으면 →, 서로 영향을 미치는 경우에는 ↔로
관계를 표시한다. 도해화 결과를 토대로 문장화한다.

[2] 법인 수는 복수응답의 수.

〈표 Ⅵ-4〉 KJ법을 이용한 마치즈쿠리 조직의 문제점

항 목		문제점
	중항목	
① 자금	A. 조달	• 행정출자액의 결정방법이 명확하지 않다. • 지역의 출자에 의한 설립이 어렵다. • 민간차입의 담보설정이 어렵다. • 의회의 이해를 얻는 데 시간과 노력이 필요하다.
	B. 수지	• 공익시설의 채산성이 어렵다. • 경상경비의 삭감이 곤란하다. • 안정적인 수입 확보가 곤란하다. • 수지 균형을 유지하는 것이 어렵다.
② 조직 (인적) 구성	A. 경영	• 지역에 경영경험자가 적기 때문에, 새로운 사업을 전개하는 것이 어렵다. • 행정이나 상공회에 의존하지 않을 수 없기 때문에, 경영적 조직이 되기 어렵다.
	B. 인재	• 준비단계의 스태프 확보가 곤란하다. • 외부로부터 전문 매니저를 초빙하기 어렵다.
	C. 의식	• 사업 참가자의 동기부여가 어렵다.
③ 사업	A. 코스트	• 공공시설의 투자 코스트가 많아지기 쉽다.
	B. 효과 등	• 제2기 사업으로 진행하기위한 방법론을 도출하기 어렵다. • 사업효과를 명확하게 하는 방법을 도출할 수 없다.
	C. 유지향상	• 공익시설의 판촉활동이 필요하다(이용률 향상 등). • 정비시설의 유지관리 방법이 복잡하다. • 유연하고 다면적인 운영방법을 결정하기 어렵다. • 설립 시의 조직체제에 집착해 새로운 조직체제를 만들기 어렵다. • 용지확보와 지권자의 협력을 얻기 어렵다.
	D. 사업범위	• 마치즈쿠리 회사로서 바람직한 사업을 결정하기 위해 조정을 하는 데 많은 시간이 필요하다.
④ 제도	A. 요건	• 지자체의 투자액, 비율 구조가 부족하다. • 대상시설 항목을 한정한 것이 사업을 제약하고 있다.
	B. 우대조치	• 운영에 관한 조성 및 세금 우대조치가 필요하다. • 설치한 시설에 대해 고정자산세 등 감세조치가 필요하다.

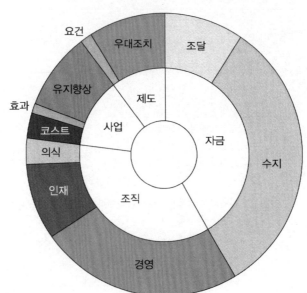

〈그림 Ⅵ-2〉 마치즈쿠리 조직의 문제점 지적 수

필요성(④ - 3)

③ 회사사업 결정의 어려움(③ - 9)과 고정자산세의 감세조치 희망(④ - 4)

④ 지역 참가자 수의 적음(① - 2)과 기존조직에 대한 의존(② - 2)

이들 문제점의 특징은 첫째, ①~③이 나타내는 '제도 자체와 자금'에 관한 문제점 상호 간의 강한 관계성을 들 수 있다. 또한 이 문제는 발생 시기에 차이점이 발생하는데, ①은 조직 설립 시, ②는 경영 스타트 후, ③은 조직 설립 시와 경영스타트 후이다. 둘째, 마치즈쿠리 회사 제도가 새로운 타운 매니지먼트형 조직이면서 ④가 나타내는 '마치즈쿠리 회사에 대한 지역의 낮은 이해도와 기존 조직에 대한 의존'에 관한 문제점의 관계성이다.

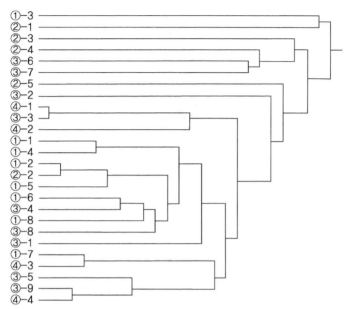

〈그림 VI-3〉 마치즈쿠리 조직 문제점의 상호 관련성

2) 조직구성 유형별 문제점

마치즈쿠리 회사조직 구성 유형별 문제점 경향을 밝히기 위해, 각 문제점을 변수로 수량화이론 III류 분석으로 조직구성 세 유형별 문제점의 특징을 도출하였다. 제 I 축은 자금·세제조치, 제 II 축은 조직체제·행정의 관여방법을 나타내고 있다.

(1) 지자체 주체 조직구성 유형의 문제점

수지와 우대조치에 관한 항목을 문제시하는 경향이 강하다. 이는 경비삭감(①-6), 수지 균형(①-7)과 운영상의 조성(④-3), 세제 우대(④-4), 시설의 유지관리 방법(③-5)인데, 소위 시설 완성 후 조직을 운영하는 데 자

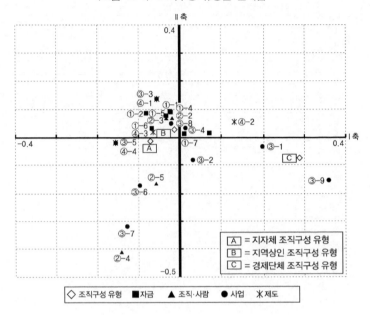

〈그림 VI-4〉 조직구성 유형별 문제점

금이 문제라는 것을 의미한다.

이 유형 중에는 (주) 가미이치 마치즈쿠리공사(株)上市まちづくり公社]나 (주) 가미야마 후쓰카마치 재개발[(株)上山二日町再開發]과 같이 다른 사업주체 (시가지 재개발조합)가 건설한 保留床[3]을 취득한 경우도 있지만, 그러한 경우에도 마찬가지로 운영상의 자금문제가 지적되고 있다. 이는 대부분이 공익성이 높은 시설을 정비하기 때문에 수익을 충분히 올릴 수 없는 것이 문제의 배경이라고 할 수 있다. 또한 이 유형에는 효율적으로 시설을 운영하

• • •

3 사업시행 전 각 권리자의 권리 종류와 그 자산액의 크기에 따라 사업 완료 후 건물의 대지나 연면적에 대해 권리를 부여하는 것.

기 위해 운영중심자를 외부전임자로 하는 예가 과반수 정도 차지하지만, (주) 나카자토무라 지역개발[(株) 中里村地域開發]을 비롯한 많은 조직에서 해결책으로서 세제 우대조치를 희망하고 있다.

(2) 지역상인 주체 조직구성 유형의 문제점

자금조달, 수지, 사업의 유지향상(①-1, ①-2, ①-4, ①-5, ①-6, ①-7, ②-2, ②-3, ③-4, ③-8)을 문제시하는 경향이 강하다. 이는 지자체 조직구성 유형과는 달리 자금조달이나 용지확보 등 준비단계나 시설건설 직전의 문제들이다. 이 유형은 상업시설＋공익시설을 정비하는 경우가 많기 때문에 사업비가 많이 소요되는 것이 특징이다.

(주) 아사히상업개발[(株)朝日商業開發]은 이러한 문제점을 해결하기 위해 자금조달 면에서 행정의 협력과 이해를 구하기 위해 노력하는 한편, 출자액 확보와 상업시설 출자자를 '테넌트' 형태가 아니라 '출자자(주주)'로서 회사에 참가시키는 방법을 채택하고 있다.

(3) 경제단체 주체 조직구성 유형의 문제점

이 유형은 응답 경향이 통일적이지 않고, 각 회사마다 안고 있는 문제점이 다르게 나타났다. 예를 들면 (주) 마쓰자카 마치즈쿠리공사[(株)松阪ちづくり公社]에서는 중심상점가의 공동 주차장 정비사업 실시에서 각 상점가의 출자자 간에 책임의식 차이가 발생했으며, 그것을 조정하는 어려움과 주차장 시설 이용률의 향상방법 및 초기투자의 회수자금 확보가 문제로 거론되고 있다.

5. 마치즈쿠리 회사 조직의 과제

1) 조직구성 유형별 과제

위에서 언급한 세 가지 유형별 주요과제를 정리하면 다음과 같다.

(1) 지자체 주체 조직구성 유형 과제: 종합적인 마치즈쿠리 사업의 실시와 종
  합적 사업 수지 시스템의 확립

시설 유지부터 시설운영, 마치즈쿠리 운영까지 종합적으로 마치즈쿠리
사업 실시를 도모해야 하며, 운영상의 수입조건을 향상시키고 이를 위해
종합적 사업 수지계산방법을 확립하는 것이 필요하다.

(2) 지역상인 주체 조직구성 유형 과제: 개별 사업에 투자하는 시스템 확립

사업을 안정적으로 실시하기 위해서는 개별사업 단위마다 투자 협력자
를 참가시킬 수 있는 시스템을 구축하는 것이 필요하다. 구체적으로는 영
국 노팅엄 시의 CCM(City Centre Management)⁴과 같이 각 사업마다 관련된
개인이나 기업이 연도 단위로 파트너십에 근거하여 투자하는 방법이 필요
하다.

(3) 경제단체 주체 조직구성 유형 과제: 조직의 신진대사

각 마치즈쿠리 회사에 따라 다소 차이는 있지만 일반적으로 운영중심자
가 기존 경제단체 출신자이기 때문에, 조직이 고정화되거나 새로운 경영전

• • •

4 南部繁樹, 「ノッテイングガムのタウンセンターマネジメント」, 『再開発コーディネ
  ーター』, No. 73(再開発コーディネーター協会, 1996).

략을 수립하는 것이 어렵다. 따라서 사업의 단계체제 및 조직체제를 유연하게 하여 경영조건을 개선해가는 것이 필요하다.

2) 공통과제

마치즈쿠리 회사 조직이 안고 있는 문제점과 조직구성 유형별 문제점을 고려하면 각 마치즈쿠리 회사가 공통적으로 안고 있는 과제를 다음과 같이 네 가지로 정리할 수 있다.

(1) 단계적 출자의 검토

사업을 시계열적으로 고려하여 단계적인 출자(증자)를 확보하여 안정적인 사업을 전개할 수 있는 '비용 대비 효과에 의한 행정출자 시스템 확립'과 '수익자효과에 의한 출자방법의 확립'이 필요하다.

(2) 시티 매니저와 타운 매니저 육성

마치즈쿠리 회사가 종합적인 마치즈쿠리 조직으로서 역할을 수행하기 위해서는 행정도 지역경영을 담당하는 시티 매니저를 육성·설치하여, 마치즈쿠리 회사의 타운 매니저(운영중심자)와 상호 협력하여 종합적인 마치즈쿠리 경영을 지원하기 위한 행정 체제 구축이 필요하다.

타운 매니저에 대해서는 영국이나 미국의 예를 들지 않더라도 사업의 진전이나 조직체제의 변화에 따라 적극적으로 적임자를 발굴하여 등용하는 것이 필요하다.

(3) 개별사업조직과 마치즈쿠리사업 조직 구분의 필요성

마치즈쿠리 회사 사업을 종합적으로 실시하기 위해서는 '개별사업을 실시하기 위한 조직'과 '개별사업을 종합적으로 조정하고 새로운 사업 전개를 추진하는 조직'이 필요하다.

(4) 운영비 지원의 필요성

마치즈쿠리 회사는 운영수지 부문에 많은 문제점을 안고 있다. 따라서 운영비에 대해서는 건설비 지원과 마찬가지로 관과 민으로부터 자금을 도입할 수 있는 구조가 필요하다. 이를 위해서는 건설과 운영을 구분하고, 행정이 효과에 맞는 새로운 조성이나 융자정책, 주민이나 기업이 자금을 지원하는 방법을 확립할 필요가 있다.

현재까지 설립된 주식회사 형태의 마치즈쿠리 회사는 제도상 요건이 있기 때문에, 관 측(시·정·촌)의 출자관여가 큰 것을 알 수 있다. 이러한 경향은 소도시의 경우와 총사업비가 적고 공익시설을 중심으로 정비하는 경우에 특히 강하다는 것을 알 수 있다. 그러나 종합적인 마치즈쿠리를 지향하고 상업시설을 포함한 정비 사업을 실시하고 있는 경우에는 민간 측의 출자관여가 크다.

이처럼 관과 민의 출자관여 차이는 그 조직구성과 현재 안고 있는 문제점의 차이에서도 알 수 있다. 관측의 출자관여가 큰 경우에는 대표자와 운영중심자가 지자체 수장이나 지자체 출신자가 차지하는 경우가 과반수이지만, 보다 서비스성이 높은 시설을 정비하는 예에서는 그 운영중심자에 외부전임자를 초빙하는 경우가 매우 많다. 그러나 두 가지 경우 모두 시설 정비 후의 수지와 운영상의 자금이 문제가 되는 것을 알 수 있다.

다음으로 민간 측의 출자관여가 큰 경우에는 대표자와 운영중심자 모두 중소기업자인 경우가 많으며 보다 다양한사업을 실시하고 있지만, 조직 설립 시와 사업결정 시에 자금조달이나 그 결정에 어려움이 많다는 것을 알 수 있다.

이러한 현상과 과제를 고려하여 향후 타운 매니지먼트 조직에 필요한 사항을 다음 세 가지로 정리할 수 있다.

첫째로 마치즈쿠리 사업의 효과적인 운영을 전제로 한 관민 파트너십 형성, 둘째로 종합적인 마치즈쿠리 사업을 순차적으로 전개하기 위한 인재 육성, 셋째로 경제적으로 자립하는 조직 확립을 도모하기 위한 자금조달 방법의 다양화와 수익사업 실시이다. 이와 같은 점들을 고려하여 종합적인 마치즈쿠리 기관으로서의 조직을 형성하는 것이 필요하다.

제2절 ｜ TMO(Town Management Organization)

1. TMO의 실태

1) TMO 조직 설립 수

TMO(중소소매상업고도화사업인정구상자)는 2006년 8월 22일 개정 「중심시가지활성화법」 시행으로 인해 법적 지위가 소멸하였다. TMO는 1998년 7월 24일 시행된 구「중심시가지활성화법」에 근거하여 법적인 조직형태 요건이 공익법인, 상공회 또는 상공회의소, 특정회사(지자체가 3% 이상, 대기업이 50% 미만의 출자규정 등이 조건)였으며, 나중에 NPO 단체가 추가되었다.

일본에서 최초의 TMO는 1998년 7월 31일 설립된 주식회사 마치즈쿠리 아이즈(株式會社ちづくり會津, 후쿠시마 현)이며, 마지막이 2006년 6월 2일 설립된 주식회사 마치즈쿠리 리후(株式會社ちづくり利府, 미야기 현)로 총 423개의 TMO가 설립되었다(2006년 8월 21일 현재).

<그림 Ⅵ-5> 일본 TMO 설립 수 및 연도별 변화 추이

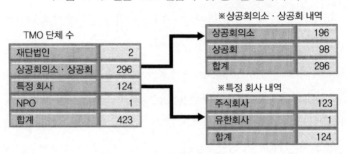

TMO 단체 수	
재단법인	2
상공회의소 · 상공회	296
특정 회사	124
NPO	1
합계	423

※상공회의소 · 상공회 내역	
상공회의소	196
상공회	98
합계	296

※특정 회사 내역	
주식회사	123
유한회사	1
합계	124

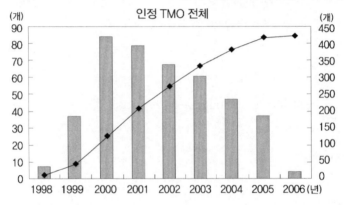

조직형태별 설립 수는 재단법인 2(0.47%), 상공회 98(23.2%), 상공회의소 198(46.8%), 특정회사 124(29.3%), NPO 1(0.023%)로, 상공회·상공회의소가 전체의 약 70%, 특정회사가 약 30%를 차지한다. 상공회·상공회의소와 특정회사는 설립비율이 1998년 이래 거의 변화가 없으며, 매년 7:3의 비율로 설립되어왔다.

TMO 설립 수의 연도별 변화를 보면, 처음 3년간은 급증했으나 3년째(2001년) 85지구를 정점으로 4년째부터 감소하였다. 도·도·부·현별 설립을 살펴보면 그 수가 동고서저 경향을 뚜렷이 보이며 몇 개의 도와 현에 편중되어 있다. 특히 홋카이도(北海道), 이와테 현(岩手縣), 사이타마 현(埼玉縣),

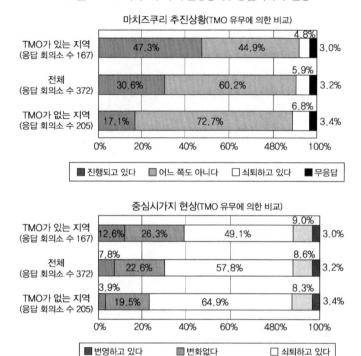

〈그림 Ⅵ-6〉 마치즈쿠리 추진상황 및 중심시가지 현상

마치즈쿠리 추진상황(TMO 유무에 의한 비교)

TMO가 있는 지역
(응답 회의소 수 167)
47.3% 44.9% 4.8% 3.0%

전체
(응답 회의소 수 372)
30.6% 60.2% 5.9% 3.2%

TMO가 없는 지역
(응답 회의소 수 205)
17.1% 72.7% 6.8% 3.4%

■ 진행되고 있다   ■ 어느 쪽도 아니다   □ 쇠퇴하고 있다   ■ 무응답

중심시가지 현상(TMO 유무에 의한 비교)

TMO가 있는 지역
(응답 회의소 수 167)
12.6% 26.3% 49.1% 9.0% 3.0%

전체
(응답 회의소 수 372)
7.8% 22.6% 57.8% 8.6% 3.2%

TMO가 없는 지역
(응답 회의소 수 205)
3.9% 19.5% 64.9% 8.3% 3.4%

■ 번영하고 있다   ■ 변화없다   □ 쇠퇴하고 있다
□ 모르겠다   ■ 무응답

후쿠시마 현(福島縣), 나가노 현(長野縣), 효고 현(兵庫縣)에서 설립 수가 많고, 이시카와 현(石川縣)에서는 모든 TMO가 특정회사 형태이며, 후쿠시마 현과 미야기 현(宮城縣)에서도 특정회사 형태의 TMO가 많은 것이 특징이다.

2) TMO의 효과[5]

일본 전국 상공회의소의 지구 조사(2003년 10월 일본상공회의소)에 의하

---

5 日本商工会議所, 『全国商工会議所地区調査』(2003. 10).

면, '마치즈쿠리가 진행되고 있다'고 대답한 곳은 TMO가 있는 지구에서 47.3%, TMO가 없는 지구에서는 17.1%로 나타났다.

그리고 중심시가지의 현상에 대한 평가와 TMO의 관계에 대해서는 '번 영하고 있다'의 비율이 TMO가 있는 지구에서는 12.6%, TMO가 없는 지구 에서는 3.9%로 나타났다. 한편 '쇠퇴하고 있다'의 비율 또한 TMO가 있는 지구는 49.1%이지만 TMO가 없는 지구에서는 64.9%로 나타나는 등 TMO 가 지역 활성화에 어느 정도 영향을 미치고 있다고 볼 수 있다.

3) 특정회사의 특성

(1) 특정회사의 조직형성 - 주주와 자본금

특정회사의 평균 주주 수는 74.4명이며, 최소 3명, 최대는 388명이다. 주 주 수가 10명 미만인 단체는 10개이며 200명 이상인 단체는 7개가 있다. 평 균 자본금은 2,999.64만 엔이며, 최소는 유일한 유한회사인 (주)마치즈쿠리 아쓰미[(株)ちづくり温海, 야마카다 현]로 300만 엔이다.

특정 회사에 대한 지자체의 출자비율을 살펴보면 평균 37.7%, 최대는 90.9%, 최소는 3%이다. 또한 10% 미만은 6개 단체, 50% 이상은 전체의 47%를 차지한다.

(2) 특정회사 운영체제

중심시가지를 재생하기 위한 타운 매니지먼트 조직(TMO)이 효과적으로 역할을 수행하기 위해서는 운영체제가 매우 중요하다. 달리 말하면 이는 행정과 지역이 TMO 운영에 대한 관여방법과 매니저의 역할이 중요하다고 할 수 있다.[6] 따라서 이 절에서는 마치즈쿠리 회사의 조직운영체제와 운영 중심자(매니저)의 실태를 파악하고자 한다.

〈표 Ⅵ-5〉 대표자와 출자비율 관계

출자비율 유형 대표자 분류	행정출자 중심	균형출자	지역출자 중심
지자체	◎	-	-
지역경제단체 (상공회의소, 상공회)	-	□	□
지역중소기업	-	□	□

◎: 80% 이상, ○: 60%~80%, □: 40~60%, △: 20~40%, -: 20% 미만

① 법인 대표자

대표자의 소속·출신모체는 '지역경제단체장'(상공회의소, 성공회 임원)이 45.9%로 가장 높으며, 다음으로 '지역중소기업자'가 32.8%, '지자체 출신자'가 21.3%이다.

이를 출자비율 유형과의 관계로 살펴보면, '행정출자중심형(국가+지자체 출자 80% 이상)'에서는 '지자체 출신자'가 약 90% 이상을 차지한다. '균형출자형(국가, 지자체, 지역이 균형출자)'에서는 '지역경제단체장'과 '지역중소기업자'가 각각 약 40%를 차지한다. 그리고 '지역출자중심형'(국가+지자체 출자 50% 미만)에서는 '지역경제단체장'과 '지역중소기업자'가 각각 약 40% 이상을 차지한다.

② 법인 임원 수 및 조직 운영중심자 실태

특정회사의 평균 임원 수는 10명이며, 15명 미만 법인이 전체의 약 80%

6 南部繁樹, 菅隆, 谷村吉一, 「中心市街地の再生におけるタウンマネジメント組織その1. まちづくり会社の組織形態と実施事業から見た特性」, 『日本建築学会大会学術講演梗概集 F-1』(1997).

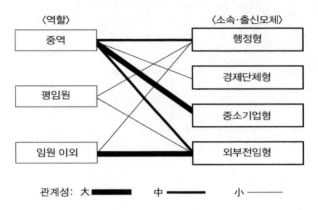

〈그림 VI-7〉 운영중심자의 조직 내 역할과 소속·출신모체 관계

를 차지한다. 특히 15명 이상의 임원이 있는 법인은 도시규모가 크거나(10만 명 이상) 사업규모가 큰 것(총사업비 20억 엔 이상)이 특징이다.

임원구성을 소속·출신모체 분류 구성비로 살펴보면, 지자체가 19.9%, 지역경제단체가 10.7%, 지역중소기업이 44.5%, 기타가 24.9%로 지역중소기업이 차지하는 비율이 높은 것을 알 수 있다.

운영중심자(매니저)의 조직 내의 역할을 살펴보면, 중역(사장·전무·상무)이 62.5%, 평임원이 8.3%, 임원 이외가 29.1%로 나타났다. 운영중심자의 소속·출신모체는 행정형이 20.8%, 경제단체형이 12.5%, 중소기업형이 25.0%, 외부전임형이 41.7%이다. 이를 실시 사업 내용과의 관계로 살펴보면, 행정형은 설치된 시설이 커뮤니티계 시설(교양문화·체육건강증진 시설, 주차장 시설 등)에 한정되어 있으며, 중소기업형과 외부전임형은 상업시설과 커뮤니티계 시설이 일체적으로 설치되어 있는 경우가 많다.

운영중심자의 조직 내 역할과 소속·출신모체 관계는, 중역의 경우 모든 형태가 나타나며, 평임원은 행정형과 외부전임형이 각각 한 곳씩 보인다.

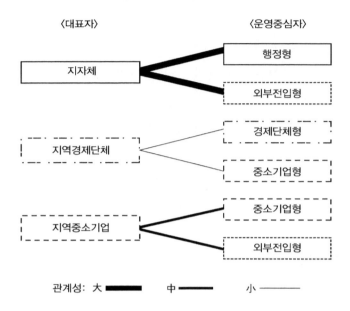

〈그림 VI-8〉 소속·출신모체로 살펴본 대표자와 운영중심자의 관계

〈대표자〉   〈운영중심자〉

지자체 ──── 행정형
        └── 외부전입형

지역경제단체 ──── 경제단체형
            └── 중소기업형

지역중소기업 ──── 중소기업형
            └── 외부전입형

관계성: 大 ▬▬ 中 ── 小 ──

임원 외에는 대부분이 외부전입형인데 행정형이 한 곳에서 보이며, 소속·출신모체가 경제단체형과 중소기업형에서는 모두가 중역이다.

③ 대표자와 운영중심자의 관계

대표자와 운영중심자의 관계는 〈그림 VI-8〉과 같이 여섯 가지 패턴으로 나눌 수 있다.

이들 패턴의 특징을 실시 사업 내용과의 관계를 살펴보면 다음과 같이 정리할 수 있다. 대표자가 지자체 수장이고 운영중심자가 행정형 또는 외부전입형의 패턴에서는 커뮤니티계 시설만 설치하거나, 상업시설이라도 관광 특산품형 점포가 중심인 경우나 지역에 매니저 적임자가 없는 경우에 많이 보이는 형태이다.

대표자가 지역경제단체 수장이고 운영중심자가 경제단체형 또는 중소기업형, 그리고 대표자가 지역중소기업자이고 운영중심자가 중소기업형 또는 외부전임형의 패턴에서는 상업시설과 커뮤니티계 시설이 같이 설치되는 경우에 많이 보인다. 이 네 가지 패턴은 행정 의존도가 낮은 운영체제라고 할 수 있다.

그리고 이상과 같은 여섯 가지 패턴 중 특히 비율이 높은 패턴이, 대표자가 지자체 수장이고 운영중심자가 행정형 또는 외부전임형인 경우와, 대표자가 지역중소기업자이고 운영중심자가 중소기업형 또는 외부전임형인 경우이다.

(3) 특정회사의 인적 기반

중심시가지를 재생하기 위한 타운 매니지먼트 조직(TMO)에서는 대표자와 매니저의 역할이 조직운영에 큰 영향을 미치는 요소이다.[7]

1개사 평균 직원 수는 약 5.2명이며, 5명 이상이 35.6%, 2~4명이 31.1%, 1명이 33.3%이다. 그리고 아르바이트, 임시직 등 정사원이 없는 회사가 전체의 약 30%를 차지한다.

매니저의 존재에 대해서는 '있다'가 45.7%, '없다'가 52.5%로 거의 반수의 조직에서 매니저가 존재하지 않는다. 매니저의 소속은 상공회·상공회의소 직원이 28.6%로 가장 많으며, 신규채용 정사원이 25.0%, 지자체 직원이 14.3%, 상업단체·기관 관계자가 10.7%, 컨설턴트 파견이 7.1%를 차지한다.

매니저의 전속 유무 여부를 살펴보면, 전속과 파견의 비율이 2：1로 전

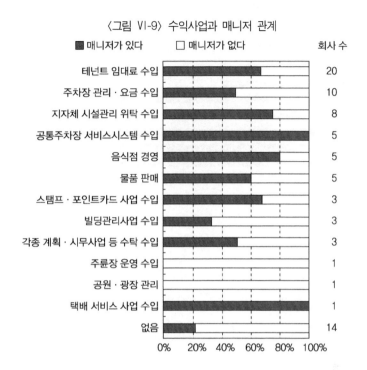

〈그림 VI-9〉수익사업과 매니저 관계

	회사 수
■ 매니저가 있다 □ 매니저가 없다	
테넌트 임대료 수입	20
주차장 관리 · 요금 수입	10
지자체 시설관리 위탁 수입	8
공통주차장 서비스시스템 수입	5
음식점 경영	5
물품 판매	5
스탬프 · 포인트카드 사업 수입	3
빌딩관리사업 수입	3
각종 계획 · 시무사업 등 수탁 수입	3
주륜장 운영 수입	1
공원 · 광장 관리	1
택배 서비스 사업 수입	1
없음	14

속 비율이 높다. 전속직원으로서 가장 많은 형태가 신규채용 정사원으로 35%를 차지하며, 파견직원에서는 상공회·상공회의소 직원의 파견이 55%로 가장 많다.

수익사업과의 관계에서 살펴보면 매니저의 존재가 수익사업과 큰 관계가 있는 것을 알 수 있다. 매니지먼트 능력이 필요한 공통주차장 서비스 시스템, 택배 서비스 사업에서는 전 회사가, 음식점 경영, 지자체 시설관리 위탁, 테넌트 임대료, 스탬프·포인트 카드 사업에서는 60%를 넘는 회사에서 매니저가 있다.

하드 사업 수와의 관계에서 보면 사업 수가 증가함에 따라 매니저가 존재하는 회사의 비율은 높아지며, 특히 사업 수가 5개 이상인 회사는 모두

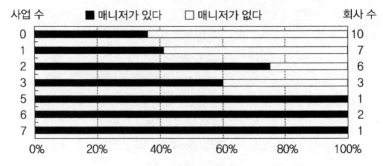

〈그림 VI-10〉 사업 수와 매니저의 관계

사업 수   ■ 매니저가 있다   □ 매니저가 없다   회사 수

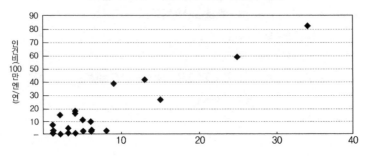

〈그림 VI-11〉 직원 수와 연간 인건비 관계

매니저가 존재하고 있다.

특정 회사의 인건비 총액은 대부분 1,000만 엔 이하인데, 평균 직원 수가 약 5명인 상황을 고려하면 매우 적은 액수라 할 수 있다. 인수별 상관관계를 살펴보면 1인당 인건비는 대체로 연간 200만 엔 정도로 추정할 수 있다.

(4) 연간예산 및 지자체 지원

일본 중소기업기반정비기구의 조사(2005년)에 의하면 TMO의 연간 사업 예산은 평균 2,225만 엔이며, 전체의 61%가 1,000만 엔 미만으로 나타났다. 상공회는 약 536만 엔, 상공회의소는 약 1,000만 엔이며, 특정회사는

〈표 VI-6〉 A사의 경영상황

(단위: 1,000엔)

기간 구분		제2기 (1999년)	제3기 (2000년)	제4기 (2001년)	제5기 (2002년)	제6기 (2003년)	제7기 (2004년)	제8기 (2005년)
매출	24,823	52,618	66,552	51,821	87,065	41,921	28,476	93,574
영업이익	△2,484	△3,368	1,185	2,075	34,090	998	△4,246	57,418
경상이익	△1,922	△1,908	2,309	2,601	34,866	2,237	△2,883	58,986
당기이익	△2,422	△2,088	2,129	△2,335	△7,619	2,057	△3,230	△1,698
총자산	36,723	36,018	33,109	48,813	64,348	53,874	114,229	45,789
순자산	28,727	26,639	28,769	26,433	45,963	48,020	44,790	43,091
자본금	31,150	31,150	31,150	31,150	58,300	58,300	58,300	58,300

약 5,700만 엔으로 나타났다. 그리고 특정회사에 대한 도시구조연구센터 조사에 의하면, 연간 사업예산은 평균 약 5,080만 엔, 최고가 약 8억 90만 엔, 최저가 약 7만 엔으로 나타났다.

지출세목을 4개로 분류하여 그 구성을 살펴보면, 인건비 23.5%, 사무비 등 14.1%, 사무실 임대료 및 조세공과금 17.6%, 기타 잡비 44.8%이다. 인 건비가 지출 총액의 50% 이상을 차지하는 회사가 20.4%인 반면 전혀 인건 비를 지출하지 않는 회사도 20.4%였다.

오늘날 일본 각 지역에서는 TMO가 자금난과 경영수지 악화로 인한 적 자문제로 고민하고 있다. 〈표 VI-6〉는 대표적인 특정회사(A사)의 8년간 경 영상황을 나타낸 것인데, 모든 회사가 새로운 사업을 전개하기 위해서는 자금이 필요하며, 사업을 실시하여 그 자금을 회수해야 하는 의무가 있다. 처음부터 수지를 무시하고 사업을 실시하는 회사는 없다.

A사의 경우에는 많은 사업을 실시했는데, 특히 기본수입원으로서 안정 된 서비스 사업을 조직 설립 시부터 지속적으로 실시하고 있다. 이 수입으

로 인건비를 비롯한 경상경비의 상당부분을 충당하고 있다. 중심시가지 이용자 서비스 향상을 위한 각종 시설 정비(관광시설, 주택, 편의시설) 및 소프트 사업을 순차적으로 실시하여, 연간수입이 다소 차이는 있지만 충분히 예견할 수 있는 정도이다.

매년 200~300만 엔 정도 당기손실을 보고 있지만, 이는 지금까지의 사업투자를 고려하면 최소의 범위에서 대응하고 있다고 볼 수 있다. 구미의 타운 매니지먼트 조직에서도 매년 확실하게 자금을 확보하여 사업을 전개하는 조직은 BID 형태 이외에는 존재하지 않는다. 이처럼 중심시가지 활성화에 기여하는 타운 매니지먼트 조직의 역할과 임무는 사업성과를 적확하게 평가하여 지자체가 자금을 지원하도록 하는 체제를 정비하는 데 있다고 하겠다.

지자체로부터 직접 조직의 운영자금을 보조받는 회사는 전체의 29.5%이며, 최소금액은 연간 36만 엔, 최대는 연간 1억 8,464만 엔을 보조받는 것으로 나타났다.

경비지출액이 2,000만 엔 이하인 회사에서는 운영보조금이 대체로 연간 300~500만 엔 정도이지만, 지출액이 큰 회사는 1,000~10,000만 엔을 초과하는 운영보조금을 경우도 있다.

지자체로부터 사업을 수탁받아 수행하는 회사는 전체의 37.7%이며, 계약방법은 모두 지자체와 수의계약 형태를 취하고 있다. 수탁사업은 '공공시설의 관리·운영'이 58.8%로 가장 많은데, 이를 구체적으로 살펴보면 문화시설 관리·운영, 공영주차장·주륜장 관리, 공공시설 청소, 광장 관리, 공설시장 관리 등이다. 이 외에도 각 지자체의 실정에 따라 이벤트 실시 수탁, 계획책정 수탁, 가상 상점가 운영, 빈 공터·빈 점포·주차장 데이터베이스화, 긴급고용창출교부금사업 수탁, 상인학원 운영, 상점가조합의 사업

수탁 등 다양한 수탁사업을 실시하여 중요한 수입원이 되고 있다.

지자체로부터 인적 업무 지원에 대해서는 '보조사업의 창구기능 정도'라고 대답한 회사가 42.4%로 가장 많으며, '전속 담당자가 상주하거나 빈번하게 왕래'가 30.3%로 나타났다. 이는 임원이 상주하지 않는 회사의 업무 총괄 책임자가 실질적으로 행정직원인 경우와 TMO 업무의 대부분은 행정직원이 담당하는 경우가 있다. 또한 '필요에 따라 행정직원이 사무업무를 지원'이 27.3%로 나타났다. 이처럼 지자체로부터 적극적으로 인적 업무지원을 받는 회사는 전체의 57.6%를 차지한다.

4) TMO 사업[8]

중소기업기반정비기구가 2005년 7월에 실시한 'TMO 상황 조사'를 근거로 TMO가 실시한 사업을 정리해보았다.

(1) TMO 사업실시 상황

하드 사업을 실시한 TMO는 전체의 약 50%인 반면 소프트 사업을 실시한 TMO는 약 92%를 차지한다. 하드 사업의 경우 재정난, 합의형성 곤란 등의 영향으로 인해 실시할 수 없는 단체가 거의 과반수에 이르는 것이 실정이다. 한편 소프트 사업의 경우에는 하드 사업보다 재정부담이 크지 않다는 점과 시민참가 등 각 관계주체의 창의적인 참여가 가능하다는 점, 실시하기 쉽다는 점 등이 높은 실시율의 배경이라고 할 수 있다.

조직주체별로 살펴보면 하드 사업을 실시한 TMO는 성공회가 30.4%, 상공회의소가 48.7%, 주식회사가 66.3%로 나타났으며, 재정 등의 문제가 크

----

8 日本中小企業基盤整備機構,『TMO状況調査』, 2005. 7.

게 영향을 미치고 있는 것으로 판단된다. 소프트 사업의 경우는 성공회 80.4%, 상공회의소 95.3%, 주식회사 95.0%로 나타났다.

구상 인정 후 경과년수별로 살펴보면, 하드 사업은 구상인정 후 연수가 길어질수록 실시되는 비율이 높아지며, 소프트 사업은 1년 미만에서 50.0%이지만 2년째 이후에는 모두 실시율이 90% 이상이다.

(2) 사업 내용

TMO가 실시한 사업을 살펴보면, 하드 사업은 '상점가 환경정비'가 가장 많으며, 소프트 사업은 '이벤트 사업'과 '빈 점포 대책 사업'이 가장 많다. 사업을 실시할 때 사용된 지원 툴을 살펴보면, 하드 사업은 리노베이션 보조금, 소프트 사업은 시·정·촌 보조금, 도·도·부·현의 보조제도, TMO 기금 순으로 응답률이 높은 것으로 나타났다.

하드 사업을 실시한 TMO의 사업내용을 살펴보면, '상점가 환경정비'가 84.2%로 가장 높게 나타났으며, 다음으로 '공공시설 설치(커뮤니티 시설)'가 23.3%, '주차장·주륜장 정비', '기존 건축물의 개축 등에 의한 재이용'이 각 22.6%, '파티오(patio), 공동점포, 오락시설 등의 설치'가 19.9%로 나타났다. 하드 사업을 실시할 때 사용된 지원 툴은, '리노베이션 보조금'이 146개 단체에서 149개 사업(102.1%)에 이용되었으며, 다음으로 '시·정·촌의 보조금'이 24.7%, '도·도·부·현의 보조금' 17.8%로 나타났다.

소프트 사업을 실시한 TMO의 사업내용을 살펴보면, '이벤트 사업(시장, 축제, 갤러리, 일루미네이션, 프리마켓 개최 등)'이 81.0%로 가장 높게 나타났고, 다음으로 '빈 점포 대책사업(챌린지숍, 테넌트 믹스, 휴게소 등)'이 72.8%, '컨센서스 형성사업(위원회, 워크샵, 포럼 등)'이 54.1%였다. 그리고 소프트 사업을 실시할 때 사용된 지원 툴을 살펴보면, '시·정·촌의 보조금'이

89.6%, '도·도·부·현의 보조금'이 64.2%, 'TMO 기금'이 63.8%이며, 융자는 거의 이용하지 않은 것으로 나타났다. '타운 매니저 파견제도'에 대해서는 19.4%의 이용률을 보이고 있다.

2. TMO의 문제점과 과제[9]

중소기업기반정비기구가 2005년 7월에 실시한 'TMO 상황 조사'를 근거로 TMO의 문제점과 과제를 정리하였다.

1) TMO 사업 정체 이유

(1) 재원부족

TMO 사업의 정체 이유로서 재원부족에 관한 응답이 가장 많이 나타났다. 예를 들면 사업예산을 책정하는 것이 어려우며, 보조사업 도입 후 행정으로부터 지원을 받기 어렵다는 응답이 많았다.

(2) TMO 조직체제

TMO 조직체제가 성숙되지 않거나 사무국 기능의 취약성에 관한 응답이 많았다. TMO 겸임 체제로 인한 인원부족, 전문적인 지식을 가지고 리더십을 발휘하여 사업을 추진하는 인재 부족 등이 거론되었다.

(3) 사회·경제적 환경

경제적 환경이 매우 어려워 투자계획을 수립하기 어려우며, 상인이나 지

---

9 日本中小企業基盤整備機構, 『TMO状況調査』(2005. 7).

역주민, 소비자의 니즈(needs)를 파악하기 어렵다는 등의 사회·경제적인 영향에 대한 이유가 많았다. 또한 상점가가 주체가 되어 사업을 추진하는 경우에 동반되는 자기부담에 대해 일부 상인이나 관계자가 부정적이고 비협조적이어서 사업을 추진하는 데 어려움이 많다고 응답하였다.

이 외에도 교외형 대형 상업시설의 진출, 역전 개발 등의 영향으로 인해 상점가 활력이 상실되거나 의식·의욕이 저하되고 있으며, 상점가 회원 감소, 상점가 조직의 약체화, 니즈나 사회적 정세의 변하에 대해 신속하게 대응하지 못한 점 등이 지적되었다.

(4) 컨센서스 형성의 문제

컨센서스 형성에 대해서는 지권자의 합의를 얻는 것이 어려우며, 자기부담에 대한 상인들의 저항, 지역주민의 불참가, 마치즈쿠리에 대한 의식부족 등이 거론되었다. 이러한 현상이 일어나는 이유로는 TMO 사업의 필요성·목적에 대해 지역주민들의 공감부족(설득성 문제), 부재지주의 존재와 권리조정, 행정의 협력 부족, 워크숍이나 심포지엄을 개최해도 구체적인 안이 도출되지 않는 점, 관계조직과의 협력체제가 구축되지 않는 점 등을 들 수 있다.

이와 같은 인식의 공유화를 방해하는 요인으로는, 중심시가지 활성화의 전체적인 전망 부재, 선심성 활성화계획 수립으로 구체적안 부재, 기본구상의 내용에 대한 컨센서스가 형성되지 못한 점 등의 응답이 많았다.

2) 중심시가지 활성화를 위한 문제
(1) 행정과의 연계

행정과의 연계 상황을 살펴보면, 중심시가지 활성화를 위해서는 행정과 밀접한 연락체제를 구축하면서 구상을 실현하기 위한 활동을 추진할 필요가 있다는 응답이 많았다. 구체적으로는 행정기관의 산업진흥관련 부서뿐만 아니라 도시계획이나 건축, 마치즈쿠리 등 관련 부서 등과의 수평적인 연락체제를 구축하고 있다는 응답이 많았다. 또한 행정기관의 담당자가 위원회나 협의회 등에 출석하거나, 연락회의, 운영사무국 등의 사업추진·정보수집·조정 등을 목적으로 한 조직을 새롭게 설치하기도 하였다. 이 외에도 행정기관에 의한 TMO 전문 부서의 설치 및 TMO에 인재를 파견하는 등 행정지관의 TMO 사업에 대한 적극적인 대응책을 평가하는 응답도 있었다.

한편 행정기관과의 연계체제에 대해 문제가 있다고 하는 응답도 많았다. 구체적으로는 TMO 구상을 추진할 때 관계부서의 수평적인 대응을 구하기 어렵거나 행정기관의 인사이동에 의한 의사소통의 문제 등이 지적되었다. TMO 구상은 종합적인 마치즈쿠리 사업으로서 추진되는 것이 바람직하지만 이러한 점에 관한 행정기관의 인식부족을 지적한 응답도 많았다. 또한 최근 시·정·촌 합병의 영향으로 하나의 지자체에 복수의 TMO가 존재하는 것도 문제가 되고 있다.

(2) 상인과의 연계

전체적으로 상인이 TMO 사업에 협력적이라는 내용이 많았다. 상인이 TMO의 조직 위원으로 정기적으로 활동하고 있거나, 또한 정보교류 및 연구회뿐만 아니라 실제로 각종 사업에 상인이 중심이 되어 활동하고 있다는 응답도 있다. 또한 TMO도 지구 단위에서 담당을 배치하여 정보를 교류하거나 코디네이터 기능을 발휘하여 상점가에 신조직을 결성하는 등 상인에게 TMO 사업에 대해 적극적으로 이해를 구하는 활동을 실시하고 있다.

한편 TMO 사업에 적극적인 상인과 소극적인 상인으로 양극화되는 문제를 지적한 응답도 많았다. 그리고 상점가 전체가 다양한 요인으로 인해 활력을 상실했으며, 공동으로 추진하는 활동이 성립하기 어려운 상황에 처해 있다는 응답 또한 존재하였다.

(3) 지권자 및 건물소유자와의 연계

빈 점포 대책 사업과 관련된 활동에서 지권자의 이해와 협력을 얻기가 곤란하다는 응답이 압도적으로 많았다.

(4) 기타 마치즈쿠리 관계자(주민, 학생, NPO 등)와의 연계

대체적으로 TMO 사업에 대해 주민, 학생, NPO, 기타 볼런티어 단체 등의 이해와 협력을 구하고 있다는 응답과, 마치즈쿠리나 상점가 활성의 중요성에 관한 사회적 인식이 높아지고 있다는 응답이 많았다. 지역주민의 참가나 협력은 물론, 지역대학이 적극적으로 참여하고 있다는 응답이 특징적이었다.

3) 중심시가지 활성화를 위한 과제
(1) 재정난 문제, 수익사업 확보의 필요성

중심시가지 활성화를 위해서는 수익사업을 확보하는 것이 절대적으로 필요하지만, 인재확보나 사업화의 테마, 사업화에 필요한 전문적 지식의 결여 등으로 인해 곤란하다는 응답이 많았다. TMO 조직 자체로서는 자립화를 지향하고 있다는 응답이 많았지만, 상공회·상공회의소 등의 조직형태의 존재와 TMO 사업 자체의 공익적인 역할에 대한 사고나 보조금 의존체질 등이 수익사업을 실시하는데 장애가 된다는 응답도 있었다.

(2) 관계자의 담당자 의식 문제·과제

TMO 구상과 관련된 각 주체(상인, 지역주민, 행정 등)의 당사자 의식의 결여 문제가 지적되고 있다. 상인의 경우 고령화와 후계자 부족으로 어려움을 겪으며, 상점가 전체 또는 지역을 위해 활동하는 상인들의 의식의 양극화가 문제시된다. TMO와 상인회 조직과의 관계에서 살펴보면 임원들과의 의사소통이나 연계는 이루어지지만 일반회원과의 커뮤니케이션 기회가 적거나, 또는 후계자 문제로 고민하는 점주들의 경우 지역 전체의 활동에 대한 의욕이 저하되는 것 등이 구체적인 예로 거론되고 있다.

또한 행정기관의 문제점을 살펴보면 각 부서 간 의사소통이나 연계 결여, TMO 사업에 대한 이해 부족 문제 등이 지적되고 있다. TMO와 지역주민과의 관계에 대해서는 TMO의 대부분이 상공회·상공회의소 조직이기 때문에 사업자와의 연계는 있어도 주민과의 연계가 거의 없거나, TMO를 이해하고 협력하거나 사업에 참가를 촉진하는 것이 어려운 것이 일반적이다.

(3) 인재 부족

중심시가지 활성화의 과제로 인재 부족에 관한 응답이 특히 많았는데, 이는 사업의 운영·관리 주체인 TMO의 겸임 체제나 인원 자체가 적어서 대응할 수 없다는 점이 구체적인 예로 나타났다. 또한 많은 TMO 사업의 경우 타운 매니지먼트에 관한 전문적인 지식이나 코디네이터·프로듀서 자질, 노하우 등이 필요하며, 인재의 양적 충족과 함께 이러한 전문가 인재의 상주체제를 구축하는 것이 과제이다.

(4) TMO 구상 자체의 문제, 기타 계획과의 조화

TMO 구상 자체의 문제도 지적되었다. 단적으로 말하자면 지역의 사회·

경제적인 상황을 적절하게 고려하여 TMO 구상에 반영하지 못한 경우가 많기 때문에, 구상 자체를 재검토하는 것이 필요하다는 의견이 많았다. 또한 도시계획과의 조정이나 연계가 되지 않아서 사업의 진행이 원활하지 못한 경우도 언급되었다.

(5) 사회경제환경의 변화

최근 사회경제환경의 변화, 특히 경기침체와 재정난, 각종 제도의 변화 등의 영향을 많이 받고 있다는 지적이 많았다. 특히 대형 상업시설 등의 진출로 인해 TMO 구상 자체가 현상을 잘 파악하지 못한 계획이 되거나, 또는 이로 인해 많은 마치즈쿠리 주체의 당사자로서의 의욕이 저하하고 있다는 의견도 제기되었다. 그리고 인구감소나 공공시설의 교외 이전 등의 영향으로 인해 마치즈쿠리에 관한 여론이 지속적으로 형성되지 못하는 것도 문제점으로 지적되었다.

제3절 ㅣ 중심시가지활성화협의회

1. 중심시가지활성화협의회의 역할과 과제

1) TMO에서 중심시가지활성화협의회로

일본 정부는 2006년 「중심시가지활성화법」 개정에서 기존 이 법의 두 가지 문제점을 명확하게 지적하였다.

첫째, 각 시·정·촌이 책정한 1998년 제정된 「중심시가지활성화법」에 의한 기본계획의 대부분이 지역관계자와 충분한 협의를 거쳐서 책정되었다고는 보기 어려우며, 또한 활성화의 수치목표가 불명확하고 구역설정이 불명확(구역은 전국 평균 약 140ha)하기 때문에, 그 결과로서 구체적으로 사업이 진전되지 못하였다. 따라서 개정 「중심시가지활성화법」에서는 기본계획을 내각 총리대신(중심시가지활성화본부)이 인정하도록 하였다.

둘째, 1998년 제정된 「중심시가지활성화법」 제18조, 제19조의 '중소소매상업고도화사업구상인정구상추진사업자(TMO)'는 중심시가지 활성화에 도움이 되는 사업을 전개하는 것을 기대하였다. 그러나 TMO가 될 수 있는 단체가 '상공회·상공회의소', '공익법인', '중소소매상업자가 전체의 2/3를 차지하고 지방공공단체가 3% 이상 출자를 한 특정회사', '특정비영리법인'[10]으로 규정되어서, 중심시가지를 구성하는 각 계층(시민, 소비자, 지권자(地權者), 각종 기관·단체 등 마치즈쿠리에 깊게 관여를 하는 사람들]과 충분히 연계하지 못했으며, TMO의 권한·재원·인적 체제가 확립되지 못했기 때문에 광범위한 활성화사업을 추진할 수 없었던 점이 개선과제로 지적되었다.

이에 개정 「중심시가지활성화법」에서는 각 시·정·촌이 '기본계획 및 실시사업'을 결정할 경우, 또는 사업을 실행할 경우에 중심시가지마다 다양한 관계자들로 설립되는 '중심시가지활성화협의회'가 대신 충분히 의견을 청취하여 계획을 책정하거나 사업을 실시하도록 하고 있다. 소위 TMO가 상인에 편중되었다는 지적이 있었기 때문에 중심시가지 활성화에 관련된 다양한 관계자의 관여를 유도하는 것이다.

지금까지의 인정 TMO(상공회·상공회의소, 특정회사 TMO, 공익법인, 인정 NPO)는 개정 「중심시가지활성화법」 제15조 제1호 및 제2호의 イ, ロ에 언급된 협의회를 조직할 수 있는 4개의 기관·단체 중 하나이며, 인정 TMO가

----

10 특정비영리법인은 2005년도부터 추가.

존재하는 시·정·촌에서는 인정 TMO가 그 중심적인 존재가 될 가능성이 매우 높다.

2) 중심시가지활성화협의회의 역할

개정「중심시가지활성화법」제15조에 '중심시가지활성화협의회'의 설치가 조문화되어 있다.

내용을 살펴보면 "시·정·촌이 작성하고자 하는 기본계획, 인정기본계획 및 그 실시에 관해 필요한 사항, 기타 중심시가지 활성화의 종합적이고 일체적인 추진에 관해 필요한 사항에 대해 협의하기 위해, 제15조 제1호 및 제2호에 해당하는 자는 중심시가지마다 협의에 의한 규약을 정하고 공동으로 중심시가지활성화협의회를 조직할 수 있다"고 규정하고 있다.

중심시가지활성화협의회의 역할을 한마디로 요약하면 중심시가지 활성화의 토털 코디네이터 역할이라고 할 수 있다. 첫째로 중심시가지 전체의 의견교환 역할, 둘째로 중심시가지 활성화를 위한 기운 배양 역할, 셋째로 합의 형성 역할, 넷째로 사업실시 및 각 사업의 실시 조정 역할 등이다. 소위 개정「중심시가지활성화법」의 '협의'란 위에서 말한 표현과 같이 '토털 코디네이터', 즉 종합조정기능을 의미한다.

3) 중심시가지활성화협의회의 주제와 과제

(1) 중심시가지 활성화의 주제

중심시가지 활성화를 위한 활동이란, 실제로 지역사회에서 문제가 되고 있는 각종 사항을 해결하여 지역사회의 활력과 가능성을 향상시키는 활동이라고 할 수 있다. 이러한 활동을 세계 각 도시, 특히 유럽 각국에서는 '타운센터 매니지먼트(Town Centre Management)'라 부르고 있다.

타운 매니지먼트는 관민 파트너십 형태로 '현재 안고 있는 문제를 개선하는 것'과 '지구 내에 활력과 가능성을 향상시키는 것'을 목적으로 한다는 것은 전술하였다.

이와 같은 목적을 달성하기 위해서는 다음과 같은 대응이 필요하다. 첫째, 지역이 안고 있는 문제를 해결하기 위해서 우선 '지역의 문제나 과제를 지역사회에서 공통인식으로 확인하기 위한 논의'가 필요하다. 이 논의에서는 '지역 활성화의 이념, 방향성, 문제해결을 위한 대응 방법 등'이 지역 관계자들 사이에서 정리되어 의견이 통일되는 것이 중요하다. 둘째, 미래를 위한 활력과 가능성을 향상시키기 위해서는 '지역사회의 협동에 의한 실천적인 활동에 대한 의사 결정'이 필요하다.

이러한 실천적 활동이 성과를 낼 수 있도록 순차적으로 실천·전개되기 위해서는 대상 지구의 활성화 목적(Goal)을 정하고, 그 목적에 초점을 맞추어 각종 사업을 종합적으로 실시해나가는 활동(Management)이 필요하다.

이때 필요한 것이 이것들을 실시하는 '매니지먼트 조직'이다. 매니지먼트 조직의 활동은 다양한 사업을 주체적으로 정리·연계시켜서, 지구 전체로서 종합적인 성과(효과)를 올리기 위한 활동이라고 할 수 있다.

그러나 위에서 언급한 두 가지 사항은 시계열적인 구분이 존재한다는 것을 이해해야만 한다. 우선 지역의 문제 및 과제와 지역 활성화의 방법에 대해 '지역사회의 공통적인 문제라는 인식'이 있어야 하며, 그 후에 '지역사회 차원에서 협동에 의한 실천적 활동'이 전개되어야만 한다는 것이다.

2006년 개정된 「중심시가지활성화법」에는 "중심시가지의 활성화를 실현하는 것이 목적"이라고 명확하게 제시되어 있다. 이에 지금까지의 TMO 활동을 비롯한 각종 활성화에 관한 활동경험에서, 활성화를 위한 사업이나 사업자를 지지하는 안정된 매니지먼트 체제를 확립하는 것이 필요하다.

(2) 중심시가지활성화협의회의 과제

개정 「중심시가지활성화법」에는 TMO 대신 '중심시가지활성화협의회'가 중심시가지를 종합적으로 활성화하기 위한 종합조정 기능을 수행하는 '타운 매니지먼트 활동을 전개하는 중심적인 존재'로 자리매김하고 있다. 그러나 과연 중심시가지활성화협의회는 법률상의 임무를 수행할 수 있을 것인가? 이 절에서는 중심시가지활성화협의회의 불안요소(과제)를 정리하고자 한다.

① 기본계획에 대한 '의견청취기관'으로서의 기능

기본계획에 대해 의견을 진술하는 임무가 과도하게 되면 구성원(참가자) 전원이 평론가적인 입장에서 의견을 진술할 위험성이 존재한다. 따라서 기본계획의 '기본사항(방침, 구역, 목표 등)이나 활성화사업의 역할'에 관해서는 협의회 전체로서의 합의형성이나 의견집약이 필요하다. 한편 중소소매상업고도화사업 등의 사업에 관한 사항에 대해서는 협의회구성원의 과반수의 찬성을 얻을 필요가 조건이기 때문에, 협의회 스스로가 이들 사업에 관여하지 않는 조직인 경우에는 우선 총론적인 논의를 한 후에 개별사업에 대해 구체적인 논의를 하는 것이 필요하다. 예를 들면 '개별사업 검토회'나 사업추진과 관련된 '사업제도연구회' 등을 발족하는 것이 필요하다.

② 중심시가지활성화협의회 설치자의 입장을 명확하게 할 수 있을 것인가

일반적으로 활성화사업 전체에 관한 매니지먼트 활동을 하지 않는 조직이 협의회의 중심 구성원이 되어 협의회를 코디네이트할 경우, 사업 자체가 성립되기 어려울 뿐만 아니라 사업의 성과에 관해 논의를 하기 어려울 것으로 판단된다. 따라서 협의회 설치자(성공회 또는 상공회의소와 마치즈쿠리 회사 등)가 사전에 활성화사업에 관한 지원 체제와 사업추진 체제 계획을 작성해두는 것이 필요하다.

③ 중심시가지활성화협의회 운영에 관한 사항

협의회 운영의 투명성, 공평성, 실효성을 확보하기 위해서 기본방침에서, 사무국 체제, 협의사항의 내용, 협의절차 방법, 협의결과의 공표방법, 회계 등의 내용을 규약에서 정하도록 하고 있다.

협의회에는 다양한 지역의 관계자가 참여하는 것이 필요하다. 이를 위해서는 설치자의 책임체제를 명확하게 하고, 위와 같은 내용을 규약 등에서 정하여 참가구성원 전원이 확인하도록 하는 것이 필요하다.

④ 중심시가지활성화협의회가 사업 매니지먼트 조직으로서의 역할을 수행할 수 있을 것인가

중심시가지 활성화를 위해서는 관련된 '사람(누가 실시하는가?), 사업내용(무엇을 실시하는가?), 시간(언제 실시하는가?), 공간(어디서 실시하는가?)'이 전제되어야 하며, 이들을 종합적으로 조정하지 않고서는 개개 사업이 성과를 발휘할 수 없는데, 그 조정역할을 담당하는 것이 중심시가지활성화협의회이다. 즉 중심시가지활성화협의회는 주로 지역사회의 공통된 인식을 확인하는 장소로서의 역할을 담당하고, 지역사회 차원에서 협동에 의한 실천적 활동에 관해서는 별도의 타운 매니지먼트 조직이 필요하다는 것이 일반적인 견해이다.

(3) 중심시가지활성화협의회와 타운 매니지먼트 조직

하나의 조직에서 위와 같은 '지역사회의 공통된 인식을 확인하는 협의활동'과 '지역사회 차원에서 협동에 의한 실천적 활동'의 두 가지 역할을 담당하기에는 많은 어려움이 따른다. 두 가지 사항은 차원을 달리하는 내용이며, 또한 이 두 가지 사항은 본래 지자체가 담당해왔던 영역이라고 할 수 있다. 지자체는 많은 자원과 정보, 권한을 가지고 있지만, 최근에는 의사결

정기관인 의회와의 관계, 수직적인 조직구조, 심각한 재정난 등으로 인해 임무를 수행하지 못하고 있다.

이에 등장한 것이 '관민 파트너십 조직'이다. 현재 일본의 지자체는 지정관리자제도나 PFI로 대표되는 외부 위탁을 적극적으로 활용하고 있으나 관민협동의 활동형태는 매우 드물다. 주민을 포함한 민간은 관을 형성하는 지자체의 주체자이다. 관민이 상호 협력하여 지자체를 재생하기 위해 협의를 하고, 현실적인 활동 구조를 구축하는 것이 필요하다.

이와 같은 사항을 고려하여 중심시가지를 활성화하기 위한 '지역사회의 공통된 인식을 확인하는 역할'과 '지역사회가 협동하여 실질적으로 사업을 추진하는 역할'은 다음과 같이 그 주체를 구분하는 것이 필요하다.

① 중심시가지활성화협의회의 현실적인 역할은, '지역이 안고 있는 문제를 개선하는 것'과 '지역 내의 활력과 가능성을 향상시키는 것'에 관해서, 지역의 공통된 인식을 확인하고 지역 활성화의 방향성과 방법 등을 논의하여 정리하는 역할이라고 정의한다. 소위 '지역 활성화의 전략회의' 역할이라고 할 수 있다.

② 한편 타운 매니지먼트 조직의 역할은, '지역이 안고 있는 문제를 개선하는 것'과 '지역 내의 활력과 가능성을 향상시키는 것'에 관해서, 종합적이고 일체적으로 정해진 목표(성과)를 달성하기 위해 지역사회 차원에서 협동적·실천적으로 활동을 전개해가는 것이라고 정의한다. 소위 사업을 종합적으로 매일 조정하면서 추진해가는 '지역 사업조직'의 역할이라 할 수 있다.

2. 중심시가지활성화협의회의 내용

개정 「중심시가지활성화법」은 2006년 8월 22일 시행되었는데, 기후 시

(岐阜市)는 법 시행일과 같은 날 일본 최초의 협의회 '기후 시 중심시가지활성화협의회'를 조직하였다. 2008년 12월 현재, 일본 전국 127개 지구에 중심시가지활성화협의회가 설립되어 있다.

1) 중심시가지활성화협의회 구성원

개정된 「중심시가지활성화법」 제15조 제1항에는 각 지역의 실정에 따라 다음과 같이 구성원이 규정되어 있다.

(1) 필수 구성원(협의회를 조직할 수 있는 자)

개정 「중심시가지활성화법」 제15조 제1항 제1호 및 제2호에 규정된 기관·단체로, 1호와 제2호의 각 기관·단체가 반드시 1개 이상 공동으로 참가해야 한다.

① 도시기능의 증진을 종합적으로 추진하는 자로, 중심시가지정비추진기구와 마치즈쿠리 추진을 목적으로 설립된 회사[11]

② 경제 활력 향상을 종합적으로 추진하는 자로, 상공회 또는 상공회의소와 상업 등의 활성화를 도모하는 사업활동을 목적으로 설립된 공익법인(재단) 또는 특정회사(제3섹터)

(2) 임의 구성원(협의회에 협력하는 자)

개정 「중심시가지활성화법」 제15조 제8항에서 규정된 자

① 개발·정비: 시정촌의 공원·주차장 건물·주택공급 및 시가지 정비

---

[11] 시·정·촌이 3% 이상 의결권을 가지는 회사법에 의한 주식회사 또는 시·정·촌이 사원이 되는 지분회사.

등의 사업을 실시하는 공익법인, 지주, 부동산 사업자, 부동산 투자 고문업자, 건설업협회기업, 컨설팅 회사 등

②치안·방범: 경찰, 소방, 안전협회, 소방단, 방범협회 등

③환경·커뮤니티: 자치회, NPO 법인, 볼런티어 조직, 환경보전단체, 리사이클 추진조직 등

④매스컴: 지방지, 타운 정보지, TV 방송국, 라디오국, CATV, 지역정보 포털사이트 운영자 등

⑤관광: 관광협회, Convention Bureau, 볼런티어 가이드 조직, 관광시설 운영사업자, 호텔·여관 조합, 렌터카 회사 등

⑥지역경제: 농협, 어협, 수산가공조합, 청년회의소, 은행, 신용조합, 증권회사, IT 벤처 기업, 소비자단체 등

⑦교통: 항로사업자, 지방도로공사 등

⑧교육·문화: 독립행정법인대학, 사립대학, 교육·문화시설 건설·관리 운영 등의 사업을 실시하는 공익법인, 문화협회 등의 예술문화진흥조합, 종교법인, 보존회, 국제교류협회 등

⑨의료·복지: 사회복비시설을 정비하는 NPO 법인, 실버 인재 센터, 육아지원조직, 복지 볼런티어 조직 등

(3) 참가희망구성원(협의회 참가를 희망하는 자)

개정「중심시가지활성화법」제15조 제4항에서 규정하는 자

①시가지 개선을 위한 사업을 실시하고자 하는 자: 시가지재개발조합, 재개발공사, 토지구획정리조합, 주책공급공사, 일본노동자주택협회, 토지개발공사 등

②공영주택정비, 공동주택공급 및 주거환경 향상 사업자: 도시개발사업

자, 민간주택 개발업자, 공적 개발업자, 건설회사 등

③ 도시복리시설 정비사업자: 학교법인, 의료법인, 복지법인 등

④ 상업 활성화를 위한 사업을 실시하는 자: 상점가진흥조합, 상점가진흥조합연합회, 사업협동조합, 협동조합연합회, 상점가조합, 상점회, 상공조합연합회, 중소소매업자가 출자하는 회사, 상공회의소가 출자하는 회사, 중소기업자의 지분회사, 백화점·종합 SM·대형 SC의 경영자, 소매업·음식업·도매업·숙박업·교육학습지원업·이미용업·여행업·영화관·극장 등의 서비스업을 운영하는 자 등

⑤ 공공교통기관의 이용증진사업을 실시하는 자: 철도사업자, 교통시설관리자, 일반여객 자동차 운송업자 등

⑥ 특정사업을 실시하고자 하는 자: 인큐베이션 시설정비·복합형 식품소매 점포시설정비·공동 집배시설 정비를 실시하는 운송업자 등

⑦ 인정기본계획 및 사업실시에 밀접한 관계를 가지는 자: 중심시가지에서 사업을 하는 사업자, 지권자, 지역주민대표, 소비자대표 등

⑧ 시·정·촌: 협의회가 참가를 요청할 수 있음

(4) 협력구성원(협의회에 협력하는 자)

개정 「중심시가지활성화법」 제15조 제7항에서 규정된 자

① 민간도시개발추진기구

② 중소기업기반정비기구

③ 관계 행정기관

2) 중심시가지활성화협의회의 협의사항·내용

개정 「중심시가지활성화법」 제15조 제1항에 제시된 협의회의 협의사항

은 다음과 같다.

(1) 시·정·촌이 기본계획을 작성할 때, 인정기본계획 및 사업실시에 의견
   제시
① 기본계획 작성 시
- 중심시가지활성화에 관한 기본적인 방침
- 중심시가지의 위치 및 구역
- 중심시가지활성화의 목표 활성화 사업에 관한 사항
- 기타 계획추진에 필요한 사항
- 계획 기간
② 인정기본계획 및 사업 실시
- 해당 사업의 필요성, 유효성, 실효성 등

(2) 특정 민간 중심시가지 활성화 사업을 실시하는 자의 사업계획에 관한 협의
- 사업 방침
- 사업의 목적과 효과 설정
- 각 사업의 효과를 높이기 위한 조정·조사
- 사업 실시 전·후의 평가와 과제추출, 해결을 위한 협의·조정
- 사업주체 간의 사업실시 원활화를 위한 조정

3) 중심시가지활성화협의회의 조직구성과 형태
(1) 조직체제 구축의 전제
개정 「중심시가지활성화법」에는 중심시가지활성화협의회의 세 가지 활
동목적이 나타나 있다고 이해할 수 있다.

첫째, 시·정·촌이 기본계획을 작성할 때 인정기본계획 및 사업실시에 의견 제시.

둘째, 특정 민간 중심시가지 활성화 사업을 실시하는 자의 사업계획에 관한 협의.

셋째, 협의회가 실시해야 하는 사업 등에 관한 사항.

이상은 법의 규정으로서 제시되어 있지는 않지만 2006년 법 개정에 따라 각 성(省)·청(廳)이 준비하고 있는 각종 지원 사업제도에서, 중심시가지 활성화협의회가 사업주체로서 이상의 활동목적을 달성하기 위한 협의회 조직 형성이 필요하다고 인식되고 있다.

(2) 조직 구성체

중심시가지활성화협의회를 구성하기 위해 필요한 구성체는 다음과 같다.

① 전체회의(총회): 최고결정기관으로, 참가인원은 40~100명 정도가 적당하다.

② 이사회: 협의회의 운영 등 기본적인 사항을 협의하고 결정하는 역할을 한다. 회장, 부회장, 이사 10~20명 정도로 구성되며, 임원은 참가자의 구성을 고려하여 균형 있게 선임하는 것이 바람직하다.

③ 운영 간사회: 운영 간사회는 사무국의 실무적인 운영을 담당하며, 각 참가자의 협의회 운영에 관한 의향을 정확하게 파악하여 운영에 반영시키는 등 사무국을 지원·지도하기 위해 설치한다.

④ 사업검토부서: 개정 「중심시가지활성화법」은 사업을 실시하여 '중심시가지의 활성화를 실현'하는 것이 목적이라고 할 수 있다. 그러나 사업을 예정되는 진행되지 않는 것이 현실이며, 특히 행정이 관여하는 사업일 경우 더욱 그러하다. 따라서 사업 절차나 사업 내용을 관과 민이 사전에 충분

히 이해할 수 있는 체제 구축이 필요하다. 일본 정부가 작성한 기본방침에는 사업의 '기본계획의 목표달성을 위한 필요성, 해당 사업의 종류, 실시 예정자, 위치 및 구역, 실시 기간' 등을 기재하도록 되어 있다. 특히 '기본계획의 목표달성을 위한 필요성'에 관해서는 사전에 협의가 필요하며, '해당사업의 종류, 실시 예정자, 위치 및 구역, 실시 기간' 등에 관해서도 사업 실시자와 대상사업에 관한 충분한 상호 이해과 사전에 필요하다.

⑤타운 매니저·전문 직원: 기본방침을 보면, '협의회의 의견조정을 원활하게 하는 관점에서, 마치즈쿠리에 대해 전문적인 노하우를 가진 타운 매니저나 전속 직원을 배치하는 등, 협의회의 조직 체제를 강화하기 위해 노력한다'고 기재되어 있다. 타운 매니저는 세 가지 유형의 형태가 있을 수 있다. 첫째로 '운영지도 매니저'로 협의회의 운영이나 활동에 관해 지도를 하는 자, 둘째로 '사업조정 매니저'로 협의회가 사업조정을 할 경우 필요하다. 다만 하부조직에 타운 매니지먼트 조직이 존재하는 경우나 상공회·상공회의소가 매니지먼트 조직으로 활동을 하고 있는 경우에는 사업조정 매니저의 필요성은 적어진다. 셋째로 '사업추진 매니저'로 협의회가 사업을 실시할 경우에 사업추진 매니저나 전문 직원이 필요하다.

⑥사무국: 협의회의 사무처리, 회계, 섭외 등 종합적이고 기초적인 실무를 담당하는 직원의 존재는 필수불가결하다. 특히 정보공개나 개시를 위해서는 최저 1명의 전속직원은 반드시 필요하다.

⑦관계조직 및 사업자 대응부서: 협의회의 역할로서 중요한 점은 ㉠활성화에 도움이 되는 사업과 내용을 결정하는 것과 ㉡원활하게 사업을 실시하기 위한 조정과 효과 달성을 지원하는 것이다. ㉠에서는 관계자와 관계조직과의 협의가 필요하며, ㉡에서는 직접적인 사업 실시자와의 협의가 필요하다. 이들 협의에는 공식적인 협의회 석상 이외에 별도의 협의가 필

요하며, 이를 위해서는 이에 대응할 수 있는 사무국의 기능이 필요하다. 그리고 이러한 협의 및 조정은 별도의 타운 매니지먼트 조직이 존재하는 경우에는 타운 매니지먼트 조직과 협동으로 실시하거나, 타운 매니지먼트 조직에 임무를 위탁할 수도 있다. 소위 협의회가 '전력회의형'이면 필요 없을 수도 있지만, '타운 매니지먼트형'이라면 스스로 실시하는 것이 필요하다.

⑧ 분야별 위원회: 다양한 중심시가지의 과제와 사업을 협의하기 위해서는 테마별로 검토하는 것이 중요하다. 이를 위해서는 관계자 간의 이해를 높이고 협동의 틀의 검토하는 테마별 위원회를 설치하는 것이 필요하다.

(3) 중심시가지활성화협의회 표준체계

위의 협의회를 구성하는 구성체를 고려하여 다음에서 중심시가지 활성화에 도움이 되는 중심시가지활성화협의회의 표준체계를 제시하고자 한다.

(4) 조직형태 유형

③에서 표준 조직체계(안)을 제시했는데, 각 지역의 협의화가 무엇을 목적으로 조직되었는가에 따라 조직의 형태나 구조가 달리진다. 이 절에서는 협의회의 목적을 다음과 같이 가정하고 각각의 조직형태의 프로토타입(Prototype)을 제시하고자 한다.

① 전략회의형

중심시가지 활성화를 위해 각 주체자의 대처활동 내용 제시를 주목적으로 하는 조직형태이다. 주된 활동은 관계자와 협의하여 중심시가지 활성화의 전체적인 방침과 활성화사업의 테마를 정리하고, 상시 검토협의기관을 설치하여 협의를 하는 것이다.

이사회(9~15명)를 중심으로 하부에 전략위원회를 두며, 전략회의형의 중

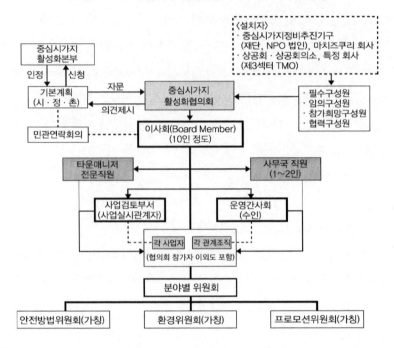

〈그림 Ⅵ-12〉 중심시가지활성화협의회 표준 조직체계(안)

〈그림 Ⅵ-13〉 전략회의형 중심시가지활성화협의회 조직체계

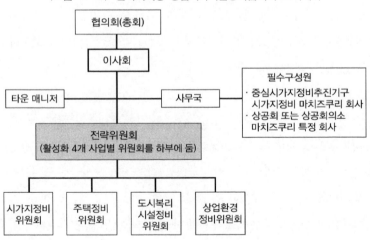

심 주제인 중심시가지 활성화의 방향이나 시·정·촌이 제시하는 기본계획이나 사업에 관한 상세한 내용을 검토하는 것을 목적으로 하는 조직이다.

활성화를 위해서는 각 4개 사업별로 검토와 조사, 협의가 필요하기 때문에, 각 분야별 위원회를 설치하는 것이 필요하다. 또한 각종 사업을 추진하거나 지원함에서 기존의 마치즈쿠리 회사, 중심시가지정비추진기구, 상공회 및 상공회의소, 특정회사(TMO) 등의 협력을 얻어 상호 연계체제와 역할분담체계를 구축하는 것이 매우 중요하다.

② 매니지먼트형

이 유형은 전략회의형 조직 활동 이외에도 중심시가지의 활성화를 위한 각종 활동이나 사업을 추진하기 위해, 이들 활동을 종합적이고 통일적으로 매니지먼트하는 것을 목적으로 하는 조직형태이다. 이러한 종합적인 매니지먼트를 수행하기 위해서는 전문가인 제너럴 매니저가 이사회의 지시에 따라 매니지먼트 사업을 전개해야 한다.

중심시가지 대상구역 내의 '각 지구에 관한 매니지먼트'와 '사업의 매니지먼트'에 대한 검토와 지원이 필요하며, 이때 실무를 담당하는 전문 직원을 배치해야 한다. 또한 전략회의형과 마찬가지로 기존의 마치즈쿠리 회사나 각 조직과의 연계를 도모하여, 상호 역할분담을 명확하게 하는 것이 필요하다. 단 매니지먼트는 기타 조직에 의존하는 것이 아니라, 주체적으로 중심시가지 활성화에 관한 매니지먼트를 전개하는 조직이다. 따라서 이 유형을 선택하는 경우 사전에 기타 관계 조직과의 조정이 절대적으로 필요하다.

③ 사업추진형(종합형)

이 유형은 중심시가지 활성화를 위해 직접 활동을 추진하거나 활성화사업을 실시하는 조직형태이다. 구체적으로는 전략회의형, 타운 매니지먼트

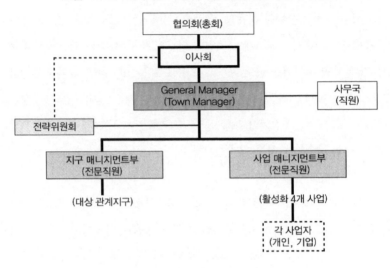

〈그림 VI-14〉 매니지먼트 중심시가지활성화협의회 조직체계

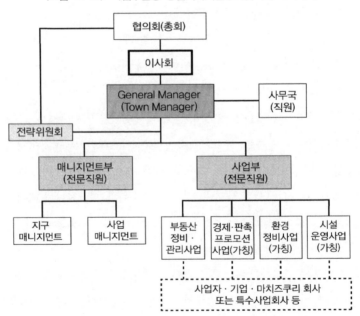

〈그림 VI-15〉 사업추진형 중심시가지활성화협의회 조직체계

형의 활동과 함께 직접 사업을 실시하는 체제를 갖춘 조직이다.

이사회의 지시에 따라 제너럴 매니저(General Manager)를 중심으로 전략회의, 각종 활동의 매니지먼트에 덧붙여 직접 사업을 일부 실시하는 유형이다. 다른 조직 유형과의 차이점은 책임을 가지고 사업을 실시하여 성과를 올리는 것이 조직의 목적이라는 점이다.

그러나 현실적으로 회사법상의 법인격이 없는 협의회가 사업의 주체가될 수 있는가 하는 문제가 있다. 협의회일지라도 일본 정부로부터 보조금이 직접 보조되는 경우는 있지만, 보조금 이외의 자금을 조달할 경우에는어떠한 형태로든 법인격이 필요로 하는 것이 일반적이다. 따라서 이 유형에서는 법인격에 관한 문제를 해결하기 위해서 기존의 조직이나 기업과의공동사업을 실시하거나 위탁 등, 직접 자금조달이나 사업운영 전면에 나서지 않는 구조를 만드는 것이 필요하다.

(5) 중심시가지활성화협의회의 운영방법과 사무국
① 협의회 운영방법

중심시가지활성화협의회 참가자는, 설치자(필수구성원), 설치자의 의뢰로 참가하는 자(임의구성원), 자신의 의사로 참가하는 사업실시자(참가희망구성원), 협의회에 협력·지원하는 자(협력구성원)라는 카테고리로 구분되어있다.

서로 다른 입장의 참가자가 같은 조직을 구성하기 위해서는, 각 참가자가 조직의 목적을 공유하는 것이 절대조건이라고 할 수 있다. 이러한 조건을 고려하여 협의회를 운영하는 것이 중요하다. 그러나 협의회 운영에는일반적으로 조직설립의 목적이 설치자인 필수구성원에 의해 작성된다는문제점이 있다. 따라서 참가자는 설치자의 의도를 어떻게 이해하고 참가할 것인가가 중요 포인트라고 할 수 있다. 그리고 현실적인 과제를 극복하여 활성화의 구체적인 목표(수치화 목표)를 달성하는 등의 과제에 대응하기 위해서는 협의회 운영상 다음과 같은 대응책이 필요하다.

㉠ 참가자에게 참가목적을 명기하여 받을 것: 이 참가자의 생각을 근거로 협의회의 운영규범을 작성하는 것이 중요하다.

㉡ 계획에 관한 협의와 사업실시에 관한 협의를 명확하게 구분할 것: 계획의 협의와 사업의 협의를 동일시하지 않는 것이 중요하다.

㉢ 참가자가 주체적으로 참가하고, 스스로 의사결정에 참가하는 운영을 할 것: 참가자의 자기실현 테마가 무엇인지를 파악하고, 각자가 명확한 목적을 가지고 협의회에 참가하는 형태를 구성하는 것이 필요하다.

㉣ 참가자가 각종 관련 사업을 전개하거나 참여할 수 있는 구조를 준비할 것: 기본계획에 명기되어 있는 사업 이외의 사업과 관련되는 중심시가지에서의 활동이 전개될 수 있도록, 관련조직이나 단체, 행정기관과 연계한 구조를 구축하는 것이 필요하다.

② 사무국의 역할

협의회 직원은 크게 사무직원과 전문직원으로 구분할 수 있다.

사무직원은 서무, 회계, 사무 전반을 담당하는 직원이다. 협의회에서는 TMO와 마찬가지로 상공회와 상공회의소 직원을 많이 활용할 것으로 예상된다. 그러나 법률의 취지를 고려하면 필수구성원의 역할은 활성화 실현에 도움이 되는 활동에 역점을 두는 것이 바람직하다. 따라서 협의회 직원은 각종 단체로부터 파견되는 형태를 부정할 수 없지만, 신규로 채용하는 것을 원칙으로 하는 것이 바람직하다.

협의회가 보다 독립적이고 전문적으로 임무를 수행하기 위해서는 일반적으로 전문적인 인재를 채용하는 것이 필요하다. 특히 위에서 언급한 매니지먼트형과 사업추진형에서는 상근 전문직원이 배치되는 것이 매우 중요하다. 흔히 제너럴 매니저나 타운 매니저라고 부르며 이사회나 조직대표의 지시에 따라 목적을 달성하는 직원이라고 할 수 있다.

전문직원에 필요한 자질로는 ㉠ 커뮤니케이션 능력(지역관계자의 의향을 파악하여 커뮤니케이션을 하는 능력), ㉡ 프로젝트 매니지먼트 능력(개개의 사업을 구상하여 사업성립의 틀을 구축하는 능력), ㉢ 교섭/협상(Negotiation) 능력(상대방과 교섭하여 조직의 목적을 달성하는 능력), ㉣ 인내(Patience) 능력(반드시 목적을 달성할 수 있는 인내력)이 있다. 이러한 능력을 가지기 위해서는 대상지구의 역사와 문화를 이해하고, 언어와 관습을 파악할 수 있는 인물이어야 한다. 그리고 전문직원을 채용할 때 조직이 목적으로 하는 사업을 달성하기 위한 기술이나 전문지식을 가지고 있어야만 한다.

제VII장
타운 매니지먼트 조직 구성방법

타운 매니지먼트 조직은 중심시가지 재활성화 활동의 성패를 좌우하는 중요한 열쇠라고 일반적으로 알려져 있다. 건전하고 지속력 있는 조직은 장기적인 활동을 구축하고 유지해가는 데 필요한 안정성을 구축한다. 따라서 체계적으로 조직화되어 있어 자금력과 적정한 운영체제를 가지는 것이 타운 매니지먼트 활동을 하는 데 불가결한 조건이라고 할 수 있다.[1]

이러한 이유에서 영국의 타운센터 매니지먼트 협회(ATCM)나 내셔널 트러스트 메인스트리트 센터(MSC) 등에서는 중심시가지를 거점으로 하는 안정된 조직을 만드는 것을 활동의 최우선적인 목적으로 하고 있다.

MSC에서는 "Main Street(Town Management) Program은 기존의 다양한 기관이나 조직에서도 실시할 수 있지만, 이상적인 조직은 모순된 의제가 일절 없으며 목적이 중심시가지 활성화로 하는 '강고하고 독립된 새로운

* * *

1 ATCM, "Developing Structures to Deliver Town Centre Management"(ATCM, 1997).

비영리조직'을 만드는 것이 최선의 선택이다. 독립조직으로 함으로 인해 객관적 환경에 관과 민의 관심을 잘 연결하여 중심시가지 활성화에만 집중시켜서, 중심시가지에 영향을 미치는 문제에 명확하게 초점을 맞추어 대응할 수 있는 경우가 많다"고 지적하고 있다.[2]

그리고 새로운 조직의 이점을 다음과 같이 나타내고 있다.

① 과거의 역사에 얽매이지 않는 명확한 초점을 확립할 수 있다. ② 지자체와의 관계에 연연하지 않고 일관된 활동을 전개할 수 있다. ③ 중심시가지의 재생, 신규활동, 새로운 미래상을 제시하기 쉽다.

새로운 조직은 기존 조직에서는 할 수 없는 많은 성과를 올릴 가능성이 높다. 또한 독립된 사명과 목적을 명확하게 정의하고 새로운 목표를 정하여 지역에 변화와 새로운 정심을 불어넣어, 폭넓은 지지기반이 있는 독자적인 이사회를 설립할 수 있다.

그리고 MSC에서는 성공하기 위한 가장 기본적인 조직의 특성을 다음과 같이 지적하고 있다.

① 지역을 지원하는 활동을 보급할 것

② 폭넓은 지역에 지원을 하며, 지원을 위한 명확한 대표자를 설치할 것

③ 명확한 대상구역을 설정할 것

④ 정의된 목표·목적에 더하여 명확한 사명과 비전을 명시할 것

⑤ 확실한 재원과 운영예산을 확보할 것

⑥ 전문적인 검토·활동부회의 설치와 활동적인 이사회를 설치·운영할 것

* * *

[2] National Trust's National Main Street Center, "Revitalizing Downtown — The Professional's Guide to the Main Street Approach"(National Trust's National Main Street Center, 2000).

⑦ 전문적으로 관리·운영할 것

⑧ 네 가지 활동 Approach(디자인, 조직, 프로모션, 경제재건축)에 근거한 종합적인 활동계획을 전개할 것

⑨ 활동 공약을 제시할 것

⑩ 강력한 관민 파트너십 형태를 형성하여 활동할 것

이상과 같은 점을 고려하면 타운 매니지먼트 조직은 다음 네 가지 형태를 가지는 조직이라고 표현할 수 있다.

- 종합적이고 통일적인 지역 관리(경영) 조직
- 관민 파트너십 형태의 PPP 조직
- 정확한 의사결정이 가능한 사업실시조직
- 새로운 시대의 지역주도형 마치즈쿠리 추진조직

제1절 | 조직 설립절차

오늘날 세계 각지에서 설립되고 있는 타운 매니지먼트 조직을 대별하면, 법률 규정이 없는 타운센터 매니지먼트나 메인스트리트 프로그램에 의한 '임의형태'와, 법률의 규정에 근거하여 설립되는 Business Improvement District로 대표되는 '법규정형태'로 구분할 수 있다. 특히 BID(BIA, CID 등)는 법률 조문으로 조직설립에 관한 규정이 존재하며, 그 절차를 따르지 않으면 안 된다.

이 절에서는 MSP에 의한 '임의형태'와, BID에 의한 '법규정형태'의 조직 설립 절차를 살펴보고, 또한 일본의 TMO의 사례를 바탕으로 하여 유효한 TMO 형태의 조직 설립 예를 소개하도록 한다.

1. 임의 형태의 설립절차

1) 미국 메인스트리트 프로그램 조직의 경우

내셔널 트러스트 메인스트리트 센터에서는, 메인스트리트 프로그램 조직(이하 MSP 조직)의 설립절차를 다음과 같이 나타내고 있다. 절차 모델에는 22단계의 프로세스가 있는데, 조직설립 상으로는 3단계이며 그 사이에 두 가지의 검토·결정 작업이 있다.

(1) 제1단계: '검토 그룹' 설립

이 단계는 수명의 발의멤버가 모여 중심시가지 활성화에 대한 검토를 개시하려는 중심 멤버가 구성되는 단계로, 이 멤버가 향후 중심시가지 활성화의 핵심 구성원이 된다. 검토 그룹은 대상지구의 실태를 파악하고, 행정기관이나 지역의 주요관계자에 향후의 활동에 대한 이해를 얻어 주 정부 MSP 담당에게 프로그램 도입 신청을 한다. 그 후 MSP에 관한 각종 연수 등을 받고 활동내용을 습득한 후 다음 단계로 이어진다.

(2) 제2단계: '이사회'와 '위원회' 설립

이 단계에서 조직의 의사결정자인 이사를 7~10인 정도 결정하고, 동시에 4개 위원회의 주요멤버 10~15인 정도를 결정하는데, 조직의 이념이나 목적을 명확하게 한 후 인선이 이루어진다.

대부분의 지구에서 지역의 유지나 중심시가지 활성화에 중요한 역할을 할 것이 기대되는 각종단체, 민간기업 및 행정기관의 대표자에 이사취임을 의뢰한다. 이사회와 위원회의 멤버가 결정되면 멤버에 대한 교육이 실시된다. 전국적인 조직인 내셔널 트러스트 메인스트리트 센터에서는 연간 프로

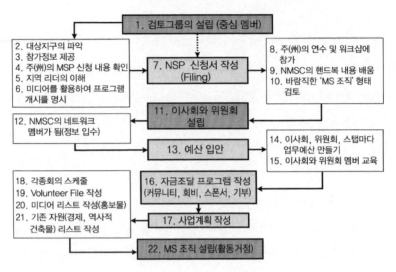

〈그림 VII-1〉 메인스트리트 프로그램 조직의 설립절차

1. 검토그룹의 설립 (중심 멤버)

2. 대상지구의 파악
3. 참가정보 제공
4. 주(州)의 MSP 신청 내용 확인
5. 지역 리더의 이해
6. 미디어를 활용하여 프로그램 개시를 명시

7. NSP 신청서 작성 (Filing)

8. 주(州)의 연수 및 워크샵에 참가
9. NMSC의 핸드북 내용 배움
10. 바람직한 'MS 조직' 형태 검토

12. NMSC의 네트워크 멤버가 됨(정보 입수)

11. 이사회와 위원회 설립

13. 예산 입안

14. 이사회, 위원회, 스탭마다 업무예산 만들기
15. 이사회와 위원회 멤버 교육

18. 각종회의 스케줄
19. Volunteer File 작성
20. 미디어 리스트 작성(홍보물)
21. 기존 자원(경제, 역사적 건축물) 리스트 작성

16. 자금조달 프로그램 작성 (커뮤니티, 회비, 스폰서, 기부)

17. 사업계획 작성

22. MS 조직 설립(활동거점)

그램으로 이사연수 등이 실시되고, 각 주의 MSP 담당 기관에서도 독자적으로 연수 프로그램이 운영되고 있다.

이사회와 위원회가 최초로 하는 일은 '예산서 만들기'와, 어떻게 자금을 조달할 것인가를 검토하는 자금조달 프로그램을 작성하는 것이다. 이 후 전체 '사업계획서'를 정리하고, 활동을 개시하는 데 필요한 각 위원회에서 활동하는 볼런티어 멤버 리스트 만들기와 사업을 전개하는 데 필요한 자료 작성 등의 활동이 이루어진다.

(3) 제3단계: 'MSP 조직' 설립

일반적으로 활동할 준비가 되면 MSP 조직을 설립하고, 프로그램 매니저를 선정한 후에 주 정부와 계약을 체결한다. 다만 주에 따라서는 자금적인 제약이 있거나 계약이 연기되는 경우도 있다.

2) 캐나다 앨버타 주 MSP의 경우

캐나다 앨버타 주 MSP는 지역에 중심시가지를 활성화시키는 기회를 제공하고, 적어도 3년간은 중심시가지 활성화 사업을 지속할 수 있는 수법을 제공하고 있다. 지역 주체자는 상근 메인스트리트 코디네이터(Main Street Coordinator)를 고용하고 사무소를 개설한 후 활동을 하고 있으며, 조직 설립에는 다음 7단계의 절차를 거쳐야 한다.

① 제1단계: MSP 주체자 조직(이사를 결정)을 설립하고, 앨버타 주 역사자원기금·재단(the Alberta Historical Resources Foundation)과 「MSP 도입 합의서」 및 「보존·개발에 관한 합의서」 등 합의서 2종을 교환한다. 「MSP 도입 합의서」는 재단 측과 지역 측 간에 교환이 이루어지며, 「보존·개발에 관한 합의서」는 지자체가 도입하는 설계 가이드라인을 엄수하여 실행할 것과 새로운 주법의 작성이나 현 주법의 개정에 전력을 다할 것이 기재되어 있다.

② 제2단계: 앨버타 주 MSP의 원조를 받아 공모방식으로 메인스트리트 코디네이터를 고용한다. 메인스트리트 코디네이터는 대상지구의 메인스트리트 수법을 촉진하여 매월 활동, 자금, 사업계획이나 지역 시의회에 제출할 설명자료 작성에 필요한 경비 등에 관한 최신정보를 제공할 의무가 있다.

③ 제3단계: 코디네이터의 급여와 건축물 보수 지원비 등을 앨버타 주 역사자원기금·재단에 신청한다. 비용의 용도는 비전 작성비, 초기의 전략계획 회의비, 설계 검토비, 평가회 개최비, 보고서 작성비, 코디네이터 연수비 및 경제개발활동 지원비 등이다.

④ 제4단계: 프로젝트 초기 반년간 지역에서는 비전 작성을 위한 연수 및 자원팀에 의한 연구가 필요하며, 비전 작성을 위한 연수는 공개적으로 실시하는 것이 바람직하다.

어린이 교육 워크숍 실시, 디자인 토론회 등을 개최하며, 자원팀의 활동

<표 VII-1> 영국 BID 설립절차

단계	내용	기간
1단계	**관민 파트너십 형성 개시** 지역주민의 주요이해관계자(지자체, 기업, 부동산소유자, 거주자, Voluntary Sector)와 개선방책 협의	1개월
2단계	**이해관계자 간 협의** BID 설립에 관심이 있는 이해관계자가 참가하여, 내포하고 있는 문제에 대해 토론 실시. 대상 지구에서 BID를 실시하는 것이 가능한지 고찰	4개월
3단계	**이해관계자가 초기계획 작성** 초기의 지원을 확실하게 받을 수 있도록 제안된 BID 구역 내의 이해관계자가 초기계획을 협의	8개월
4단계	**BID 이사회(Board) 설립** 이해관계자의 초기계획이 BID로 발전하는 것이 명확해지면, 사업계획(Business Plan)을 작성하고, 투표를 위해 BID 이사회를 설립	9~10개월
5단계	**BID 제안서 작성** 준비단계에서 가장 중요한 단계로, BID의 규모에 따라 구체적인 작업(관계자 납세액 결정 등)에 상당한 기간 필요	10~15개월
6단계	**BID 주요관계자에 대한 설명** BID 제안서에 대해 협의하고, 지역 내 주요 기업의 이해를 구함	15개월
7단계	**BID 투표** BID 제안서에 대한 투표 실시(찬성자조건: 투표자의 50% 이상, 또한 과세평가총액의 50% 이상)	16~18개월
8단계	**BID 투표 찬성** BID 투표 결과, 찬성조건을 충족한 경우 BID 제안서에 규정된 일부터 BID가 개시	18~20개월

으로는 지역관계자의 대상지구 투어 개최, 사업주·지역정치가·주민·학교·역사협회 및 기타 지역 각종 단체에 대한 인터뷰 실시, 전략계획 워크숍, 이사회 능력개발 워크숍, 리셉션, 오픈 하우스 등이 있다.

⑤ 제5단계: MSP의 활동을 통해 지역에서는 매년 약 3~5건의 건물수리 사업을 실시하는 계획을 상정한다. 설계자는 설계 콘셉트, 시공도, 시방서[3]를 제공하며, 고용 프로그램을 활용하여 저임금 작업원을 고용할 경우에는 그들을 감독하는 건설 매니저를 고용하지 않으면 안 된다.

⑥ 제6단계: 동시에 MSP 사업기간을 연장하여, 향후의 수리, 개축, 새로운 개발계획을 입안할 경우에는 중심시가지의 역사지구에 관한 설계 가이드라인을 작성해야 한다. 가이드라인은 코디네이터 및 설계자가 작성하고, MSP 조직 책임자, 지역 자문기관 및 행정의 조사를 받는다.

⑦ 제7단계: 활동 최종단계에서는 업적평가, 목표를 달성한 성과평가, 실행할 수 없었던 항목의 리스트 작성(List up), 메인스트리트의 유산을 확실하게 유지해가기 위한 작업계획의 작성을 위한 '최종확인회의'를 개최하지 않으면 안 된다. 그리고 코디네이터는 프로그램에서 정해져 있는 규정의 서식에 따라 최종보고서를 작성한다.

2. 법규정 형태의 설립절차

1) 영국(잉글랜드) BID 조직의 경우

영국에서는 2004년 9월 24일 잉글랜드에서 BID법이 제정되었다. 이에 앞서 영국 정부는 2001년 12월 BID 가이던스를 제시했으며, 그중에 BID 설립에 필요한 절차를 실례에 근거하여 나타냈다. 영국 BID 설립절차는 캐나다의 BIA 및 미국의 BID를 참고로 하였다.

• • •

3 시방서(示方書, Specification): 설계·제조·시공 등 도면으로 나타낼 수 없는 사항을 문서로 적어서 규정한 것.

이상과 같은 절차는 MSP와 마찬가지로 우선, 주요 멤버에 의한 사전검토(대상지구, 사업목적)가 이루어진 후, 이해관계자와 의견교환을 거쳐 이사회를 설립하고 구체적인 BID 지정에 관한 내용을 정리한다. 그 성과가 「BID 제안서(사전계획서: Business Plan)」로 작성된다. 그 후 BID법의 규정에 의해 BID 제안자에 대한 과세대상자의 신임투표가 실시되는데, 투표자 수와 과세평가액 총액에 대한 50% 이상의 찬성이 조건이 되며 이를 '적극(Positive) 투표제도'라고 한다. 확실하게 찬성표를 얻기 위해 투표 전에 개별설명회가 개최되는데, 이 개별설명이 BID 매니저의 최대 작업이라고 할 수 있다.

조직설립 절차에는 명기되어 있지 않지만, 지금까지의 사례를 참고로 살펴보면 1단계의 검토 이전에 주요 관계자에 의한 조직이 설립되는 예가 많다. 그 배경을 살펴보면 기존에 활동을 하고 있던 타운센터 매니지먼트 조직이 스스로 BID 조직을 설립하거나, BID 조직 설립을 주체적으로 지원하고 있는 경우가 있기 때문이며, 조기에 조직을 만드는 것이 검토를 쉽게 하고, 또한 관계자의 이해를 구하는 데 유효하기 때문이라고 이해할 수 있다.

또한 BID 조직형태는 ATCM의 지도로 비영리 보증부 유한책임회사(Company Limited by Guarantee) 형태이며, 이에 관해서는 다음과 같이 소개되고 있다.

※ 타운센터 매니지먼트(TCM) 회사의 이점[4]

비법인회사에는 무제한의 책임이 발생하는데, 이는 구성원이 조직의 부채에 대해 개인적으로 지불할 의무가 있다는 것을 의미한다. 한편 법인조직에서는 회사로서의 법적 존재가 있으며, 회사 사명으로 계약을 체결하기

---

[4] ATCM, "A Firm Basis — Town Centre Management Companies Limited by Guarantee"(ATCM, 2001).

때문에 유한책임을 보증할 수 있다. 따라서 회사명으로 고소를 할 수도 있으며, 또한 고소를 당할 수도 있다. 이는 채권자에 대한 부정거래나 개인적 보증의 결여로 인해 회사가 해산한 경우, 회사구성원의 책임은 동의한 특정 액수로 제한된다는 것을 의미하는데, 이 협정(보증)은 통상 1파운드이다. 이 보증으로 인해 구성원은 회사설립자금을 위한 기부행위가 필요 없게 되며, 또한 개인에 대한 이익배분이 없기 때문에 이익은 회사의 정관목적에 따라 이용할 수 있다.

TCM 회사의 기타 이점으로는 ① TCM 활동을 코디네이트하는 정식적인 중심모체가 된다. ② 지자체 및 각종 법 제약으로부터 독립적 존재로 인정받아 독자적인 예산(안)을 결정 할 수 있다. ③ 중심시가지의 장기 전략계획을 입안할 수 있다. ④ 각 관계자(투자가 등)와 정식적으로 파트너십 협정계약을 체결할 수 있다.

또한 회사형태를 취함으로 인해 관민의 각 섹터의 자원이나 기능을 최대한으로 활용할 수 있는 것은 다음과 같은 범위이다. ① 운송, 레저, 문화, 소매정책의 통합이 가능해진다. ② 계획이나 개발 프로젝트의 협의모체가 될 수 있다. ③ 독자적인 포럼의 제공(관계되는 소매, 개발사업자, 투자가, 지주, Leisure Operator, 소비자, 거주자 대상)이 가능해진다. ④ 청소 및 안전이라는 기본적인 지역문제에 초점을 맞춘 활동이 가능해진다. ⑤ 중심시가지의 활력 향상과 관광자원(시설)정비가 가능해진다.

오늘날 「파트너십(비법인회사)」 형태에서 '회사' 형태로 변경이 많아지고 있는데, 이러한 판단은 당연히 지역의 상황과 개개 관계자의 의견에 의한 결단이라고 할 수 있다. 회사법인 조직은 이익을 발생시키지만 그것은 새로운 법적 의무를 초래하는 것이며, 또한 파트너 간의 관계를 변화시키는 것이라는 것을 이해할 필요가 있다.

2) 캐나다 밴쿠버 시 BIA 조직의 경우

캐나다 밴쿠버 시의 BID 조직 규정은 1997년 '적극(Positive)투표제도'에서 '소극(Negative)투표제도'로 변경되었다. 그 이유는 1996년까지는 관계자의 60% 이상 찬성하지 않으면 BID를 도입할 수 없는 제도였지만, 현실적으로는 외국인의 증가 등으로 인해 대부분 달성할 수 없어서 새로운 활동이 전혀 불가능한 상황이었기 때문이다. 이에 BID 조직 설립에 관해서도 관계자에 대한 충분한 설명 시간을 가지도록 규정을 두고 있다.

밴쿠버 시 BID 도입에 관한 특징 중의 하나로, 평균 십 수 명의 이사에 의해 사회법(Social Act)에 근거하여 비영리조직을 설립하고, 또한 이사는 부동산소유자와 테넌트가 각각 절반씩 구성한다는 규정이 있는 점이다.

〈표 Ⅶ-2〉 캐나다 밴쿠버 시 BIA 조직 설립 절차

1단계: BIA 위원회(BIA 조직) 설립(1개월)
- 대상구역 경계 및 예산액을 결정하기 위해 시로부터 부동산소유자 명부, 납세 보고서를 구함
- 법률(Social Act)에 근거한 비영리조직을 설립하는 것이 바람직(기존 조직의 경우에는 관계법에 근거하여 규약 및 부속정관의 개정이 필요함)

2단계: 관계자 앙케트 실시(1개월)
- 지구 내의 부동산소유자·비즈니스 관계자를 대상으로 지구의 문제점 등에 관한 앙케트 조사를 실시하고 그 결과를 분석함
- 이해관계자와 접촉하여 잠재적 반대를 식별함

3단계: 관계자 앙케트 조사 결과 공표(2개월)
- 조사결과를 공표하고, BIA 및 BIA 프로세스를 보고·설명함
- 관계자와 조사결과에 근거하여 논의를 하며, 문제점, 우선사항, 가능한 BIA의 모습 및 BIA 절차를 논의함
- 조사 결과 및 우선순위에 관한 관계자의 의견을 고려하여 예산안(사업비=과세액)을 검토함

4단계: BIA 초안 제안(2개월)

- 예산안 등 BIA 초안을 관계자에게 송부함
- 초안을 논의하고, 과세액 등에 관한 이해를 얻기 위해 관계자를 직접 방문함

5단계: BIA 초안 수정(1개월)

- BIA 초안에 대한 반대 의견을 정리하고, 수정이 필요한 경우 수정 BIA안 및 예산안을 배포함

6단계: 최종 BIA안 논의(1개월)

- BIA안을 논의하고, BIA안이 찬성을 얻을 수 있을 것인가를 조사하며, 반대자에게는 계속적으로 설명을 실시함

7단계: BIA안을 시에 제출(1개월)

- 대략적으로 찬성을 얻을 경우 밴쿠버 시의 BIA Coordinator로부터 신청서류를 얻어 시장, 의회에 BIA 프로그램 신청서를 제출함
- 정식적인 비영리회사를 설립하고 있지 않은 경우에는, 이 시점에서 설립할 것

8단계: 시에서 심사 후, 관계자에 통지(1개월)

- 시의 BIA Coordinator는 의회에 관계 자료를 제출하고, 자문위원회에서 정식 결정됨
- 시는 각 부동산소유자에게 정식 결정 통지를 우편으로 송부함

9단계: 관계자 투표(1개월)

- 시가 인정한 신청서에 관한 이의 제기 투표가 실시 됨
- 30일간 관계자의 1/3 이상(관계자 총수 또는 부동산평가 총액)이 이의를 제기한 경우에는 의회(수정의 경우 재판소)에서 심의를 함

10단계: 최종 결정(1개월)

- 최종 결정 후 21일 이내에 모든 부동산소유자 및 사업자에게 법적 확정이 이루어졌다는 취지가 통지됨

11단계: BIA 총회 개최(1개월)

- 총회에서는 향후 1년간의 예산을 결정하며, 시의회는 다음 연도의 모든 BIA 예산을 승인함. 승인 후 BIA는 시로부터 납세액 수급이 가능하게 됨

3. 일본의 TMO 조직의 설립 절차

1) 상공회 · 상공회의소 TMO 조직의 경우

일본의 Town Management Organization(이하 TMO) 조직은 약 70%가 상공회 · 상공회의소인데, 소위 기존 조직형태 속에 타운 매니지먼트 조직이 내재하는 형태가 주류를 이루고 있다. 이에 대부분의 조직이 스스로를 '기획조정형 조직'이라고 부르며, 회사형태 조직을 '사업실시형 조직'으로 파악하고 있다.

상공회 · 상공회의소 조직에서 TMO 조직을 설치하는 경우는 일반적으로 기존 조직 내에 TMO 담당부서가 설치되며, 구체적인 업무를 실시하는 전문 직원(지도원)이 배치된다. 그리고 지역관계자와의 관계를 유기적으로 형성할 필요가 있기 때문에 지역관계자를 포함한 'TMO 위원회'나 'TMO 협의회'가 설치된다. 이들 위원회 및 협의회의 설립 방법은 상공회 · 상공회의소가 주도로 설치되는 경우가 많으며, 이들 조직에 관한 규정이나 규약 등을 가진 지구는 적을 수밖에 없다. 소위 명확한 약속사항이 없는 조직 활동이 되는 경우가 많으며, TMO는 지역관계자 주도가 아니라 상공회 · 상공회의소 직원 또는 사무국장 및 전무이사의 TMO가 되는 경우가 많다. 그러나 이러한 상황을 조성한 배경에는 지역관계자 대부분이 의존체질이며, 지역 전체에 관련된 문제는 행정기관이나 기존 조직이 실시하는 것이라는 의식이 만연해 있는 것 또한 사실이다. 따라서 기존 조직은 처음에 충분한 설명과 협의를 실시하여 관계자의 협동에 의한 조직체제를 만들어가는 것이 바람직하다.

또한 TMO 조직을 '상공회 · 상공회의소 TMO'로 설립한 후에, '새로운 특정회사'를 설립하여 TMO 기능을 이행하는 지구도 많다. 홋카이도의 다키

카와 상공회의소[(株)アニム瀧川], 도치기 현 시마다상공회[まちづくり葛生(株)],
시즈오카 현 시마다 상공회의소[(株)まちづくり島田], 고치 현 나카무라(中村)
상공회의소[まちづくり四万十(株)], 이와테 현 모리오카 상공회의소[盛岡まち
づくり(株)], 아키타 현 요코테(横手) 상공회의소[(株)タウンリノベーションよこ
て], 나가노 현 사카키 초(坂城町) 상공회[(株)まちづくり坂城], 아키타 현 유자
와(湯澤) 상공회의소[(株)ティエムオーゆざわ], 시즈오카 현 가케가와(掛川) 상
공회의소[かけがわ街づくり(株)], 나가노 현 나가노 상공회의소[(株)まちづくり
長野], 도야마 현 후쿠노 초(福野町) 상공회[福野シティ開發(株)] 등이 바로 대표
적인 예이다. 이들의 대부분은 구체적인 사업을 가지고 있으며, 그 사업추
진 과정에서 '사업책임, 자금조건, 운영체제' 등을 명확하게 할 필요가 있어
회사형태로 바꾼 곳이 많은 실정이다.

2) 회사형태 TMO 조직의 경우 – 기존 조직의 상황을 고려한 TMO 설립: 아이즈 와카마쓰(會津若松)

이 절에서는 일본 TMO 설립 제1호인 아이즈 와카마쓰(會津若松) 시의
TMO 설립 경과를 기존 조직과의 조정 방법과 관계자의 활동 내용 등을 중
심으로 소개하고자 한다.

아이즈 와카마쓰 시는 1998년 7월 31일 특정회사 TMO[(株)まちづくり會
津]를 설립하기까지 많은 어려움이 있었다. 지역산업의 침체, 중심시가지의
인구감소·고령화, 시가지의 교외화 등과 같은 중심시가지의 문제를 내포
하고 있었던 것이다. 중심시가지의 상점가는 이들 문제를 해결하기 위해
상점가 단위의 조직화를 도모했으며,[5] 신메이도리(神明通り) 상점가진흥조

- - - -

5 이미 법인조직으로 5개의 진흥조합이 존재하고 있었다.

〈표 VII-3〉 아이즈 와카마쓰 시 중심시가지 재생협의회

협의회	설립·발족 시기
博勞町通り町並み會	1990년 9월
野口英世青春通り推進協議會	1992년 5월
七日町通りまちなみ協議會	1994년 3월
野口英世青春通り(株)	1994년 11월
大町通り活性化推進協議會	1995년 8월
いにしえ夢街道協議會	1996년 10월
Anessa Club	1997년 2월
大和町通り活性化協議會	1997년 6월
鶴ケ城北出丸通り活性化推進懇談會	1997년 6월

합, 혼초추오(本町中央) 상점가진흥조합 등에서는 상점가 단위로 상점가근
대화사업 등의 시설정비 사업을 실시해왔다. 그러나 상점가 단위였다는
점, 시설정비 사업만을 실시했다는 점 등 종합적인 마치즈쿠리 실현이라는
중심시가지의 재생 효과는 충분하게 달성하지 못하였다.

(1) TMO 조직화의 발현

이러한 배경하에 지역 상업자 등이 중심이 되어 기존의 상점가 단위의
틀을 넘어선 지구 단위로 중심시가지의 재생을 논의하는 '협의회'가 바쿠라
우초토리(博勞町通り)를 시작으로 각 지구에 설치되게 되었다. 각 협의회가
주장하는 주요 주제는, 현존하는 역사적 건축물 등 지역자원을 활용한 경
관형성에 의해 종합적인 지구정비를 도모하려는 것이었다.

이러한 상황에 따라 와카마쓰 시는 1992년 「아이즈 와카마쓰 시 경관조
례」를 제정하고, 역사적 건축물 등의 보존에 대한 비용의 일부를 조성하는

지원 제도를 준비함에 따라 각 협의회가 중심이 되어 지구마다 경관협정을 제정하는 등 새로운 마치즈쿠리의 확산이 펼쳐지게 되었다. 그러나 협의회의 설치 및 경관협정의 제정이 모든 지구에서 전개되지는 못했으며, 또한 각 협의회 간 상호 정보교류가 충분하게 이루어지지 못하였다.

(2) 마치즈쿠리 네트워크회의 설립 – 개별조직의 토털 네트워크화

기존의 상점가 단위나 지구의 협의회 단위의 사업으로는 종합적인 마치즈쿠리에 대한 구체적인 검토와 활동을 충분하게 실시되지 못했다는 문제의식이 대두되기 시작하였다. 그 결과 각 협의회와 중심시가지의 기존 조직이 협력·연계하여 종합적인 지구정비를 위한 협의 및 검토를 실시하는 '마치즈쿠리 네트워크회의'를 설립하려는 움직임이 나타났다.

그러나 '마치즈쿠리 네트워크회의'의 조직형태는, 각 지구의 경관형성을 주목적으로 한 '각 협의회의 네트워크화'라고 할 수 있기 때문에, 지역 전체를 활성화시키기 위한 사업을 검토하는 조직에 이르지는 못했으며, 종합적인 마치즈쿠리 사업을 검토할 수 있는 새로운 조직의 필요성이 논의되게 되었다.

〈표 VII-4〉 아이즈 와카마쓰 시 경관협정

경관협정 명칭	인정일
旧七日町町並み協定	1995년 7월 12일
七日町通り下の區町並み協定	1995년 9월 1일 변경 1997년 4월 8일
博勞町通り上ノ區町並み協定	1996년 9월 9일
七日町中央まちなみ協定	1996년 9월 27일
野口英世靑春通り町並み協定	1997년 7월 29일

(3) 마치즈쿠리 연구회 발족 — 종합적인 마치즈쿠리 사업 검토 조직의 필요성

그 결과 기존 마치즈쿠리 활동을 하는 중심인물들이 모여 1994년 4월 '마치즈쿠리 연구회'를 발족하였다. '마치즈쿠리 연구회'의 검토 결과, 사업을 실질적으로 추진하기 위한 조직(TMO 조직)의 필요성이 대두되었다. '마치즈쿠리 연구회'는 향후 '(주) 마치즈쿠리 아이즈(株) ちづくり會津]'를 설립하는 데 큰 역할을 하게 된다.

(4) TMO 준비회 설립

거의 같은 시기, 정부의 중심시가지에 대한 종합적인 지원시책이라고 할 수 있는 「중심시가지활성화법」 제정에 대한 발표가 있었으며, 이에 '(가칭) 아이즈 마치즈쿠리 회사 설립 준비회(TMO 준비회)'가 1998년 4월 발족하여, 관과 민이 참가하는 TMO 조직 설립의 구체적인 검토가 시작되게 되었다. 그 배경에는 '마치즈쿠리 연구회'가 마치즈쿠리를 공식적으로 협의하는 장소로서 행정기관을 비롯하여 각 분야에 광범위하게 인지되었던 것이 준비회 발족에 크게 영향을 미쳤다고 할 수 있다.

(5) 조직형성을 위한 어프로치

종합적인 마치즈쿠리라는 관점에서 TMO 조직을 설립하는 데에서, 행정의 자금 및 인재의 지원이나 사업추진에 관한 협력·지원체제와 관련이 있는 상공회의소, 산업단체, 기업 등의 조정 및 협력체제 구축은 절대적으로 필요하다. 이에 아이즈 와카마쓰에서는 상공회의소, 산업단체, 기업 등과 행정이 각각 원활하게 자신의 역할을 담당하는 형태로 참가하기 위해, '마치즈쿠리 연구회'의 매니저가 다음과 같은 활동을 전개하였다.

〈그림 VII-2〉 (주) 마치즈쿠리 아이즈(会津) 설립과정

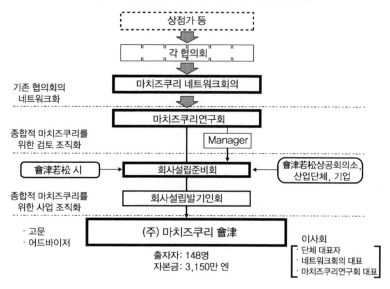

상공회의소, 산업단체, 기업 등에 대해서는 ①다양하고 전폭적인 마치즈쿠리 사업 지원책의 활용, ②마치즈쿠리 사업 실시에 의한 경제파급 효과, ③새로운 비즈니스 찬스 창출 등에 대해 설명을 하였다. 또한 시에 대해서는 기존의 협의회, 마치즈쿠리 네트워크회의, 마치즈쿠리 연구회 등의 활동을 고려하여 ①국가의 「중심시가지활성화법」 등의 시책에 따른 재정적인 측면의 유효성, ②회사가 실시하는 마치즈쿠리 사업의 효과성과 시가 실시하는 사업의 경감, ③상공회의소의 전면적인 지원 체제 등 참가에 관한 의의에 대해 설명을 하였다.

그 결과 시·상공회의소·산업단체·기업 등의 적극적인 참가와 자금 및 인재의 지원을 얻어, 출자자 수 148명, 출자총액 3,150만 엔의 회사(TMO 조직)가 1998년 7월 31일 설립되었다.

(주) 마치즈쿠리 아이즈의 조직구성상 특징으로는, 시장과 상공회의소장을 고문으로 했으며, 실질적으로 마치즈쿠리 활동을 추진해온 대학교수 등을 어드바이저로 채용한 점을 들 수 있다. 또한 시나 상공회의소의 담당 책임자는 물론 마치즈쿠리 활동을 지원해온 '마치즈쿠리 네트워크회의' 및 '마치즈쿠리 연구회'의 젊은 직원들이 이사회를 구성하여 회사경영의 중심적인 역할을 담당하고 있는 점도 특징이라고 할 수 있다.

이처럼 아이즈 와카마쓰 시의 TMO 조직 설립이 가능했던 요소로는 ① 개개의 조직을 하나로 묶은 '마치즈쿠리 네트워크회의' 및 '마치즈쿠리 연구회' 등과 같은 민간 측의 마치즈쿠리 검토조직이 존재한 점, ②①의 성과로 행정과 경제단체 및 기업이 각각 자기의 역할을 담당하는 형태로 참가했다는 점, ③마치즈쿠리 검토 조직의 젊은 활동가들이 강한 의지를 가지고 TMO 조직형성의 검토 단계에서부터 계속적으로 참가하여 조직설립을 도모했다는 점 등을 들 수 있다.

이처럼 TMO 조직형성에서 기존 조직(상점가 등)의 실태를 고려하여 단계적으로 조직형성을 도모할 것, 항상 중심적인 역할을 하는 자가 계속적으로 참가할 것, 그리고 행정(수장 및 담당자), 상공회의소 등 각종 단체와의 일상적이고 유기적인 연계가 중요하다고 지적할 수 있다.

3) 다양한 참가자가 조직을 설립하는 경우 – 타운 매니지먼트 조직 설립 절차: 4단계

이 절에서는 이상과 같은 사례를 토대로 TMO 조직을 확실하게 설립하기 위한 '4단계' 프로그램을 제안하고자 한다. 이 프로그램은 어디까지나 지역 관계자가 주체이며, 관민조직형성을 목적으로 하는 관점에서 행정이 과도

하게 개입하는 경우에는 일반적으로 일정한 시간이 필요할 수 있다.

(1) 제1단계: '마치즈쿠리 연구회(검토위원회)' 개최

각 지역에는 지금까지 마치즈쿠리에 관해 검토를 하고 있는 조직이나 회의가 반드시 있다. 그러나 협의는 이루어졌지만 실천으로 옮겨지는 못한 지역 또한 현실적으로 많이 존재한다. 이 단계에서는 현재까지 이루어진 협의를 부정하는 것이 아니라, 행동으로 옮겨지지 못한 문제가 어디에 있는가를 포함한, '사람 문제', '자금 문제', '조직 문제' 등을 정확하게 확인하는 것이 필요하다.

그리고 새로운 정보를 입수하는 것 또한 중요한데, 이를 위해서는 연구회(검토위원회)가 필요하다. 3~4회 정도의 연구회를 개최한 후 새로운 사업 실시를 위한 검토조직을 설립하는 것을 전제로 한 연구회가 개최되어어 하며, 또한 '협의를 위한 검토회가 아니며', '연구를 위한 연구회가 아닌' 것을 주지한 후에 개최되는 것이 바람직하다.

(2) 제2단계: 'TMO 설립 검토준비회' 설립

제1단계의 검토 및 연구회를 고려하여 본격적인 사업을 준비하는 단계로, TMO의 필요성 및 중심시가지 활성화의 필요성에 대해 공감하는 관계자가 모여 향후의 활동에 대해 필요성을 인식한다. 필요성에 대한 공감대가 형성된 경우에는 활성화를 위한 방법에 관한 공통적인 인식을 가지기 위한 'TMO 설립 검토준비회'를 설립한다. 참가자는 지금까지 중심시가지 문제를 해결하기 위해 활동하고 있는 각 조직의 중심인물 및 관계기관 멤버들과 함께 십 수 명으로 활동을 개시하며, 이 단계에서는 리스크가 전혀 없다.

목적은 지역의 활성화이며 이를 실현하기 위해서는 실행 주체가 필요하다. 이 단계에서는 누가 또는 어떤 조직이 주체가 될 것인가 등에 대해서는 명확하게 알 수 없다. 그러나 TMO 설립을 하기 위한 의사를 외부에 알리기 위해서 활동목적을 명칭으로 한 'TMO 설립을 검토하기 위한 준비회'를 설립하는 것이다. 이 단계에서는 관계자가 지향하는 활성화의 방향과 향후의 검토 절차를 정리하는 것이 조건이 된다.

(3) 제3단계: '시민설명회' 개최와 'TMO 설립 준비회' 설립

이 단계에서 필요한 것은 'TMO 설립 검토준비회'에서 정리한 내용을 주로 시민설명회를 통해 시민들에게 널리 전달하는 것이다.[6] 'TMO 설립 준비회'에서는 중심시가지 활성화에 필요한 사항에 대해 검토를 한다. 검토에서 필요한 것은 참가자가 직면한 문제를 파악하는 것이며, 문제를 파악하는 방법으로 각 참가자에게 앙케트 조사를 실시하는 것이 가장 효과적이다.

조사 내용은 ① 지금 곤란한 점(개인으로서, 지구로서), ② 지구를 활성화하기 위해 지금 당장 해야 하는 것은 무엇인가, ③ 그 목적은 무엇이며, 사업이 실시되면 지구는 어떤 효과를 얻는가 등에 관한 질문이다.

이 앙케트 조사에서 얻어진 결과를 분석하여 활성화 사업을 정리한 후, 분야별로 분류한다. 그 결과 검토사업 분야가 명확해지면 분야별로 사업내용에 대해 검토가 실시된다.

● ● ●

[6] 실제로 신조(新庄)에서는 100명 이상, 시즈오카(静岡) 현 시모다(市下田) 시에서는 약 60명, 미야기(宮城) 현 리후 초(利府町)에서는 약 70명, 나가노(長野) 시에서는 약 100명, 도쿄 도 치요타 구(千代田区)의 아키하바라 에키마에(秋葉原駅前) 지구에서는 약 100명이 모이는 등 인구규모에 관계없이 일정 수의 시민이 관심을 가지고 있음을 알 수 있다.

(4) 제4단계: '관계자설명회' 개최와 '설립 발기인회' 설치

'TMO 설립준비회'에서 검토된 내용을 우선 일반에게 공표하는 것이 타당하다. 즉 시의회 등 관계자를 상대로 설명회를 개최하여 가급적 많은 의견을 청취한 후, 최종적으로 '설립 발기인회'를 설치한다. '설립 발기인회'는 자금 및 사업전개에 관한 내용을 최종적으로 검토하고 결정하는 조직으로, 소위 TMO를 조직하고자 하는 의지를 가진 중심인물을 결정한다. 회사 형태로 설립할 경우에는 최종적으로 출자자 모집 설명회를 개최하는 것도 필요한데, 주최자는 물론 발기인회이다.

이상과 같은 절차를 걸쳐 TMO 조직이 설립된다.

제2절 ㅣ 타운 매니지먼트 조직의 구조

1. 구미 타운 매니지먼트 조직의 구조

1) 임의형태 조직

(1) MSP 조직구조

미국의 MSP 조직은 내셔널 트러스트 메인스트리트 센터가 프로그램으로 설정하고 있는 조직형태로, 조직 중심에 9~15명 정도의 지역사회 리더로 구성되는 이사회(Board)가 설치되어 조직의 의사결정 기관으로서 역할을 담당하고 있다. 그 밑에 4개의 위원회가 설치되어 있는데, 각 10~15명 정도의 볼런티어 멤버로 구성되어 총 40~60명 정도가 활동을 하고 있다.

일반적으로 이 정도 규모의 멤버가 활동하는 것은 결코 쉬운 일이 아닐 것으로 예상되지만, 현재 미국에서 활동하고 있는 1,200개의 MSP 조직에

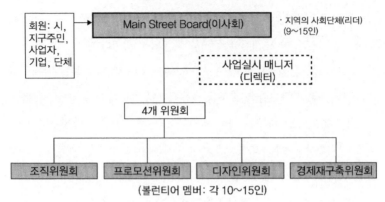

〈그림 VII-3〉 MSP 조직구조

회원: 시, 지구주민, 사업자, 기업, 단체

Main Street Board(이사회)

· 지역의 사회단체(리더) (9〜15인)

사업실시 매니저 (디렉터)

4개 위원회

조직위원회 | 프로모션위원회 | 디자인위원회 | 경제재구축위원회

(볼런티어 멤버: 각 10〜15인)

서는 디렉터라고 부르는 매니저와 이사가 볼런티어 멤버를 모집하는 것부터 지원까지 담당하고 있어 별다른 어려움은 없다. 특히 이들 조직은 멤버가 모집되지 않으면 활동을 할 수 없는 형태이기 때문에, 매년 주 정부의 MSP 담당부서에 활동보고서를 제출해야 되는 의무가 있다.

그러나 지금까지 MSP 조직을 설립은 했지만 충분하게 볼런티어를 모집하지 못하여 활동을 중지한 조직도 약 700지구 존재하는 것 또한 사실이다. MSP 활동의 성패는 적정한 조직 형성 여부에 달려 있다고 하겠다.

매니저는 이사회의 지시에 따라 활동을 하게 되어 있으며, 각 위원회 활동은 이사와 함께 실시된다. 특히 지구 관계자(볼런티어)에 정보를 제공하거나 각종 회의 준비 등 전문적인 활동 이외의 커뮤니케이션에 관한 활동 또한 중요하다.

(2) 캐나다 앨버타 주 MSP 조직구조

미국의 MSP를 참고로 설립된 캐나다 앨버타 주 MSP 조직은 미국과 마찬가지로 이사회를 중심으로 4개의 위원회가 존재하지만, 경제개발위원회

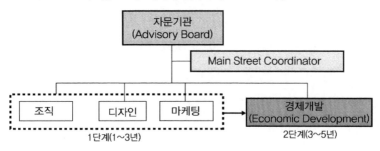

〈그림 VII-4〉 캐나다 앨버타 주 MSP 조직구조

는 조직설립 당시에는 설립되지 않았다. 경제개발은 다른 위원회, 즉 '조직, 디자인, 마케팅' 3개 위원회의 활동성과를 고려하여 설치하도록 되어 있다. 그 이유로는 지역관계자가 서로 협동하여 지역의 환경을 개선하고, 이전보다 개성적이고 매력적인 환경이 형성되었다는 공통적인 이해를 얻은 후에, 기업 등 경제활동을 담당하는 관계자와의 안정된 관계를 구축하여 경제개발 활동을 실시하는 것이 필요하다는 인식 때문이다.

매니저는 미국 MSP와 마찬가지로 이사회의 결정에 따라, 각 위원회 담당 이사와 함께 각 위원회 활동에 필요한 볼런티어를 모집하고 사업을 실시한다. 따라서 매니저의 일은 크게 인적 교류와 전문적 업무 두 가지로 나뉘어 있다.

(3) 영국 TCM 조직

1997년 ATCM이 발행한 보고서 「Developing Structures to Town Centre Management」에 의하면 영국 TCM 조직은 대체로 아홉 가지 형태로 나눌 수 있다.[7]

---

7 ATCM, "Developing Structures to Deliver Town Centre Management"(ATCM, 1997).

또한 ATCM에서는 우수한 타운센터 매니지먼트 조직은 다음과 같은 특징이 있다고 지적하였다. 그것은 ① 목표와 전문적인 지식, 재원을 공유하는 중요한 '민간과 공공과의 사이에 진정한 파트너십이 구축'되어 있다는 점, ② 행정조직과 행정전문 직원으로부터 지원을 받고 있다는 점, ③ 광범위한 사업 관계자로부터 지원을 받고 있다는 점, ④ 지역주민·관계자로부터 참가, 커뮤니케이션, 각종 조사 등에 대해 협력지원을 받고 있다는 점, ⑤ 달성 가능한 목표를 가진 전략적인 사업계획이 작성되어 있다는 점, ⑥ 모니터링, 사업평가의 프로그램을 실시하고 직접 사업계획을 실시하는 매니지먼트 조직이 설립되어 있다는 점 등이다.

① TCM 주도형

TCM 주도형은 초기단계의 TCM에 가장 적합한 기본적인 조직구조라고 할 수 있다. 주로 소규모 도시에 적합한 형태로 타운센터 매니저의 유무에 관계없이 적용 가능한 조직형태이다.

'포럼'과 '운영위원회(Steering Group)', '워킹그룹(Working Group)'으로 구성된다. '포럼'은 관과 민 관계없이 다양한 지역의 관계자가 참가하여 연 1~2회 개최된다. 보통 공개토론회 형태로 개최되어 지역 문제에 대해 다양한 의견을 청취, 공통의 문제를 발견하는 역할을 담당하고 있다.

이들 의견을 모아서 구체적인 검토사항(사업계획)을 협의하는 것이 '운영위원회'이다. 운영위원회는 10명 정도로 비교적 소규모 조직이지만, 멤버의 대부분은 지역사회에 중요한 변화를 불러일으킬 수 있는 능력이 있으며 지역에 영향을 미칠 수 있는 유력인사로 구성된다. 회의는 매월 열리는 것이 일반적이다.

또한 개별 테마를 협의하기 위해 '개별 테마별 워킹그룹'이 설치되어 있다. 개별 테마는 교통, 환경, 안전·방범, 마케팅, 소매이며, 워킹그룹 참가

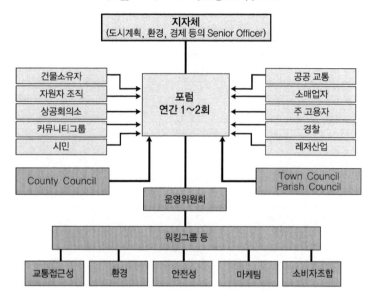

〈그림 VII-5〉 TCM 주도형 조직구조도

지자체
(도시계획, 환경, 경제 등의 Senior Officer)

건물소유자
자원자 조직
상공회의소
커뮤니티그룹
시민

포럼
연간 1∼2회

공공 교통
소매업자
주 고용자
경찰
레저산업

County Council

Town Council
Parish Council

운영위원회

워킹그룹 등

교통접근성   환경   안전성   마케팅   소비자조합

는 회원제를 채택하는 경우가 많다.

이 TCM 주도형 조직의 대부분은 임의 조직형태이기 때문에 지자체가 그 중심적인 역할을 담당하는데, 특히 도시계획, 환경, 경제부서의 전문 직원(Senior Officer)이 실무를 담당하고 있다.[8] 마켓 하버러(Market Harborough), 오킹엄 스트리트(St. Wokingham), 보스턴, 하이위컴(High wycombe), 브렌트우드 등의 지역에서 TCM 주도형 형태를 채택하고 있다.

②타운센터 매니저 공유형

타운센터 매니저 공유형은 TCM 주도형과 비슷한 조직형태이나, 타운센터 매니저가 여러 도시의 TCM 조직에 관여하고 있는 형태이다. 스웨일

● ● ●

8 영국에서는 많은 전문가가 민간보다는 지자체에서 활동하고 있다.

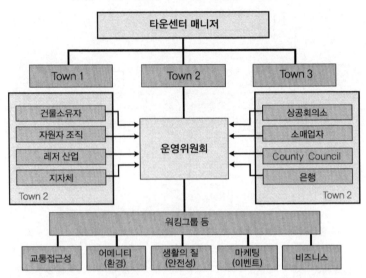

〈그림 VII-6〉 타운센터 매니저 공유형 조직구조도

(Swale)[파버샴(Faversham), 시팅번(Sittingbourne), 시어니스(Sheerness)], 하위크(Hawick)와 갤러실즈(Galashiels), 멘딥(Mendip)[프롬(Frome)과 글래스턴베리(Glastonbury), 셰프턴 말렛(Shepton Mallet)과 웰스(Wells)] 등의 지역에서 채택하고 있다.

③ 타운센터 매니저 중심형

타운센터 매니저 중심형은 비교적 큰 도시에서 전개되고 있는 형태로, 일반적으로 민간·공공기관이 준비한 자금으로 전문 상근 타운 매니저를 고용하고 있다. 이 조직형태에도 지자체가 관여를 하는데 지자체가 관리직(디렉터 직)을 운영위원회에 배치하고 있다.

'운영위원회'가 TCM을 전체적으로 운영하며, 상공회의소, 대형점 경영자, 소매점 경영자, 커뮤니티 그룹, 카운티, 경찰, 주요 자금제공자, 부동산 소유자 등 10~15명 정도로 구성된다. 이 '운영위원회'에서 협의되어 결정된 사항

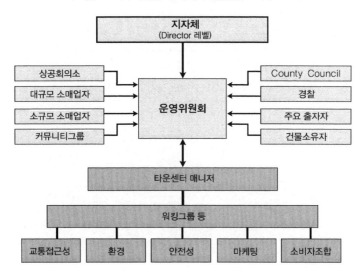

〈그림 VII-7〉 타운센터 매니저 중심형 조직구조도

을 '타운센터 매니저'가 사업성을 검토하고 실질적으로 사업을 실시하기 위한 '각 테마별 워킹 그룹'을 설치한다. 매니저는 지자체 직원, 민간 출신 등 다양하며, 일반적으로 공모를 통해 적성과 능력 등을 고려하여 채용한다.

이 타입에서는 매니저의 역량이 성과에 큰 영향을 미친다. 매니저가 하는 일은 대부분 많은 사람들을 만나서 교섭을 통해 문제를 해결하는 것이며, 타 도시 매니저와의 교류 또한 활발하게 실시하고 있다. 노팅엄, 폴커크(Falkirk), 롬퍼드(Romford), 헤멀 헴스테드(Hemel Hempstead), 웨이크필드(Wakefield), 리즈번(Lisburn), 크로이던(Croydon), 해로(Harrow) 등의 지역에서 주로 채택하고 있다.

④ 상공회의소 타운센터 매니저 고용형

상공회의소가 타운센터 매니저를 고용하는 형태로, 관민 섹터는 상공회의소에 지원을 한다. 자금제공자나 상공회의소, 기타 주요관계자가 운영위

〈그림 Ⅶ-8〉 상공회의소 타운센터 매니저 고용형 조직구조도

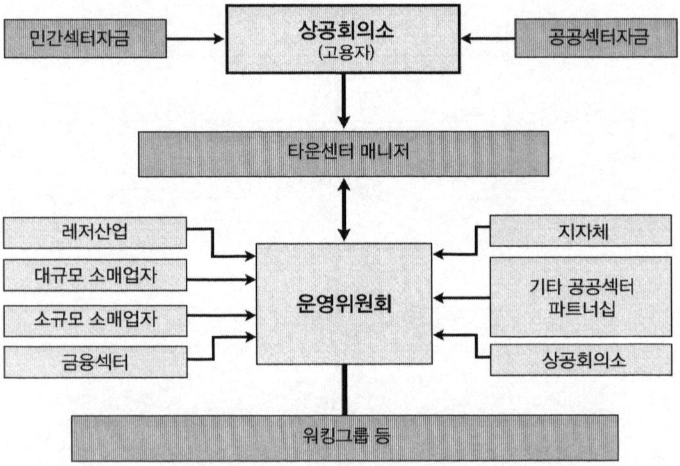

원회에 참가하여 타운센터 매니저의 업무 수행을 지원하는 형태이다.

⑤ TCM - 관민 코디네이터형

지자체로부터의 참여자가 공공 섹터의 매니지먼트를 조정하는 한편, 민간기업 출신자가 상업적인 이익을 조정한다. 이 조직형태에서는 관과 민의 코디네이터가 긴밀하게 협력하여 목적, 사업의 우선순위, 계획기간 등을 공유하는 것이 매우 중요하다. 리즈(Leeds), 그레이브젠드(Gravesend) 등의 지역에서 주로 채택하고 있다.

⑥ 지자체 타운센터 매니저 고용형

이 형태는 타운센터 매니저를 지자체가 고용하는 형태로, 매니저의 인건비를 지자체가 부담한다. 운영위원회는 소매업자, 건물소유자, 관련 위원회 의장, 지자체 등으로 구성되며, 많은 TCM이 이러한 형태를 채택하고 있다. 예를 들면 입스위치, 위링턴, 더비, 켄덜, 울버햄프턴, 해밀턴, 크롤리, 브렌포트 등의 지역에서 이 유형을 채택하고 있다.

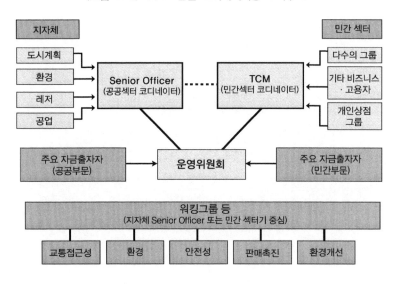

〈그림 VII-9〉 TCM - 관민 코디네이터형 조직구조도

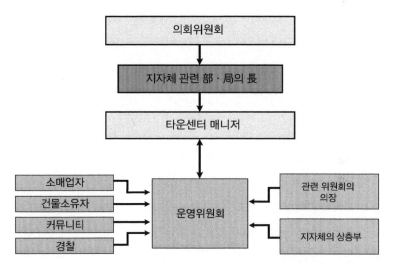

〈그림 VII-10〉 지자체 타운센터 매니저 고용형 조직구조도

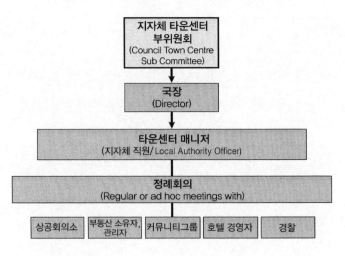

〈그림 VII-11〉 관민협력 - 지자체 직원형 조직구조도

지자체 타운센터 부위원회
(Council Town Centre Sub Committee)

국장
(Director)

타운센터 매니저
(지자체 직원/ Local Authority Officer)

정례회의
(Regular or ad hoc meetings with)

| 상공회의소 | 부동산 소유자, 관리자 | 커뮤니티그룹 | 호텔 경영자 | 경찰 |

⑦ 관민협력 - 지자체 직원형

이 조직형태는 Council 내에서 지자체 직원이 타운센터 이슈의 중심적인 역할을 하고 또한 민간 섹터와 공공기관을 연계하는 역할을 하는 조직형태이다. 버밍엄, 엔필드, 레이턴 버저드 등의 지역에서 채택하고 있다.

⑧ 시티 챌린지 - 타운센터 매니저형

시티 챌린지 - 타운센터 매니저형은 스트랫퍼드(Stratford), 댈스턴(Dalston), 허더즈필드(Huddersfield), 브릭스턴(Brixton) 등의 지역에서 채택하고 있는 조직형태로, 타운센터 매니저를 지정하여 도시재생에 기여하는 형태이다.

⑨ 시티센터 컴퍼니형

시티센터 컴퍼니형은 회사형태의 조직이다. 특정 지역의 사업과 관리의 책임을 지며, 상근 스태프(직원)을 고용하고 있으며 활동자금을 확보하기 위해 사업을 실시한다. 이는 TCM이 이미 오랜 기간 활동하고 있는 지역으

〈그림 Ⅶ-12〉 시티 챌린지 - 타운센터 매니저형 조직구조도

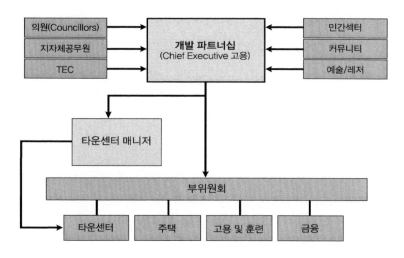

〈그림 Ⅶ-13〉 시티센터 컴퍼니형 조직구조도

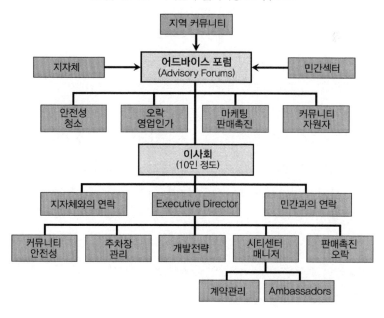

로서 관계자 간의 신뢰가 구축되어 있어야 한다는 것이 전제조건이 되며, TCM 초기 단계에는 부적합한 조직형태이다. 이 조직형태의 시티센터 매니저는 다른 형태 TCM의 타운센터 매니저에 해당한다. 코벤트리, 브리스톨 등의 지역에서 채택하고 있다.

(4) 독일 레겐스부르크(Regensburg) SM 조직

독일 타운 매니지먼트 조직의 약 40%는 '등록사단(e. V.)' 형태로서, 다른 나라의 비영리단체와 마찬가지로 원칙적으로 비과세이다. 임원 7인 이상으로 설립이 가능하며 현재 독일에는 등록사단이 100만 단체 이상 있다.

레겐스부르크에서는 1998년 6월에 임원 20명이 'Stadt Marketing·Regensburg e. V.(SMR)'를 설립하였다. 이는 회원 130명의 등록사단 조직이며, 운영 책임은 이사회(25명)가 진다. 이사회 밑에 각 사업을 검토하기 위한 4개 위원회(뉴미디어, 고용 마케팅, 스포츠 마케팅, 소매)가 설치되어 있고, 이사회의 지시를 받은 매니저가 각 위원회의 활동을 코디네이트한다.

그러나 2000년 4월 SMR은 하부조직으로 유한회사(GmbH)를 설립했는데, 그 이유로는 제IV장에서 언급한 바와 같이 다음 두 가지가 있다. 첫 번째는 사업 리스크 문제로, 등록사단은 회원의 연대책임으로 운영되는데 회원 전원이 평등하게 사업 책임을 지는 것은 현실적으로 불가능했다는 점이다. 두 번째는 이익금 이월문제로, 세금정책상 유한회사는 공익을 목적으로 하는 사업이면 이익을 다음 연도에 이월하여 사업비로 사용할 수 있다는 점이다.

유한회사의 매니저인 베르트람 포겔(Bertram Vogel) 씨는 "다양한 개인과 대기업 등이 참가하는 NPO 조직인 등록사단(e. V.)에서는 사업을 실시하기 위한 의사결정이 매우 곤란했다"고 지적하였다. 유한회사는 매니저인 베

〈그림 VII-14〉 독일 레겐스부르크 SM 조직구조도

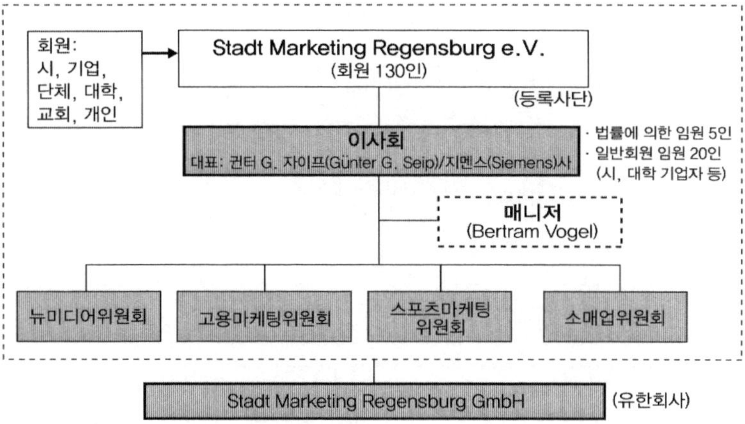

르트람 포겔 씨가 사장이며, 등록사단의 임원들로 구성되어 상부기관인 등록사단이 결정한 사업을 실시한다.

그러나 이 유한회사의 설립으로 인해 새로운 문제가 발생하였다. 레겐스부르크 시에서 나오는 운영보조금이 유한회사에는 지원되지 않는다는 것이다. 이에 시의 양해를 구해 등록사단이 보조금을 지원받아서, 그 보조금을 유한회사에 부담금으로 지원하는 형태를 취하고 있다.

2) 법 규정형태 조직

(1) 미국 BID 조직구조

미국 BID 조직은 각 지구마다 조직형태가 다르지만, 대체로 다음과 같이 구성되어 있다. 납세자인 지구 내 부동산 소유자가 구성하는 BID 조직[9]의 운영 책임을 지는 '이사회(Board)'는 지구의 주요 리더로 구성되며, 조직

---

9 대부분의 경우 비영리조직으로, 일부 행정기관이 관리·운영하는 지구도 있다.

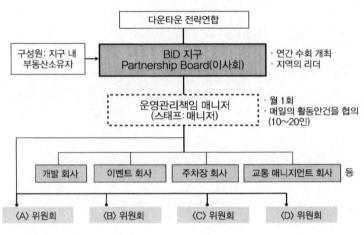

〈그림 VII-15〉 미국 BID 조직구조도

다운타운 전략연합

구성원: 지구 내
부동산소유자

BID 지구
Partnership Board(이사회)

· 연간 수회 개최
· 지역의 리더

운영관리책임 매니저
(스태프: 매니저)

· 월 1회
· 매일의 활동안건을 협의
(10∼20인)

개발 회사　　이벤트 회사　　주차장 회사　　교통 매니지먼트 회사　등

〈A〉 위원회　　〈B〉 위원회　　〈C〉 위원회　　〈D〉 위원회

및 사업에 관한 의사결정기관으로 설치된다.

또한 각 도시마다 다르지만 일반적으로 이사회가 사업에 관한 의사결정을 할 경우에는, 바람직한 중심시가지의 모습에 관해 협의를 하는 '시의 중심시가지전략연합(조직)'과의 조정을 통해 관련지구 및 도시 전체와의 조화를 도모하는데, 이 '중심시가지전략연합'이 일본의 '중심시가지활성화협의회'와 비슷한 성격의 조직이라고 할 수 있다.

이사회가 의사 결정한 사항은, 운영·관리 책임자인 매니저 또는 디렉터(ED)[10]에 지시가 내려지게 되며, ED는 사업 및 조직운영을 스태프(직원)와 함께 전문적으로 하게 된다. 또한 각 사업을 실시함에서 테마(사업)별로 지역관계자와 검토위원회를 설치하여 구체적인 내용에 대한 협의도 하고 있다.

1990년 이후 본격화된 미국의 BID의 최근의 동향을 살펴보면, 각종 사

· · ·

10　대부분 Executive Director라고 부른다.

업이 적극적으로 전개되고 있으며 사업수지 및 사업 채산성 등을 고려한 효율적인 사업전개가 필요하게 되어 사업마다 지주자회사를 설치하여 개별 사업을 실시하는 지구가 늘어나고 있다. 이는 앞서 언급한 독일 레겐스부르크 시의 전개와 유사하다고 할 수 있다.

(2) 영국 New West End Company 조직구조

런던 중심부의 본드 스트리트(Bond Street), 레전트 스트리트(Regent Street), 옥스퍼드 스트리트(Oxford Street)가 속한 BID 지구의 조직이 New West End Company(NWEC)이다. 영국 BID의 과세 대상자는 부동산 소유자가 아니라 사업자인데, 이는 다른 국가와는 다른 영국의 특이한 세금체계의 영향을 받았다고도 할 수 있다.

NWEC는 694개 기업(사업소)으로 이루어져 있고, 조직형태를 살펴보면 우선 '매니지먼트 위원회'가 설치되어 있는데, 이는 약 40명으로 구성되어 있으며[11] 지구 전체의 바람직한 모습 및 NWEC의 사업전개 방향 등에 대해서 협의를 한다.

여기에는 다른 조직과 마찬가지로 '상임이사회'가 설치되어 있다. 다만 구성 멤버는 지구 내의 당사자인 과세 대상자로 한정되는 것이 아니라, 부동산소유자, 3개 거리의 각종 단체 및 행정기관도 참가하여 약 25명으로 구성되어 있다.

상임이사회 밑에 운영관리 책임자인 Executive Director를 두며, 이와 함께 스태프(각 분야별 매니저)와 각 거리의 조직(대표자)이 있다. 각 거리의 조

. . .

11 3개 거리의 각 기업자 대표, 부동산 소유자 대표, 각종 단체, 행정기관(런던개발공사, 경찰, 교통, 시 등) 등으로 구성되어 있다.

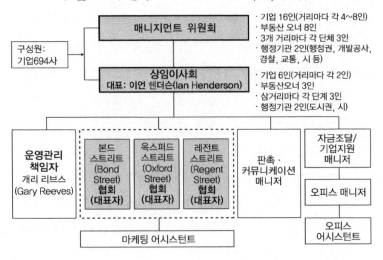

〈그림 VII-16〉 영국 New West End Company 조직구조도

직에는 전문 마케팅 어시스턴트도 두고 있다.

2. 일본의 타운 매니지먼트 조직의 구조[12]

일본의 TMO 조직은 구「중심시가지활성화법」에 근거하여 크게 특정회사형 조직구조와 상공회의소·상공회형 조직구조로 나눌 수 있으며, 또한 TMO의 조직 역할을 기획조정에 국한할 것인지 사업활동을 담당할 것인지의 역할론에 따라 다섯 가지 형태로 구분할 수 있다.

● ● ●

12 시장경영지원센터, 『지역상권 활성화를 위한 상권관리조직 운영방안』, 2008. pp. 61~68.

1) 특정회사형 조직구조

(1) 패턴 A: 담당임원 집행형

담당임원 집행형은 아이즈 와카마쓰 시(會津若松市)의 (주) 마치즈쿠리 아이즈(株) ちづくり 會津가 대표적으로, 경리와 총무, 홍보, 사업의 4개 부서마다 담당 임원이 각 부서의 책임을 지는 '자전형(自前型) 조직구조'라고 할 수 있다. 그러나 이 조직은 각 부서의 임원이 책임을 진다는 의미에서 이상적인 조직형태라고 할 수 있으나 전문적인 지식을 지닌 인재가 부족하다는 것이 단점이다.

1998년 7월 설립된 (주) 마치즈쿠리 아이즈의 자본금은 5,830만 엔으로, 이 중 지자체가 50%, 상공회의소가 2.57%, 중소기업자가 42.97%, 기타 4.46%의 비율로 출자를 하여 설립하였다.

조직 활동의 기본이 되는 경리와 총무, 홍보 부서는 앞에서 언급한 바와 같이 전담 임원이 고정적으로 담당하는 책임제 형태를 취하고 있으며, 사업의 경우에는 실시하는 사업의 성격에 따라 담당 임원이 변경된다. 전담 임원은 개개인의 능력 등을 고려하여 이사회에서 결정하는 합의제이며 각 임원의 전적인 책임하에 활동이 진행된다. 즉 대부분의 업무가 전담 임원의 결정에 의해 진행되며 전담 임원은 이사회에 보고 의무를 진다. 각 사업 채택 또한 매월 개최되는 이사회에서 합의제 형태로 결정된다.

자전형 조직형태는 전담 임원이 존재하기 때문에 과제에 대해 신속하게 대응할 수 있으며, 대표이사나 외부단체와의 연락 및 의사결정이 원활하게 이루어질 수 있다는 장점이 있다.

2008년 9월 현재 사무국장을 비롯한 전속 직원 2명, 아르바이트 4명 등 총 6명의 직원이 근무하며, 타운 매니저는 별도로 두고 있지 않다.

타운 매니저를 별도로 두고 있지 않는 이유에 대해 사무국장은, "프로젝

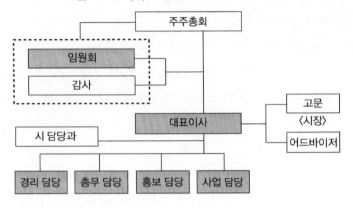

〈그림 VII-17〉 (주) 마치즈쿠리 아이즈 조직구조도

주주총회

임원회
감사

대표이사

고문
〈시장〉
어드바이저

시 담당과

경리 담당   총무 담당   홍보 담당   사업 담당

트마다 유능한 타운 매니저를 중심으로 사업을 진행하여 목적을 달성하는 조직형태가 이상적이라고 판단을 하고 있지만, 중심시가지의 다양한 기능을 활성화하고자 하는 (주) 마치즈쿠리 아이즈(株) まちづくり會津와 같은 조직형태의 경우 각 과제(사업)마다 매니저가 필요하며 다양한 능력이 필요하게 된다. (주) 마치즈쿠리 아이즈의 경우 사업마다 임원의 능력과 경험을 최대한으로 활용하기 위해 담당 임원을 선정하고 이 담당 임원을 중심으로 사업을 추진하며 다른 임원이 필요한 경우 지원을 하는 형태를 취하기 때문에, 별도의 타운 매니저는 두지 않고 있다"고 설명하였다.[13]

사업자금은 자주사업과 지원사업으로 분류하여 자금을 조달하고 있다. 자주사업이란 운영자금이나 마치즈쿠리 사업에 재투자하기 위한 재원이 되는 자금을 창출하는 사업으로, 국가 보조금을 활용하거나 조직의 자본금을 이용하는 방법, 단기 대출 등을 통해 사업 자금을 충당하고 있다. 이에 반해 지원사업이란 (주) 마치즈쿠리 아이즈가 창구가 되어 국가나 지자체

● ● ●

[13] 2008년 9월 현지 조사 내용

의 제도 자금을 활용할 수 있는 개인이나 단체가 실시하는 지역 활성화사업을 지원하는 사업으로, 회사로서의 금액 지출이 필요 없기 때문에 사업자금이 불필요하다.

조직을 운영하기 위한 자금은 자주사업으로 점포 소유가 가능하게 되어 임대료 수입의 일부를 조직 운영자금으로 사용하고 있으며, 이 외에도 중심 상점가의 빈 공터를 임대하여 주차장으로 개조·운영하여 수익을 창출하고 있다.

(2) 패턴 B: 파견형

파견형은 세토 시(瀨戸市)의 세토 마치즈쿠리(주)[瀨戸まちづくり(株)] 회사가 대표적인데, 총무부와 사업부, 기획조정부에 각각 지역의 단체들로부터 업무 경험자가 파견을 나와서 배치되는 형태로 '관계자 협동형' 운영구조라고 할 수 있다. 예를 들면 총무부에는 금융기관인 세토 신용금고에서, 사업부에는 행정기관인 세토 시에서, 기획조정부에는 세토 상공회의소에서 파견을 나와 업무를 집행하는 형태이다.

이러한 케이스는 '(주) 가나자와(金澤) 상업활성화센터' 및 '마치즈쿠리 후쿠이 (주)[まちづくり福井(株)]' 등 몇 군데 도시에서 행정기관이 강하게 지원을 하는 형태로 나타나고 있다. 또한 전문적인 업무를 지역관계자가 직접 실시하기는 어렵기 때문에 상공회나 상공회의소의 전문지도원이 TMO의 업무를 겸임하기도 하는데, 이러한 조직형태는 신조 TCM(주)[新庄TCM(株)], 후쿠노(福野) 시티개발(주), 센야마 마치즈쿠리(주)[千廐まちづくり(株)] 등지에서 채택되고 있다.

1999년 5월 설립된 세토 마치즈쿠리 주식회사의 자본금은 2,000만 엔으로, 이중 지자체가 50.5%, 세토 상공회의소가 5%, 세토 신용금고가 7.5%,

〈그림 VII-18〉 세토 마치즈쿠리(주) 조직구조도

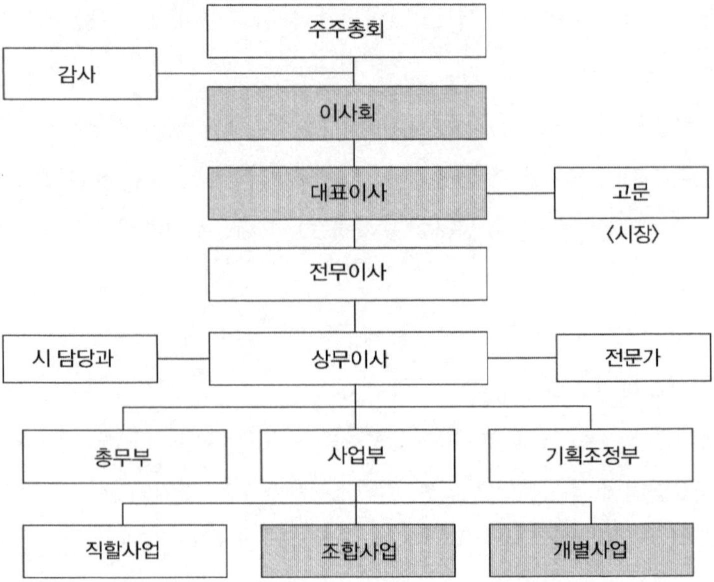

기타 37%의 비율로 출자하여 설립하였다.

세토 마치즈쿠리 주식회사의 사업은 직할사업과 조합사업, 개별사업으로 나눌 수 있다. 직할사업이란 세토 마치즈쿠리 주식회사가 직접 사업주체가 되어 실시하는 사업을 말하며, 조합사업이란 각 상점가진흥조합이 사업주체가 되어 실시하는 사업, 개별사업이란 개인이나 복수의 상인 등이 사업주체가 되어 실시하는 사업을 말한다.

세토 시, 세토 상공회의소, 세토 신용금고 등 106명의 출자자들 중에서 13명 이내로 이사회를 구성하고 감사와 고문을 둔다. 세토 마치즈쿠리 주식회사의 특징은 앞에서 언급한 바와 같이 세토 상공회의소 및 세토 신용금고로부터 담당 임원이 파견을 나오는 조직형태를 취하고 있다. 이러한 형태는 조직설립 초기 전문적인 지식과 경험을 가진 자가 파견을 나와 TMO 업무를 수행하여 조직이 조기에 안정적으로 정착할 수 있다는 장점이 있다. 조직이 어느 정도 안정기에 들어선 현재에는 각종 수익사업을 통해 창출된 이익으로 TMO 활동을 전담하는 전속직원을 늘리고 있는 실정이다.

2008년 9월 현재 세토 마치즈쿠리 주식회사는 전무이사를 비롯하여 5명의 직원이 근무를 하고 있는데, 전무, 사업부장, 계약직 직원 2명, 아르바이트 1명 등으로 구성되어 있다. 총무부는 조직의 관리·경영 역할, 기획조정부는 사업조정 역할, 사업부는 사업계획 책정 및 실제 사업 실시 역할을 담당하고 있다.

(3) 패턴 C: 타운 매니저형

타운 매니저형은 나가노 시(長野市)의 (주) 마치즈쿠리 나가노(株)まちづくリ長野가 대표적인데, (주) 마치즈쿠리 나가노는 처음에 2002년 4월 상공회의소를 TMO로 하여 출발하였다. 이때 상공회의소의 한 부서로 TMO 사무국을 설치하여 TMO 활동을 전문적으로 실행하는 전문 타운 매니저를 배치하였다. 그러나 구체적으로 사업을 전개하기 위해서는 회사형태로 조직을 바꾸는 것이 필요하다고 느껴, 2003년 1월 주식회사 형태로 전문가를 포함한 실무담당자를 TMO 사무국으로 독립시켜, 타운 매니저를 중심으로 사업을 실시하였다.

2008년 3월 현재 (주) 마치즈쿠리 나가노의 종업원은 정규직 6명, 위촉직 4명, 아르바이트 28명이며, 회사 내 'TMO 사무국'은 적절한 의사결정과 통일적이고 종합적인 타운 매니지먼트를 실시하기 위해 타운 매니저를 고용하고 각 사업담당과 각 사업위원회를 설치하였다.

2007년 6월 현재 주주 수는 93명이며, 출자구성 비율을 살펴보면 나가노 상공회의소가 32.50%, 나가노 시가 6.25%, 상점가 및 상인 등 중소기업자

〈그림 VII-19〉(주) 마치즈쿠리 나가노 조직구조도

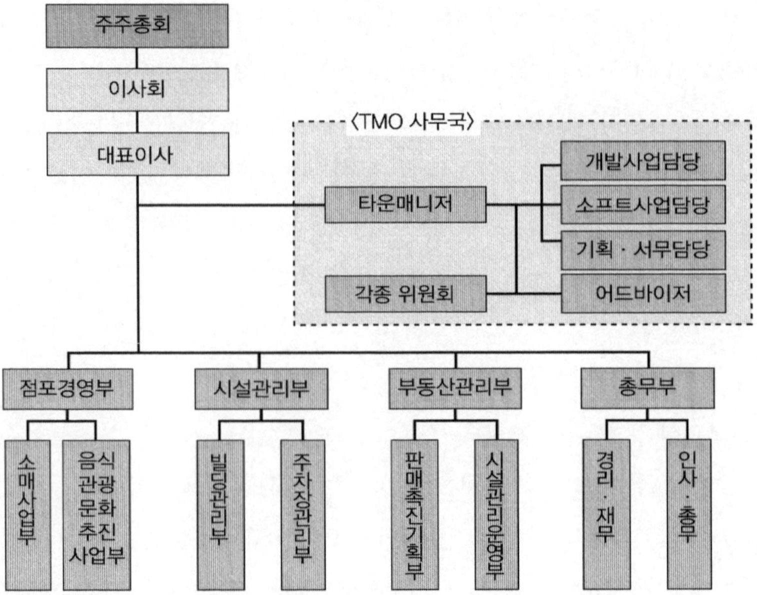

가 16.56%, 유통, 건설, 금융, 방송 등 대기업자가 38.06%, NPO 및 개인 등 기타 6.63%이다.

2) 상공회의소·상공회형 조직구조

(1) 기존 조직 연계형

상공회 지구에서 일본 최초로 TMO를 설립한 도노 상공회(遠野商工會)는 지역진흥사업과 각종 마치즈쿠리 사업을 추진하기 위해 TMO를 설립하였다. TMO 조직 밑에 각 관계자 및 사업을 실시하는 단체가 유기적으로 협력할 수 있도록 '중심시가지활성화 연락협의회'가 설치되어 있다. 협의회는 쇼핑센터, 마치즈쿠리 회사, 각 상점가, 스탬프회, 시 교류 센터 등 각종 사

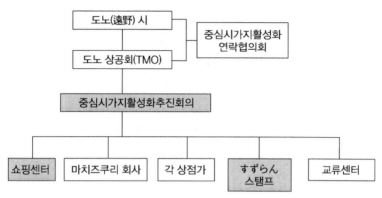

〈그림 VII-20〉 도노 상공회 조직구조도

도노(遠野) 시 ─── 중심시가지활성화 연락협의회

도노 상공회(TMO)

중심시가지활성화추진회의

쇼핑센터 | 마치즈쿠리 회사 | 각 상점가 | すずらん 스탬프 | 교류센터

업 조직으로 구성되어 있다. 이처럼 도노 상공회는 사업 실시 주체를 명확하게 규정하고, 그 조정 및 협의기관으로서 협의회가 설치되어 있는 등 효율적인 조직 체계를 구축하고 있다고 할 수 있다.

또한 TMO는 행정기관(도노 시)과의 사이에 '중심시가지활성화 추진회의'를 설치하고 있지만, 연 1~2회 개최에 그치며 성과 또한 미미하다고 평가된다.

(2) 사무국 전개형

대부분의 상공회의소 TMO는 회의소 조직 속에 TMO 사무국을 설치하고 있는 반면, 적극적으로 TMO를 전개하는 지구는 대체로 2단계 조직구성을 취하고 있다. 1단계 '지역중심자와 회의소 TMO 사무국과의 조정조직', 2단계 '지역 조직과의 사업협의 조직'이다.

미즈자와(水澤)에서는 전문 전속직원을 배치한 TMO 사무국이 설치되어, 처음에는 시로부터의 파견자를 포함한 사무국 체제가 구축되었다. TMO 사무국은 지역 관계자(조직 중심자)와 함께 'TMO 사무국회의'를 개최하고

〈그림 VII-21〉 미즈자와 상공회의소 조직구조도

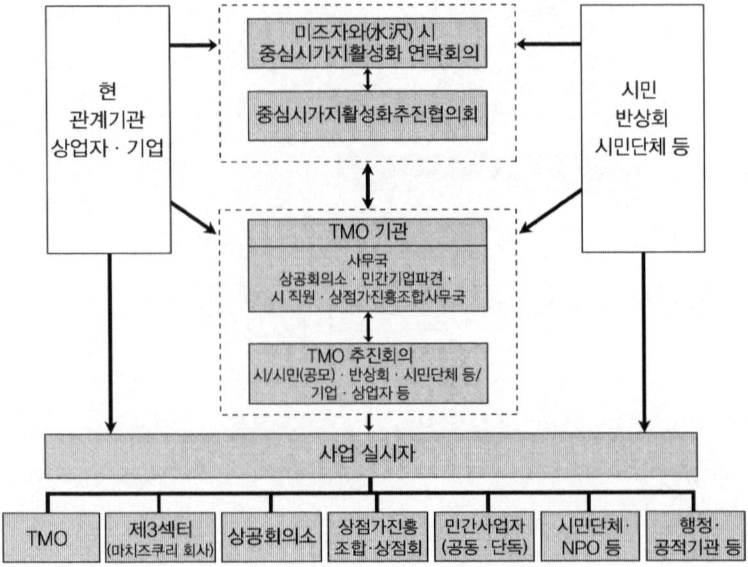

있으며, TMO가 직접 실시하는 사업에 관해 검토회의를 하는 'TMO 추진회의'가 설치되어 구체적으로 사업이 실시되고 있다. 이러한 운영에 관한 사무국회의와 사업추진에 관한 추진회의를 구분하여 운영하는 형태는 효과적이라고 할 수 있다.

또한 최근 미즈자와에서는 대형점 철수 문제와 대형점포 교외 출점 문제가 발생했지만, 대형점 철수 문제에 관해서는 'TMO 추진회의' 등에서 협의를 거쳐 새로운 지역 사업주체를 설립하여 시설을 취득, 재생시키는 등의 성과를 올리고 있다.

3) TMO 역할에 따른 분류

TMO의 조직 역할을 기획조정에 국한할 것인가, 사업활동을 담당할 것

인가의 역할에 따라 다음과 같이 다섯 가지 타입으로 구분할 수 있다.[14]

〈타입 1〉은 TMO가 기획조정에 전념하는 유형이다. 이 유형의 TMO는 중심시가지에 관련한 조직과 사업을 기획·조정하는 역할만을 담당하며, 실제로 사업을 추진하는 것은 기존의 상점가 조합 등으로 양자 간에 역할이 분담되어 있는 체제이다.

이 조직형태는 상업과 관련된 조직뿐만 아니라, 행정기관이나 시민단체 등 폭넓은 범위의 중심시가지와 관련된 제 조직을 조정하는 역할을 담당한다. 따라서 중심시가지의 상황을 잘 파악하고 있으며, 상인과 시민들의 의견을 청취하여 행정기관과의 가교역할을 하면서 새로운 발상으로 중심시가지 전체를 조정하는 기능이 필요하다.

〈타입 2〉는 TMO가 기획조정뿐만 아니라 사업추진도 담당하는 유형이다. 비교적 규모가 작은 중심시가지에서 이 체제가 유효한데, TMO뿐만 아니라 상점가 조합 등도 사업의 실행자로서 참여가 가능하다.

〈타입 3〉은 TMO는 기획조정을 담당하고 상공회·상공회의소·제3섹터가 사업을 추진하는 유형이다. 중심시가지의 규모가 클 경우 기획조정을 담당하는 TMO가 사업을 추진하기에는 한계가 있을 수밖에 없다. 기존의 상점가 조합 이외에도 상공회, 상공회의소, 제3섹터 회사까지 사업추진 주체로 참가하는 유형이다.

〈타입 4〉는 〈타입 3〉처럼 상점가 조합, 상공회, 상공회의소, 제3섹터가 사업추진 주체로 참여하는데 이와 함께 TMO도 사업을 추진하는 유형이다. TMO와 제3섹터가 갖는 상이한 조직의 특성을 고려하여 사업을 분담하

---

14 通商産業庁環境立地局立地政策課, 『よみがえれ街の顔』, 日本通商産業調査会出版部, 1998. p.140을 기초로 작성.

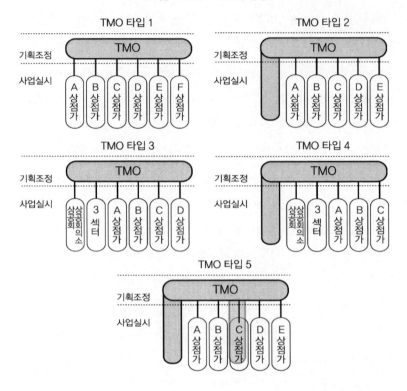

〈그림 VII-22〉 TMO의 유형

는 형태이다.

〈타입 5〉는 상점가 조합이 사업을 추진하되 TMO가 사업부 형태로 참여하는 유형이다. TMO가 담당해야 할 사업이나 기능이 많고 제3섹터 설립이 어려운 경우 TMO가 사업부 형태로 참여하여 사업을 추진한다.

제3절 ㅣ 타운 매니지먼트 조직의 운영체제

1. 이사회와 타운 매니저

타운 매니지먼트 전개의 성패는 조직에 의해 좌우되며, 조직은 인재에 의해 성패가 좌우되기 때문에, 어떻게 관계자가 책임을 질 수 있는 형태를 구축하는가가 중요하다. 특히 조직의 모든 중요사항을 결정하는 이사의 책임은 매우 막중하며, 실제로 사업을 전개하는 매니저의 존재와 역할 또한 중요하다.

이 절에서는 '이사회와 매니저'에 대해 내셔널 트러스트의 메인스트리트 프로그램의 보고서 내용을 인용하여 정리를 하였다.[15]

이상적인 타운 매니저 조직의 특징은 무엇인가? 이사에는 누가 취임을 하며, 책임의 범위는 어디까지인가? 조직이 결정한 것을 실행함에서 스태프(매니저)의 역할은 무엇인가? 등 타운 매니지먼트 조직은 다양한 사항을 고려하여 조직화된다. 일반적으로 조직의 구조는 지역의 우선사항, 기존 조직이 담당한 역할, 인재, 재원 등의 요인에 의해 결정된다.

1) 이사회

이사회는 다운타운에 긍정적인 변화를 불러일으킬 수 있는 방침을 작성하며, 즉시 실행할 수 있는 기능적인 조직이어야 한다. 다운타운 활성화의

●　●　●

15 National Trust's National Main Street Center, "Revitalizing Downtown — The Professional's Guide to the Main Street Approach"(National Trust's National Main Street Center, 2000).

성공은, 특정 인재를 동원하고 새로운 리더십을 육성하여 다운타운의 니즈(needs)나 요구에 명확한 초점을 두는 이사회의 능력에 의존한다.

(1) 이사회 멤버

이사회는 행동지향적인 집단으로, 사업 결정 등 결의를 하기 위해 필요한 정족수를 쉽게 확보할 수 있을 정도로 작게, 그리고 커뮤니티의 다양한 대표자를 포함하기에 충분한 규모로 해야 한다.

이상적인 이사회는 소매업자, 전문가, 경영자, 부동산 소유자, 임대인, 지자체 직원, 상공회의소 임원(직원 불가), 근린 조직의 대표자, 사회적으로 인정받은 커뮤니티의 리더, 지역시민 조직, 역사협회 대표자, 다운타운에 관심을 가지고 있는 커뮤니티 멤버 등의 그룹에서 선출된 7~11명으로 선정하는 것이 바람직하다.

(2) 집행 임원

보통 멤버에 의해 선출되는 임원직으로는 이사장, 부이사장, 회계담당 이사, 매니저 등이다. 예를 들면 프로그램 속에는 책임분담을 전제로 한 대표자를 복수 선출하는 경우도 있다.[16] 이는 매년 활동 부담 및 소모를 미연에 방지하고 또한 새로운 리더십을 행사함으로 인해 지배적인 특정인물을 회피하기 위해 이사회를 떠난 1/3의 멤버가 교대로 역임하는 경우도 있다. 많은 사람들의 흥미를 끌고 가급적 많이 참가시키기 위해서는 이들을 받아들일 수 있는 담당 임원 및 전문 위원회가 필요하다.

• • •

16 일본 야마테 현(岩手県) 미야코 시(宮古市)의 공동출자회사에서는 4인이 대표권을 가진다. 또한 기타 특정회사 TMO에서도 대표권을 복수로 가지는 곳이 있다.

(3) 이사회의 역할

매니저는 이사회의 결정에 따라 매일 이사장에게 활동 내용을 보고해야 하는데, 많은 사람들에게 보고하는 것은 체력만 소모시키는 역효과를 발휘할 뿐이다.

이사의 선정 조건은 일반적으로 3W로 나타낼 수 있는데, 소위 'Work, Wisdom, Wealth'를 가지고 있는 사람을 선출해야 한다. 이사의 주된 임무는 프로젝트의 계획 및 실행에 적극적으로 참가하는 것이다. 이사회 멤버에는 법률, 회계, 건축, 부동산 등의 분야에 특수한 재능을 보유한 사람이 바람직하다. 또한 이러한 특수한 재능을 보유한 사람들은 직권상 이사회 멤버가 되거나, 장기적으로 관계를 유지하기 위해 자문회의의 멤버로 배치되는 것이 이상적일 경우도 있다.

일반적으로 이사회의 주요 역할은 계몽, 합의형성, 다운타운의 경제촉진, 다운타운 활성화 프로세스에 볼런티어를 최대한 많이 참가시키는 것 등이다. 다음은 이사회의 기본적인 책임을 나열한 것이다.

① 이사회는 메인스트리트 프로그램에 관한 최종적인 책임과 설명책임을 진다. 일상적인 관리 및 장기적인 계획은 매니저나 각 부서에 위탁하더라도, 프로그램 계획의 정식 검토나 예산 심사, 프로그램 효과에 대한 감시와 평가에 관한 사항은 위탁할 수 없다.

② 이사회는 전체 커뮤니티에서 다운타운 활성화의 절대적인 필요성에 대해 그 이유를 설명하지 않으면 안 된다.

③ 이사회는 다운타운의 활성화에 최대한 많은 볼런티어를 참가시키기 위해 노력해야 한다.

④ 메인스트리트 프로그램의 체계적인 계획을 수립하고 합리적으로 재정을 조정해야 한다.

⑤ 프로그램이나 활성화 활동이 프로그램의 구체적인 목표와 일치하고, 이용 가능한 자원을 활용함으로 인해 구체적인 목적이 확실하게 달성할 수 있도록 해야 한다.

⑥ 행동 계획과 예산을 정기적으로 재검토하여 메인스트리트 프로그램의 예산을 설정해야 한다.

⑦ 모든 프로그램에 필요한 경비나 수입을 항상 파악하고 있어야 하며, 적어도 연 1회는 프로그램을 평가하는 등 프로그램의 활동을 지속적으로 평가해야 한다.

⑧ 매니저와 스태프를 고용하고 관리해야 한다.

⑨ 메인스트리트 프로그램의 목표와 성공을 촉진하기 위해, 선전활동, 자금조달, 재정지원을 통해 다운타운의 활성화를 제창함으로 인해 커뮤니티의 대사로서의 역할을 수행해야 하며, 구체적인 목표와 목적을 입안하여 메인스트리트 프로그램의 방향성과 우선사항을 확립해야 한다.

(4) 이사회의 책임

이사회는 메인스트리트 프로그램 전체의 활동에 대해 법적인 책임과 이성적인 책임을 진다. 이사회 멤버는 리더십을 발휘하여 다운타운 활성화의 제창자로서의 역할을 수행하고, 봉사정신으로 책임을 완수해야 한다.

각 이사회 멤버는 다음과 같은 조건을 충족해야 한다.

① 메인스트리트 프로그램의 목적과 목표에 관한 충분한 이해와 관심

② 관리, 재정, 프로그램의 개발, 광고, 홍보, 다운타운의 사업활동, 커뮤니케이션, 디자인, 경제 개발에 대한 지식이나 경험으로부터 습득한 기능

③ 관민 조직 또는 커뮤니티의 대표자

④ 월 4~10시간 정도의 활동시간 제공

비영리단체의 관리에서 이사회의 멤버가 연대책임을 져야 하는 분야가 존재하는데, 그 분야는 다음과 같다.

① 방침관리

• 프로그램 법인격의 확립 및 지속

• 사업이나 업무를 실시함에서 프로그램이 법적 필요조건을 확실하게 충족하고 있는가에 대한 확인

• 법적 조항의 선택과 시행

• 프로그램의 목적, 통치원칙, 기능, 활동, 행동방침을 결정하는 방침의 선택

• 프로그램을 관리하는 내부방침에 대한 책임

• 매니저와 함께 프로그램의 목적, 목표, 활동의 연간 행동계획 작성

② 재정

• 프로그램의 재정에 대한 승인과 감시

• 연차 감독에 대한 허가와 승인

• 프로그램의 운영에 필요한 모든 지출에 대한 책임(이사회로부터 매니저에게 위탁되는 책임 이외)

③ 홍보 활동

• 프로그램의 활동에 대한 이해와 커뮤니티에 설명

• 타 조직이나 기관의 작업과 프로그램 서비스와의 관련성 확보

• 프로그램 활동에 대한 신뢰성을 계발

• 다운타운의 역사적 보전활동을 통해 경제발전의 제창자로서의 역할

④ 평가

• 프로그램 운영의 재검토와 평가를 정기적으로 실시하여 업적기준을 유지

- 프로그램 활동의 감시
- 각 부서 및 매니저가 선택한 계획에 관해 조언과 적확한 판단

⑤ 인원(Personnel)

- 매니저의 선임, 고용, 평가
- 인사관리를 규정하는 방침의 승인
- 각 위원회의 조언을 받아 이사회에 취임하는 특정한 인물의 채용, 선정, 육성

또한 이사회의 멤버는 다음 개별기준을 충족할 필요가 있다.

① 다수결에 의한 결정에 반대하더라도 이사회의 결정을 지지할 것

② 메인스트리트 프로그램의 미션을 이해하고, 자신이 구성하는 그룹과 커뮤니티 전체에 대한 목표와 활동을 촉진할 것

③ 이사회에 출석하여 적극적으로 의견을 진술할 것

④ 주 정부의 메인스트리트 프로그램과 내셔널 트러스트 메인스트리트 센터가 매년 개최하는 연수 프로그램이나 워크숍에 가급적 출석할 것

⑤ 현실적으로 너무 많은 시간을 메인스트리트 프로그램에 투자하지 않을 것

⑥ 적절하게 각 부서에 책임을 위양할 것

⑦ 조직 내의 통일을 도모하고, 내부저항에 대한 해결책을 모색할 것

⑧ 메인스트리트 프로그램 활동계획을 계획적으로 실시하도록 조성하며, 프로그램의 연간계획에 포함되지 않는 이차적인 문제나 프로젝트로 인해 이사회에 문제를 일으키지 않도록 할 것

⑨ 스태프나 이사회 멤버가 이사회에서 자유롭게 의견을 진술할 수 있도록 장려할 것 등이다.

메인스트리트 프로그램에서는 이사회의 책임을 관리하고 집중적으로 지원하기 위해 집행부를 설치하는 경우가 있다. 일반적으로 집행부는 이사회의 임원(이사장, 부이사장, 비서, 재무담당자)으로 구성되며, 프로그램의 일상적인 관리를 담당하기 때문에 이사회보다는 모이는 횟수가 많다. 이사회의 사람 수가 많고 회의의 스케줄 조정이 곤란할 경우에는 집행부가 필요하지만, 이사회와의 관계가 밀접하고 조직의 세세한 일상 업무를 효과적으로 처리할 수 있는 소규모 인수라면 간부조직에 또 다른 불필요한 조직을 만드는 것이 될 수도 있기 때문에 주의해야 한다.

2) 자문회의

자문회의는 메인스트리트 프로그램을 지원하기 위한 보조적인 통찰력과 어드바이스 등을 제공한다. 이 그룹에는 프로그램에 대해 전문적인 어드바이스를 제공할 수 있는 사람이나 주요한 커뮤니티 그룹의 유력자를 포함시켜야 한다. 이사회로서 메인스트리트 프로그램의 업무에 종사하는 것이 아니라 자문회의는 1년에 2회 정도 개최되며, 자문회의에는 주요 조직 및 기업의 대표자가 포함되기 때문에 매니저나 이사회가 모르는 인재, 또는 이용할 수 없는 인재를 동원할 수 있다. 자문회의의 멤버는 보통 25~30명 정도이다.

(1) 자문회의 멤버의 책임

자문회의의 멤버는 커뮤니티에 메인스트리트 프로그램을 홍보·선전할 뿐만 아니라, 메인스트리트 조직에 대한 지도 및 조언, 타 조직이나 기관과의 연락·조정 역할을 한다. 자문회의 멤버에게 요구되는 사항은 다음과 같다.

① 프로그램의 목적과 목표에 관심을 나타낼 것

② 커뮤니티 내에서 지도적인 입장에 설 것

③ 커뮤니티의 관민조직을 대표할 것

④ 1년에 10~15시간 정도는 활동할 수 있는 시간이 있을 것 등이다.

(2) 특수한 책임

자문위원의 책임은 이사회 멤버만큼 상세하거나 많지 않다. 자문이라는 단어에서 알 수 있듯이 자문회의의 주요 역할은 메인스트리트 프로그램의 방향성에 대해서 조언을 하는 것이다. 자문회의에게 요구되는 사항은 다음과 같다.

① 프로그램의 연차행동계획의 작성과정에서 이사회와 매니저에 조언할 것

② 메인스트리트 프로그램과 타 조직이나 기관과의 연락책 역할을 할 것

③ 프로그램의 실시, 관리, 진전에 관해 이사회에 조언을 할 것

④ 이사회와 함께 프로그램의 목적을 달성하기 위해 충분한 자금을 확보하기 위한 활동을 할 것

⑤ 프로그램 자금의 재원이나 조달방법에 대해 이사회에 조언을 할 것

⑥ 프로그램 활동에 대한 신뢰를 계발할 것

⑦ 타 조직이나 기관에 프로그램의 목적이나 활동을 보급시키는 대사로서의 역할을 할 것

⑧ 다운타운의 역사적 보전지구를 통해 경제발전의 제창자로서의 역할을 할 것 등이다.

(3) 자문회의의 필요성

자문회의가 존재하는 지구가 있는가 하면 존재하지 않는 지구도 있다. 이사회만으로 프로그램의 목적을 달성하여 자문회의가 반드시 필요하지 않은 경우도 있다. 반면 자문회의가 신망을 얻어 프로그램을 지도하고, 이사회만으로는 얻을 수 없는 능력이나 자원을 제공하는 데 도움이 되는 예도 있다.

자문회의는 다음과 같은 경우에 유리하다고 할 수 있다.

① 다운타운 활성화 프로그램의 활동이나 진전 상황에 관해, 많은 커뮤니티 그룹에 보고할 필요가 있는 경우 유효하다.

② 자문회의를 설치함으로 인해, 자금조달을 위한 활동으로 프로그램을 지원하는 것이 가능한 경우에 유효하다.

③ 이사를 역임하기에는 충분한 시간이 없는 유력자에게 참가를 의뢰할 필요가 있을 경우에 유효하다.

(4) 자문회의의 설치 전에 대응이 필요한 사항

자문회의가 적절하게 설치되어 명확한 방향설정이 이루어지지 않는 한 커뮤니티로서 유익하다고는 할 수 없다. 자문회의를 설치하기 전에 프로그램의 리더가 고려해야 할 내용으로는 다음과 같다.

① 조직구성상 이사회와 자문회의의 책임이 혼동되고 있지는 않는가? 프로그램의 일상 업무에 대한 이사회의 책임이 명확하게 나타나야 한다.

② 자문회의는 많은 커뮤니티 그룹이나 이해관계자의 대표자로 구성되어야 하며, 소수의 한정된 대표자로만 구성되어 중요한 문제가 배제되지 않도록 하는 등 자문회의에는 유력한 시민을 포함해야만 한다. 그러나 한편으로는 영향력이나 지명도가 그다지 높지 않은 커뮤니티 그룹의 대표자

또한 포함되어야 한다. 자문위원회의 직접 책임은 이사회만큼 크지 않다.

③ 이사회의 활동만큼 활발하지는 않지만, 이사회와의 관계가 중요하다는 것은 자문회의의 멤버가 이해하고 있어야 한다.

자문회의와 이사회 멤버의 유력 후보자가 각각의 역할을 충분하게 이해할 수 있도록 하기 위해, 철저하게 협의를 한다면 자문회의는 중요한 인적 조직이 될 수 있다.

3) 매니저

매니저는 메인스트리트 프로그램 활동의 중심적인 코디네이터라고 할 수 있다. 매니저는 프로그램을 성공시키기 위해 실제로 활동에 참가하여 일상 업무의 관리를 감독한다. 또한 매니저는 메인스트리트의 '네 가지 어프로치'에 관한 협조성을 담보하기 위해 각 부서 간에 각각의 정보를 제공한다. 쇼핑센터의 매니저와 같이 선전활동 관리에서부터 시장정보의 수집까지 다양한 프로젝트를 선도하고 코디네이트한다. 그러나 가장 중요한 매니저의 역할은 다운타운의 지원에 전념하며, 활성화의 활동에 관련된 정보나 자원, 프로그램을 상세하게 파악하고 있는 전문가로서의 역할이다.

이사회의 책임과 마찬가지로 매니저의 임무 또한 프로그램의 목적의 변화에 따라 진화하지만, 다음 두 가지 특질은 절대 변하지 않는다. 그것은 첫째로 매니저가 상근일 것, 둘째로 다운타운에만 집중할 것이다. 특히 매니저가 수행하지 않으면 안 되는 임무는 다음과 같다.

(1) 매니저의 역할

① 각 부서의 의사소통이 충분하게 이루어져서 활동계획 항목을 실행하는 부서를 지원할 수 있도록 메인스트리트의 각 부서의 활동을 코디네이트

할 것.

②구입, 기록, 예산편성, 경리를 포함한 메인스트리트 프로그램을 관리 운영을 할 것. 주·시·군의 메인스트리트를 코디네이트하는 프로그램이나 내셔널 트러스트 메인스트리트 센터(NTMSC)가 필요하다고 하는 모든 보고서를 준비하고, 자금제공 기관에 대한 보고서의 준비를 지원하며, 상근 종업원 및 컨설턴트를 감독할 것.

③메인스트리트 프로그램의 이사회와 협력하며 커뮤니티의 인재 및 경제자원을 활용하여 역사적 보전에 근거한 다운타운 경제발전 전략을 작성한다. 또한 다운타운 상업 지구에 인재 및 그룹을 직·간접적으로 참가시켜 친근감을 조성하며, 다운타운의 다양한 관계 그룹의 역할을 고려하여 4개 분야(디자인/역사적 보전, 프로모션, 조직/관리, 경제재구축/발전)에 집중된 다운타운 활성화 프로그램을 실시하기 위한 연간행동 계획을 작성하는 과정에서 메인스트리트 프로그램의 이사회와 각 부서를 지원한다.

④다운타운에 존재하는 건축물 및 기타 자산에 대한 올바른 인식을 가지고, 메인스트리트 프로그램의 목적과 목표를 이해하도록 만들어진 교육 프로그램을 보급시킨다. 또한 이목을 집중시킬 수 있는 프로그램을 지속하기 위해 강연회, 미디어 인터뷰, 개인적 능력 등을 활용한다.

⑤직접면담 또는 디자인 컨설턴트의 지도를 받아, 물리적인 재생 프로젝트를 통해 임차인 또는 부동산 소유자를 지원한다. 그리고 가능하다면 현장 공사감독자로서 참가하여 물리적 재생사업에 필요한 금융 메커니즘에 대해 조언을 하거나 가이던스를 책정한다.

⑥주요한 다운타운 조직의 관리능력을 사정(査定)하며, 판매촉진 이벤트, 광고, 영업시간 통일, 특별 이벤트, 기업의 구인, 주차장 관리 등 공동작업을 수행하기 위한 다운타운 커뮤니티 능력을 충실하게 한다. 또한 조

언이나 성공사례 정보를 제공하며, 다운타운 이해관계자와 지방 공무원과의 협력적인 분위기를 조성한다.

⑦다운타운 내의 상업자조직 및 상공회의소의 소매위원회에 메인스트리트 프로그램의 목적과 활동내용에 대해 설명하며, 질의 향상, 이벤트 성공, 페스티벌 및 공동 소매판촉 이벤트 등에 대해 코디네이트한다. 또한 최대한의 선전활동 범위를 확보하기 위해 지역 미디어와 밀접한 관계를 유지하며, 다운타운의 질에 대한 이미지를 고양하기 위해 우수한 디자인 촉진을 도모한다.

⑧메인스트리트 프로그램의 기본 포맷을 이용하여, 메인스트리트 프로그램의 과정이나 진행상황을 체크하기 위한 데이터 시스템을 개발·유지한다. 이러한 시스템에는 경제상황의 모니터링, 개별 건축물 파일, 물리적 변화에 대한 사진첨부 서류, 고용창출 및 기업보유율에 관한 정보 등을 포함하는 것이 바람직하다.

⑨기초지자체, 주, 국가 수준의 유력자에게 커뮤니티에 관해 설명을 한다. 프로그램의 방향성 및 확인사항에 대해 효과적으로 설명하며, 커뮤니티와 관련이 있는 주나 국가의 경제발전정책을 향상시키기 위해 필요한 사항에 대해 설명이나 의견교환을 할 필요가 있다.

(2) 매니저와 볼런티어

성공한 다운타운 활성화 프로그램에는 상근 근무자에 의한 관리가 필수적인 요건이라고 할 수 있다. 매니저는 조직 내에서 볼런티어적인 입장을 취해서는 안 된다. 메인스트리트 프로그램은 커뮤니티를 통해 많은 볼런티어의 힘에 의존한다. 따라서 매니저의 주된 역할은 볼런티어 수를 확대하여 각 부서의 활동을 원활하게 진행시키는 데 있다. 매니저는 볼런티어가 효율적이고 생산적으로 활동할 수 있도록 지원하기 위해 인재나 지원을 코디네이트하는 역할을 수행해야 한다.

(3) 매니저의 능력

매니저는 페스티벌의 실시에서 은행원과의 재정적인 지원책에 관한 협의까지, 프로그램이 필요로 하는 각 니즈에 따라 다양한 일을 수행하기 위해 창조적, 기업가 정신을 가지고 대응할 수 있는 인재여야 한다. 또한 매니저는 다양한 형태의 사람들과 커뮤니케이션을 취할 수 있으며, 조직을 잘 통합할 수 있어야 한다.

유능한 매니저는 다음과 같은 자질을 가지고 있는 것이 바람직하다.

① 활성화 프로그램의 목적을 지지하는 강력한 다운타운의 제창자

② 자발적으로 행동하고 일을 수행할 수 있을 것

③ 외교적인 성향을 가지고 있어, 외부 사람과 조화롭게 일을 수행할 수 있을 것

④ 일대일 대화 능력이 뛰어날 것

⑤ 디자인 센스가 뛰어나며, 역사적 보전 문제에 대해 의식이 높을 것

⑥ 적응능력이 뛰어날 것

⑦ 활성화 프로세스에 대해 참신한 아이디어를 제공하고, 새로운 활동방법을 전개하면서 커뮤니티에 적응하는 능력이 있을 것 등이다.

2. 전략 · 비전 · 사업계획 작성

조직체제가 정비됨과 동시에 타운 매니지먼트를 전개함에서 그 활동 내용을 작성하는 중요한 작업이 있다. 조직이 지향하는 전략과 지향해야 하

는 모습을 나타내는 비전, 그리고 구체적인 사업내용에 대한 사업계획(비전 플랜)을 작성하는 것이 바로 그것이다.

이 절에서는 전략·비전·사업계획 작성에 대해 영국 타운센터 매니지먼트 협회(ATCM)가 정리한 보고서 내용을 인용하여 정리하였다.[17]

1) 전략과 비전 — 방침, 목적, 목표를 명확하게

공통 비전은 TCM의 목적에 대해 모든 주주가 공약을 실행하기 위해 필요한 공통기반을 찾아내는 데 중요한 요소라고 할 수 있다.

① 전략과 비전 입안은 활동적인 프로세스이며, 중심시가지에 대한 이해와 요망을 취합하기 위해 이업종·단체의 대표자를 참가시키는 것이 바람직하다.

② 전략은 지자체의 로컬 플랜(종합계획, 상위계획)과 동일한 방향성을 가지며, 중심시가지에 적합한 관리를 실시할 수 있는 일관적인 어프로치를 지원이어야 한다.

③ 공통 비전의 개념은, 전업종의 공통적인 문제를 취급한 중심시가지 전체의 플랜을 표현해야 한다.

④ 개인이 창설자 및 연결 역할을 하게 되어도, 실시를 위한 책임과 역할 및 플랜의 전개를 위해, 아이디어는 파트너십 속에서 충분히 협의·확인이 되어야 한다. 모든 단체가 의사결정에 일조할 수 있는 협의방법을 취하는 것이 필요하다.

⑤ 개별 프로젝트 및 TCM 사업을 평가하는 의미에서, 협의는 지속적인

* * *

[17] ATCM, "Getting It Right — A Good Practice Guide to Successful Town Centre Management Initiatives"(ATCM, 2000).

프로세스로서 인식해야 한다.

⑥파트너의 기술, 공헌, 자원은 동등할 필요는 없지만, 작은 노력의 결집으로 효과적인 변화가 일어난다는 인식에 근거하여 상호 신뢰를 가져야 한다.

⑦중심시가지를 이용하는 사람들에게 TCM의 활동에 대해 의견을 진술할 수 있는 기회를 제공하기 위해, 중심시가지 포럼은 연 1~2회 실시되는 것이 적절하다.

⑧새로운 비전에 대한 지원과 실행에 대해서는 특별히 이해를 구하는 것이 필요하다.

⑨다른 주주들을 참가시키기 위한 마케팅 도구로서만이 아니고, 보다 많은 협의를 실시하기 위한 활동결과의 연차보고서를 공표해야 한다.

2) 사업계획과 행동계획

중심시가지가 경쟁에서 살아남기 위해서는 주주나 기부 등 다양한 범위를 알아야 할 필요가 있으며, 비즈니스 플랜 실행에 협력하는 각 단체를 위해서도 사업계획을 달성하는 것이 가장 중요하다.

①중심시가지 비즈니스 플랜은 TCM 주도의 사업문서이며, 전략 및 비전에서 탄생한 목적, 자금과 관계자가 명기되어야 한다.

②신용을 얻기 위해서는 비즈니스 플랜에서 TCM의 활동 사항과 재정상의 최종적 목표를 간결하게 설명해야 한다.

③비즈니스 플랜은 파트너십에 속하기 때문에, 대표자가 각 부문을 작성해야 한다. 이는 내부문서이기 때문에 마케팅 도구로서 디자인할 필요는 없다.

④최선의 비즈니스 플랜은 간결하고 직접적으로 표현해야 하며, 또한

정확한 시장조사 및 견실한 재정계획, 성공에 대한 강한 공약이 나타나야 한다.

⑤ 비즈니스 플랜의 전개에는 부가가치 중복 및 기타 노력의 중복을 회피하기 위해 폭넓은 협의가 필요하다.

⑥ 비즈니스 플랜은 통상 3~5년으로 기한이 정해져 있지만, 재검토 및 수정을 위한 시간이 필요하다.

⑦ 비즈니스 플랜에는 비전, TCM 파트너십의 목적과 사업항목, 우선 에리어, 기간, 확보한 융자액, 각 프로젝트에 필요한 융자액, TCM 파트너, 융자 파트너에 대한 정보 등을 기재해야 한다.

⑧ TCM 액션 플랜 및 비즈니스 플랜의 일부는 성취할 수 있는 특정 프로젝트, 기간, 자금, 참가자의 실질적 방법이 명기될 필요가 있다.

⑨ 액션 플랜은 매년 갱신되어야 한다.

⑩ 기간 내에 어떠한 프로젝트가 실현될 것인가를 명기해야 한다.

⑪ 액션 플랜에는 목적 에리어, 프로젝트, 착수시기 및 기간, 프로세스, KPI(기준 데이터), 파트너, 프로젝트의 융자원 및 융자액, 프로젝트 달성에 관한 코멘트에 대한 정보가 포함되어야 한다.

⑫ 비즈니스 플랜과 액션 플랜은 TCM의 진행에 대한 현실적인 문서로 관리되며 평가되어야 한다.

3. 자금조달

1) 자금조달 방법

TCM의 자금원은 매우 다양하지만 그중 가장 중요한 것이 '민간기업과 행정·공공기관'이며, 액수의 많고 적음에 관계없이 조달 가능한 자금원을 검색할 필요가 있다.

①자금을 확보하는 것이 중심시가지 활성화에 도전정신을 불러일으키며, 명확한 목적과 달성 가능한 액션 플랜을 위해 효과적이라는 것을 TCM이 공공과 민간 섹터에 이해시키는 것이 매우 중요하다.

②TCM 자금에는 핵심자금, 사업자금, 융자 등 다양한 형태가 있는데, 최근 많은 파트너십에서 핵심자금은 공공 섹터, 사업자금은 민간 섹터의 기부로 충당하는 경향이 있다.

③기부의 종류에는 주요 활동, 물품 서비스, 스태프 배치교환, 이벤트 스폰서십 등의 자금도 포함되어 있다.

④공공 섹터의 지원이 효과적이라면, TCM은 그 목적에 대해 공감하는 지자체와 관계를 구축하지 않으면 안 된다. 특히 파트너십은 미사용 자금을 확인하고 사업에 영향력을 미치는 새로운 방법을 탐구해야 한다.

⑤공공 섹터의 자금은 SRB[18]와 같은 기존의 보조금 프로그램이나 지자체의 담당부서에서 충당해야 한다.

⑥TCM의 주도로 자금을 확보하기 위해서는 충분한 신뢰를 형성하기 위한 투자를 유도해야 한다.

⑦사업의 리스크를 회피하기 위해서는 둘 이상의 자금원을 확보하는 것이 바람직하다.

⑧민간자금은 비즈니스 협의사항에 대한 바른 평가와 타운센터 문제에 대한 관여 여부에 의해 좌우된다. 특히 TCM 활동을 함으로써 이익이 증가하거나 코스트가 삭감될 가능성이 있다면 기업의 개선이나 확장, 이전 등

---

[18] Single Regeneration Budget: 통일 재활성화 예산

에 자금 제공의 기회가 있을 수도 있다.

⑨ 기업 스스로가 TCM 자금에 대한 기준을 제정하고 그 필요성을 이해할 필요가 있다. 퍼포먼스를 측정하기 위한 명확한 목적이나 방법을 확립한 파트너십에는 많은 지원이 예상된다.

⑩ 단기부터 장기에 걸쳐 공공, 민간(기업), 주주의 목적을 이해하는 TCM의 중요성을 과도하게 강조하는 것은 바람직하지 않다.

2) 자금조달 사례[19]

TCM 주도형은 중심시가지의 기업으로부터 연회비를 징수하여 자금을 확보하고 있다. 이 절에서는 도시규모나 TCM 전개방법이 다른 각각의 자금조달 사례를 소개하도록 하겠다.

멤버십에 의한 자금조달은 많은 액수를 확보할 수 있기 때문에 TCM 서비스를 대폭 증가시킬 수도 있지만, 구성원에게 잠재적인 부담을 지울 수 있기 때문에 각별한 주의가 필요하다.

파트너십 형태는, 주식자본이 없는 회사형태(보증유한책임회사)로 변경하여 각종 리스크에 대응할 수 있다. 실제로 회사가 해산한 경우, 멤버의 부담은 각자가 동의한 액면금액에 한정된다. 주식이 아닌 보증에 의한 회사형태이기 때문에 이익은 배당 형식으로 출자자에게 지불되지 않고 회사의 목적을 실현하기 위해 이용된다.

회사의 대표는 사업경영에 대한 개인적인 책임과 규칙위반에 대한 형사적 제재를 조건으로 규정할 필요가 있다. 회사의 구성이나 재정에 대한 정

* * *

19 ATCM, "Entrepreneurial Management for our Town and City Centres — Membership Schemes"(ATCM, 2001).

보공개의 필요성과 함께 회사의 경영자로서의 이러한 규칙은 회사로서 가장 신속하게 가시적인 효과를 얻을 수도 있지만 주의해야 할 점도 많다. 특히 조직이 사업을 추진해가는 상업적인 이유에 대한 인식의 중요성이 기본적인 문제점으로 거론되고 있다. 파트너십에서 회사형태로 변경하는 것은 각 지역이 처해진 상황을 고려하여 결단할 문제이며, 한 가지 형태로 통일할 필요성은 없다.

(1) 볼턴 타운센터 회사

볼턴 타운센터 회사(Bolton Town Centre Company: BTC 회사)는 복리후생 (Benefit Package)을 제공하는 형태로 다양한 비즈니스 커뮤니티로부터 멤버를 모집하고 있다. 복리후생에는 열 가지 주요항목이 있다. 집객, 청소, 범죄 감소, 타운센터 개선, 이벤트, 안전, 마케팅과 이벤트 관리, 서비스 향상 계획, 탁아소, 상공회의소의 자유로운 회원자격이 그것이다.

회비의 기본요금은 과세평가액을 기초로 하고, 달성한 타깃 수에 의해 멤버는 반고정식 %로 회비를 납부한다. 회비 납부 범위는 달성 타깃 수 4 이하의 0%부터 최고 타깃 수 10의 150%까지이며, BTC 회사는 현재 타깃의 70%를 달성하였다. 멤버십 수는 현재 40개이며, 연회비 수입은 약 8만 파운드이다. 새로운 멤버의 가입으로 인한 회비 수입액도 매년 증가하고 있으며, 달성 수준을 높이기 위해 많은 서비스가 단계적으로 계획되고 있다. BTC 회사는 회비를 과세평가액과 관련시켜 규모가 다른 각 멤버에 적절한 지불능력과 각각의 순이익과의 관계를 파악하고 있다.

각 항목마다 어떠한 이익이 창출 될 것인가를 예측하기 위해 특별한 타깃이나 가능한 멤버와 연계하여 서비스를 제공을 위한 계획을 수립하고 있다. 다양한 문제를 원활하게 해결하고 성공하기 위한 매니지먼트의 열쇠는 지방행정과 좋은 관계를 유지하는 것이다.

상공회의소와의 관계도 '타운센터의 향상과 볼턴의 프로모션'에 관심이 있는 모든 기업이 서로의 활동과 상공회의소의 역할을 자연스럽게 조정하고 있다. BTC 회사의 새로운 멤버는 상공회의소와 멤버십 형식으로 부가가치를 얻고 있으며, 상공회의소 또한 사회적인 지위와 영향력을 증대시킨다는 효과를 가진다.

(2) 그레이트 야머스 타운센터 파트너십

그레이트 야머스 타운센터 파트너십(Great Yarmouth Town Centre Partnership: GYTCP)은 멤버십의 회비를 수입원으로 한다. 멤버십 패키지는 소매·서비스·레저를 타깃으로 하고, 안전·프로모션·사업개발 등의 내용을 포함하고 있다. 안전에는 CCTV, 문화 부흥 등이 포함되며 이는 주로 소매업을 대상으로 한다. 또한 사업개발에는 내부투자 프로그램, 시장조사, 상인목적 조사 등이 포함되며 이는 주로 서비스산업을 대상으로 한다. 회비는 과세평가액을 기초로 하며, 기업의 니즈에 맞는 서비스를 제공함으로 인해 폭넓은 기업의 참여를 얻고 있다.

GYTCP는 현재 130명 이상의 멤버를 보유하며, 패키지 제공으로 연간 6만 파운드의 수익을 올리고 있다.

(3) 커콜디 타운센터 매니지먼트(스코틀랜드)

커콜디 타운센터 매니지먼트(Kirkcaldy Town Centre Management: KTCM)는 지역 미디어의 광고료 인하(10% 인하)와 중소기업을 위한 저렴한 요금 설정 등 알기 쉬운 메리트를 조합하여 멤버십을 확립하였다.

또한 관광국과 상공회의소와의 관계에서도, KTCM 멤버에는 멤버십 요금을 각각 50%와 25% 인하하는 데 합의하였다. 그리고 KTCM, 관광국, 상공회의소는 프로모션이나 기타 활동에 중복을 피하기로 결정, 자금을 효율적으로 활용하기로 동의하였다.

연회비의 기준은 개인이나 비영리단체가 5파운드, 고용원 수 20명까지의 조직규모는 50파운드로 하고 있다. 20명 이상의 규모는 500파운드의 골드멤버와 1,000파운드의 플래티뉴 멤버로 구성된다. 멤버십은 중개료 없이 약 100파운드와 같은 액수의 이벤트 지원, 물품 제공 및 서비스를 받을 수 있다.

KTCM은 지역 기업의 자금을 원조를 받아 주요도로의 전 기업에 Direct Mail을 전송하여 최초 20명의 멤버를 모집하였다. 현재 내셔널 체인점을 포함하여 멤버십은 41명으로 증가하였다. 타깃(타운센터 웹사이트나 무선 링크 확립 등)을 달성하지 못할 경우 전 멤버에게 회비의 50%를 돌려준다. 이와 같이 개선되지 않으면 회비를 감액시키는 제안도, 타깃이 달성되어 기업에 손실이 가지 않도록 하여 멤버를 효과적으로 모집하기 위한 방법이라고 할 수 있다.

참고문헌

강원발전연구원. 2002. 『일본의 주민참가형 마치즈꾸리 사례연구』.

경기개발연구원. 2006. 『경기도내 구도심상권 위축실태와 대응방안 연구』.

_____. 2007. 『구도심상권 재생정책 개선방안 연구』.

김미경. 2005. 「영국의 상업개선지구(BID) 도입」, ≪국토≫, 283호. 국토연구원.

김광우 옮김. 2002. 『중심시가지활성화』. 전남대학교 출판부.

김영기·김승희·난부 시게키, 2007. 「미국의 중심시가지 활성화제도 사례연구와 시사점」, ≪주거환경≫, 제5권 2호. 한국주거환경학회.

박천보·오덕성. 2004. 「해외 도심재생의 정책 및 제도에 관한 연구」. ≪국토계획≫, 제39권 제5호, 대한국토·도시계획학회, 25~38쪽.

배웅규. 2005. 「기성시가지 도시정비사업에서의 참여주체의 역할과 협력방안」, ≪도시정보≫, 제279호, 49~72쪽.

서울시정개발연구원. 2004. 『일본 상점가의 생존 전략』.

시장경영지원센터. 2005. 『선진국의 지역상권 육성제도 연구』.

_____. 2006. 『선진국의 소매업 발달과 유통정책』.

_____. 2008a. 『지역상권 활성화 한국형 모델에 관한 연구』.

_____. 2008b. 『지역상권 활성화를 위한 상권관리조직 운영방안』.

_____. 2008c. 『지역상권개발을 위한 재원조달 방안』.

_____. 2008d. 『내·외부 지역마케팅을 통한 상권활성화 방안』.

이삼수. 2007. 「일본 도시재생사업에서 지역의 관리·운영 체계에 관한 연구」, ≪서울도
시연구≫, 제8권 2호.

중소기업연구원. 2006. 『중소유통업 발전을 위한 지역상권 활성화방안』.

중소기업협동조합중앙회. 2004. 『중심시가지 상권 활성화를 위한 기본방향』.

평택시. 2007. 『일본사례를 통한 기존도심 재정비활성화 중기발전계획』.

한국유통물류진흥원. 2005. 『중심시가지 상권활성화사업 기반구축』.

阿部成治. 2001. 『大型店とドイツのまちづくり』. 学芸出版社.

アラン·タレンタイア. 2000. 「英国のタウンセンター ─ マネジメントの背景と現状」. ≪
タウンマネジメント≫, 第2号.

イギリス都市拠点事業研究会. 1997. 『検証イギリスの都市再生戦略 ─ 都市開発公社と
エンタープライズ·ゾーン』. 風土社.

磯村英一. 1968. 『人間にとって都市とは何か』. NHKブック81. 日本放送出版会.

宇沢弘文. 1989. 『いま, 都市とは』(岩波講座. 『転換期における人間』第4券 "都市とは"),
岩波書店.

大住荘四朗. 2003. 『NPMによる行政革命 ─ 経営改革モデルの構築と実践』. 日本評論
社.

加藤義忠 他 共著. 1996. 『小売商業政策の展開』. 同文館出版.

金子勝. 2001. 『日本再生論』. 日本放送出版協会.

古瀬敏編著. 1998. 『ユニバーサルデザインとはなにか』. 都市文化社.

小林重敬. 2000. 「中心市街地活性化と都市づくり」. 『市政』.

小林重敬. 2005. 『エリアマネジメント』. 学芸出版社.

産業基盤整備基金. 1995. 『米国における都市再開発と商業集積の現状』. 産業基盤整備
基金.

自治体国際化協会. 2001. 「英国におけるタウンセンターマネジメント」. 『クレア海外通
信·海外事務所だより』. 自治体国際化協会.

自治体国際化協会. 2004. 「官民のパートナーシップによるまちづくり－Business Improvement District制度」.『ニューヨーク海外だより』. 自治体国際化協会.

田村明. 1977.『都市を計画する』. 岩波書店.

通商産業庁環境立地局立地政策課. 1998. 『よみがえれ街の顔』. 日本通商産業調査会出版部.

鶴田哲也. 2003. 「TMOによる中心市街地商業活性化の可能性」.《UFJ Institute REPORT》, Vol. 8, No. 2.

中井検裕. 1998. 「イギリスにおける中心市街地活性化のための方策」.『地方都市における中心市街地の再活性化』. 日本建築学会.

中井検裕・村木美貴. 1998. 「英国都市計画とマスタープラン」. 学芸出版社.

中出文平・地方都市研究会. 2003. 『中心市街地再生と持続可能なまちづくり』. 学芸出版社.

南部繁樹. 1996. 「ノッティングガムのタウンセンターマネジメント」.『再開発コーディネーター』, No. 73. 再開発コーディネーター協会.

南部繁樹・菅隆・谷村吉一. 1997. 「中心市街地の再生におけるタウンマネジメント組織 その1. まちづくり会社の組織形態と実施事業から見た特性」.『日本建築学会大会学術講演梗概集 F-1』.

南部繁樹ほか. 2000. 「イギリスのTCMにおける会社組織の実態」.『日本建築学学会学術講演梗概集』, F-1 7058.

西山康雄・西山八重子. 2008.『イギリスのガバナンス型まちづくり』. 学芸出版社.

日本経済産業省中心市街地活性化室. 2007. 『海外におけるタウンマネジメント組織に関する調査』.

日本商工会議所. 2003.『全国商工会議所地区調査』.

日本中小企業庁. 2003. 「TMOのあり方懇談会」,『今後のTMOのあり方について』.

日本中小企業基盤整備機構. 2005.『TMO状況調査』.

日本不動産研究所. 2001.《不動産研究》, 第43圈, 第3号, (財)日本不動産研究所.

服部敏也, 2006. 「日本版BIDの可能性について」,《土地総合研究》, 第14券, 第4号. 土地

　　総合研究所.

宗田好史. 2007. 『中心市街地の創造力』. 学芸出版社.

矢作弘. 1998. 『都市はよみがえるか』. 岩波書店.

矢作弘・瀬田史彦編. 2006. 『中心市街地活性化三法改正とまちづくり』. 学芸出版社.

保井美樹. 1998. 「アメリカにおけるBusiness Improvement District(BID)」. ≪都市問題≫,
　　No. 89-10.

保井美樹. 2003. 「BID: 米国と日本」. ≪都市計画≫, 242号.

横森豊雄. 2001. 『英国の中心市街地活性化』. 同文館.

横山禎徳. 2003. 『豊かなる衰退と日本の戦略』. ダイヤモンド社.

李三洙・小林重敬. 2004. 「大都市都心部におけるエリアマネジメント活動の展開に 関す
　　る研究 ― 大手町・丸の内・有楽町(大丸有)地区を事例として」. ≪都市計画≫, 39
　　号.

ATCM. 1997. "Developing Structures to Deliver Town Centre Management." ATCM.

_____. 1997. "Town Centre Managers." ATCM.

_____. 1998. "A Guide to Good Practice." ATCM.

_____. 1998. "About Town." ATCM.

_____. 2000. "Getting It Right ― A Good Practice Guide to Successful Town Centre
　　Management Initiatives." ATCM.

_____. 2001. "A Firm Basis ― Town Centre Management Companies Limited by
　　Guarantee." ATCM.

_____. 2001. "Entrepreneurial Management for our Town and City Centres ―
　　Membership Schemes." ATCM.

Beatty, Jack. 1998. *The World According to Peter Drucker*(平野誠一 訳. 1998. 『マネジ
　　メントと発明した男ドラッカー』. ダイヤモンド社).

Coulanges, Fustel de. 1864. *La Cite Antique*(田辺貞之助 訳, 1995. 『古代都市』, 白水
　　社).

Drucker, Peter F. 1992. *Management Challenges for the 21st Century*(上田惇生 訳. 1999. 『明日を支配するもの ― 21世紀のマネジメント革命』. ダイヤモンド社).

_____. 1998. *Peter Drucker on the Profession of Management*.(上田惇生 訳. 1998. 『P. F. ドラッカー経営論集』. ダイヤモンド社).

_____. 1999. *Management-Tasks, Responsibilities, Practices*(上田惇生 訳. 2001. 『マネジメント ― 基本と原則』. ダイヤモンド社).

Evans R. 1997. *Regeneration Town Centres*. Manchester University Press.

Jacobs, Jane. 1961. *The Death and Life of Great American Cities*(黒川記章 訳. 1977. 『アメリカ大都市の死と生』. 鹿島出版会).

_____. 1969. *The Economy of City*(中江利忠・加賀谷洋一 訳. 1971. 『都市の原理』. 鹿島研究所出版会).

Mills, D. Quinn. 2005. *Principles of Management*(スコフィールド素子 訳. 2006. 『ハーバード流マネジメント入門』. ファーストプレス).

National Trust's National Main Street Center. 2000. "Revitalizing Downtown ― The Professional's Guide to the Main Street Approach." National Trust's National Main Street Center.

Norman, Al. 1999. *Slam ― Dunking Wal-Mart*(南部繁樹 訳. 2002. 『スラムダンキングウォルマート』. 仙台経済界).

Nottingham City Centre Management. 1996. "Business Plan 1996-1998." Nottingham City Centre Management.

_____. 1998. "Annual Report 1998." Nottingham City Centre Management.

Oxford City Centre Management. 1998. "Business Plan and Key Performance Indicators."

Putnam, Robert D. 2000. *Bowling Alone: The Collapse and American Community*. New York: Simon & Schuster.

Sparks, Leigh. 1998. *Town Centre Uses in Scotland*. The Scottish office Central Research Unit.

TOCEMA. 2005. Workshop no.1, "Definition of Town Centre Management" Stenungsund, Sweden, 7-8 June.

Toynbee, Arnold. 1970. *Cities on the Move*(長谷川松治 訳. 1975. 『爆発する都市』. 社会思想社).

Weber, Max. 1956. *The Typology of the Cities*(世良晃志郎 訳. 1964. 『都市の類型学』. 倉文社).

Woolman. 1998, "Local Economic Development Policy." *Journal of Urban Affairs*. vol. 10.

찾아보기

지은이

_____김 영 기
　　　현 중소기업청 시장경영지원센터 선임연구원
　　　일본 고베 대학교 대학원 Ph. D.
　　　일본 고베 대학교 항구도시연구센터 학술추진연구원
　　　일본 경제산업성 중소기업기반정비기구 타운 매니저 양성교육 수료

_____김 승 희
　　　현 강원발전연구원 책임연구원
　　　일본 고베 대학교 대학원 Ph. D.
　　　일본 효고 현립 복지마치즈쿠리 공학연구소 연구원

_____난 부 시 게 키 (南部繁樹)
　　　현 일본 도시구조연구센터 대표
　　　일본 교토 공예섬유대학 기능학과 Ph. D.
　　　영국 웨일스 대학 환경매니지먼트 프로그램 과정 수료
　　　1급 건축사, 재개발 플래너

한울아카데미 1136
도시재생과 중심시가지 활성화
세계의 타운 매니지먼트 전개 양상

김영기·김승희·난부 시게키 ⓒ 2009

지은이 ┃ 김영기·김승희·난부 시세키
펴낸이 ┃ 김종수
펴낸곳 ┃ 한울엠플러스(주)

초판 1쇄 발행 ┃ 2009년 6월 10일
초판 2쇄 발행 ┃ 2018년 6월 30일

주소 ┃ 10881 경기도 파주시 광인사길 153 한울시소빌딩 3층
전화 ┃ 031-955-0655
팩스 ┃ 003-955-0656
홈페이지 ┃ www.hanulmplus.kr
등록번호 ┃ 제406-2015-000143호

Printed in Korea.
ISBN 978-89-460-6475-1 93530

* 가격은 겉표지에 표시되어 있습니다.